振兴中华教育科学基金会支持

智能经济
用数字经济学思维理解世界

刘志毅 ◎ 著

电子工业出版社
Publishing House of Electronics Industry
北京·BEIJING

推荐序 1

本书作者刘志毅是我欣赏的一位学者，也是我们 AIBI 实验室的研究员。这是一本讨论科技、文明和思想的书，其涉猎面广，视角独特，对于技术实践者、理论研究者及技术哲学爱好者都将有所裨益。

在信息和智能时代的背景下，模式迁移带来的技术变革变得愈发迅速。事实上，新技术正经历着指数级增长，这个融合科技和人文发展的"超时代"会把人类文明引向何处？前方令人心驰神往又惴惴不安。

作者从技术的本质及技术与文明的关系来探讨有效创新的本质和精神内涵，其以信息哲学为"第一哲学"来研究技术和人类文明的演化未来，是对哲学体系转向非常有价值的探索。通过讨论人工智能、区块链和复杂性科学等信息技术及哲学，进而挖掘图灵、香农、维纳、库恩、巴拉巴西等学者的思想认知边界，作者提供了全新而独特的观察视角,能够帮助读者在范式转移的时代培养关于技术本质的洞察力。

最后,我想以巴拉巴西的话作为结语:"令人惊讶的是,这些简单而深远的自然法则控制着我们周围复杂网络系统的结构和演变。探究这些规律像是一次美妙无比的过山车旅程,我们乘坐过山车在纷繁复杂的世界里穿行,领略不同角度带来的异样风景。"相信本书可以带给大家一段精神愉悦的时光。

刘儿兀

同济大学教授、博士生导师、人工智能与区块链智能(AIBI)实验室主任,IEEE区块链协会上海主席

推荐序 2

写给探索者的启示录

面对技术创新,无论是创新者、投资者、媒体从业者,还是政策制定者,往往都面临着迷茫的窘境。一方面,他们相信创新可以带来社会变革和效率的提升;另一方面,面对创新带来的新范式、新需求、新产业形态和社会形态,以及未来发展的不确定性,他们会表现出无所适从的迷茫、保业守成的排斥、另辟蹊径的探索等不同的态度。

本书是一本借助区块链等创新实践阐述技术哲学思想,引领读者跳出现有创新的窘境和迭代的迷茫,将眼光置于更广阔的科技哲学的发展框架下的扛鼎之作。

本书从宏观的维度，弥补了目前微观创新方法的局限。明代思想家王阳明在《传习录》中写道："夫学，问，思，辨，皆所以为学，未有学而不行者也。"这一知行合一的理念影响着中国的近代史，也被应用于现代科技创新，在混沌的发展中，搜寻秩序与提升。在美国硅谷，针对科技创新，也发展出有别于传统的创新方法，从 Steve Blank 提出的不同于传统公司项目管理和商业计划范式，为创新公司量身定做的"麻雀虽小，五脏俱全"的迭代方法论，到精益创业，再到目前的斯坦福创新思维，在自我迭代中，以斯坦福教授 Carol Dweck 提出的开放式思维模式为心理学基础，成为了创新者、硅谷科技公司及美国宇航局所实践的系统创新方法。这些方法针对市场，针对客户，针对痛点，往往可以解决局部问题，但由于创新所带给人们的对现有标准和秩序的迷茫和跨界实践的认知升级，创新者、投资者、新标准的制定者往往很难界定创新的边界和前景。而本书则跳出单纯技术创新的局限，摆脱了微观的创新方法论带来的对文明的蒙蔽，避免了哲学脱离实践的纯粹形而上学，对过去两百年的技术思想进行了梳理，从当下互联网、虚拟现实和区块链的智识本质，以及工业革命后，人类创新已经超越自然界演化路径的探索本质等角度出发，去探讨和理解技术革命的内在逻辑，为通往未来的智识文明和秩序，勾勒出一个框架和边界，为探索者、投资者、政策制定者提供一个可以参考的文明发展范式。

如作者所说，本书的本质讨论的是生活，讨论的是如何朝着更伟大的目标前进，这也是思考者和创新者的行动本质所在。所以，这本书是一本写给探索者的启示录。

杨 杰

美国斯坦福大学航空航天博士、亚洲区块链产业研究院首席科学家

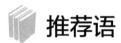# 推荐语

作为一名独立学者,作者以新技术演变为主轴,以区块链思想为基石,构建了一座庞大的"学术大厦"。其知识之丰富、运思之宏大,都是罕见的、令人称赞的。

——中国信息经济学会信息社会研究所研究员兼所长
王俊秀

在未来的创新中,技术无疑是极其重要的核心要素。作者以极大的勇气探究技术认知、技术思想和智能时代新文明的内在关联,令人印象深刻。

——跨界思想家,财讯传媒集团首席战略官,苇草智酷创始合伙人
段永朝

人类文明犹如一艘以科技为动力，驶向未知，只有去程没有回程的飞船。本书帮助读者在来回穿梭的知识空间中，看到人类的过去对现在和未来的影响与启发。本书体现了作者对人类生命与生存意义的终极关怀，以及对人类即将面临的信息世界的挑战提出的谆谆提醒。人类目前正处在一个历史变革阶段，未来工作会更多地依赖人工智能或新生命科学的辅助。人类不但在探寻未知，亦在创造未知，本书是一套探索未来的思想素材。

——中欧国际工商学院教授、平台战略作者
陈威如

我们身处社会大变局之中，科技成为了商业的超级变量，人性成为了科技的超级驱动力。我们探索生命起源，科技如一面镜子，照出了人类的文明之光与道德暗面。我们疑惑如何与新物种共生，究竟是人类创造了新物种，还是新物种在重塑人类。"不确定性"是最美妙的，人类在变化中实现进化，在本书中你会发现起源的奥秘。

——阿里云研究中心主任
田丰

从图灵的机器到中本聪的区块链，不仅承载着 IT 和密码行业的发展，也包含了更多的人类思维理念和经济模式的变革。试图去总结它们的内在规律，是一种有益的探索。

——伦敦大学博士、千人计划国家特聘专家、密码学和区块链专家
韩永飞

作者挖掘了信息技术发展和技术思想变革的关联性，在较高的层面深刻揭示了技术时代的演进规律，本书是一本很有价值的技术思想读物。

——上海交通大学教授、博士生导师、信号处理与系统研究所所长

陈文

作者从认知哲学角度，阐述了信息技术发展的各个阶段与人类认知思想的内在关系，给信息技术创新者开辟了探究信息技术对人类和社会影响的新思路，同时为认知哲学研究者研究信息技术的发展提供了新捷径。

——教授级高工、贝尔实验室杰出工程师

胡志远

就像马的被驯服改变了人类战争范式，蒸汽机的发明改变了人类生产力发展范式一样，以区块链、人工智能、大数据、物联网为代表的新技术创新将引领我们进入的第四次工业革命时代，将彻底改变人类生产协作和社会治理的范式。在这个不缺乏信息、知识与技能的时代，批判的精神将引领我们思考：我们未来时代从哪里来，将向何处去。这是一本为您开启未来时代思想精神之门的好书。

——新加坡南洋理工大学南洋商学院教授、商业模式设计与创新专家

闫黎

科技正在深刻地改变着这个世界，在人机共生、主动进化、指数迭代的新生态中，人类绵延数千年的哲学体系正在面临愈发严峻的挑战。当传统哲学赖以生存的社会根基正在发生颠覆式改变时，基于科技时代的新哲学体系必然应运而生。在本书中，数字经济学者刘志毅为我们推开了这扇智慧之门，将科技时代的新哲学宏图在多维时空中进行了呈现，令人读来酣畅淋漓，甚是惊叹。

——中国科学院浙江数字内容研究院AI产业研究室主任

李哲峰

本书从哲学的视角，以人类文明演变为基础，讲述了信息技术发展的前世今生。作者以独到的视角剖析了区块链技术共识的内涵，不仅为读者展现了智能时代的新认知，更是辩证地分析了智能时代的新思想，并对未来的新文明和新智识进行了大胆而严谨的构想。相信这本匠心之作，将为读者带来一段美好的思想之旅。

——武汉大学计算机学院教授、博士生导师、珞珈青年学者

陈晶

社交媒体的发展让我们获取的知识越来越多元化和碎片化，我们沉溺于信息科技带来的愉悦，无暇追问通信技术的发展历史和思想渊源，人们越来越难以系统地思考问题。我们是谁？我们从哪里来？我们到哪里去？对信息社会进行深刻思考，解读技术的思想演变及技术和文明的关系，认识技术的本质和创新的真谛，升级我们的认知方式，

这些都是互联网创新者必修的技术思想课，也是互联网从业者必须补的基础课。

——中央财经大学中国互联网经济研究院副院长
欧阳日辉

对于在新兴技术浪潮中需要深入思考和拓展知识的读者来说，经济学家刘志毅的这本书是必读的。书中提供了关于区块链、人工智能和其他突破性技术的介绍和充满哲学思辨的技术思考。除此之外，书中还对很多少有人涉及的技术领域提供了令人耳目一新的思考和研究。本书通过对这些技术所支持的生态系统及技术演变的研究，拓展了这些新兴技术领域的认知边界，同时也为我们理解技术发展对全球政治和经济的影响提供了新的视角。

——北安普顿大学社会企业学教授、公民企业与治理中心（CCEG）主席
Olinga Taeed

当区块链、人工智能与物联网相结合时，我们就可以开始畅想无所不在的智能社会的未来，而这本书为我们打开了一扇门。

——IEEE 区块链协会联合主席
Ramesh Ramadoss

# 作者序

思想起源与认知升级：给创新者们的技术思想课

毫无疑问，我们身处一个社会剧烈变化的时代：新的科学技术层出不穷，物质享受的花样也不断翻新，时间和效率成为最重要的词汇。随着科技创新与变革时代的到来，我们面临着一种内在的矛盾：一方面，我们相信知识和创新的作用和价值，希望通过创新为自己另辟蹊径地寻找一个优于他人的生存方式。另一方面，我们却在互联网海量的信息浪潮中迷失了方向。与此同时，新的技术范式不断迭代，新的技术概念不断出现，从互联网、大数据、人工智能到区块链，如何正确地认识新的技术对我们未来的挑战和影响，这是一个所有人都会面临的问题。尤其是对于科技领域创新者，如何快速认识技术的本质，并进行有效创新是必须解决的问题。本书为解决这个问题提供了"思想给养"，提供了一种跨学科的、更本质的、系统的知识体系和思考方式。

在上一本出版的个人专著《无界：人工智能时代的认知升级》中，我提到了我们要通过自我迭代和跨界学习的方式进行认知升级，这是对这个时代的有追求的年轻人最基本的要求。这使得我们不会为日新月异的新知识感到困惑，也不会被所谓权威或者标准所迷惑，我们也能够因此保持对世界的基本好奇心。但是，对于成为一个真正的智识主义者或者创新者来说，这是远远不够的。原因在于，在一个知识型社会，随着权威的崩溃和知识的快速迭代，你需要懂得更多，需要不断提高对自己的要求。因此，我在这本书里将自己对技术、文明及思想的主要认知进行了系统介绍，以帮助大家建立更加专业的、兼具广度和深度的，以及涉及领域更加广泛的知识体系。我相信经过了上一本书的训练以后，我们可以从简单的通识之中走出来，去突破认知边界，挑战古往今来的哲学家、科学家及其他领域的大师们所奠定的知识系统，以及其中蕴含的广博而深刻的知识。一言以蔽之，对读者来说，这本书可以让他们体会到真正影响人类文明进程的大师们的思想认知边界所在，以及通过这个过程去实现对文明、技术及思想的认知升级。

除此之外，这本书的一个重要目标就是为信息领域的创新者提供对过去200多年技术思想本质的梳理。美国著名传记作家沃尔特·艾萨克森曾经撰写过一本名为《创新者》的书，在书中讲述了计算机和互联网从无到有的发展过程，通过对过去两个世纪信息技术及相关产业的研究，探讨了互联网创新的精神内涵。我们看到过去200年间人类的创新能力集中体现在了IT领域，艾萨克森从技术、文化和产业政策等角度探讨了这个问题。而我们则从技术的本质、技术的思想演变，以及技术和文明的关系等角度来讨论这个问题。希望这本书能够为所有创新者提供一种更加本质的、更加跨界的、更加具备创新思维的价值观和方法论。

本书主要包含以下四个部分的内容。

第一个部分：智能时代的新认知，在这个部分我们对人工智能、计算机、人工生命等信息技术的发展历史和思想渊源进行了探讨，并提出了基于信息哲学和计算主义思想的范式来帮助大家理解这些技术的本质。作为一名科技哲学的学者及技术思想的实践者，我深知如果不懂信息技术的本质和历史，是无法真正理解技术背后的哲学思想的，更无法理解现代文明是如何形成的。对于创新者来说，理解了信息技术背后的哲学思想，有助于建立一种更加深刻和全面的大局观，这在创新过程中是必不可少的功课和获得竞争优势的方法。

第二个部分：智能时代的新思想，在这个部分我们讨论了互联网、虚拟现实及区块链等技术带给我们的思想变革，并基于科学范式的变革理论讨论了技术革命的本质。我们看到，一方面，技术发展带来了社会的巨大进步，让人们开始了新的思想解放和自我启蒙之旅。另一方面，技术带来了现代人的异化和技术的遮蔽性，我们需要反思人与自然之间的不和谐关系的原因。网络技术带来了虚拟化的世界，同时也改变了人们认识世界的方式，我们在这个部分要深刻讨论网络技术背后的哲学思想。对于创新者来说，他们需要理解技术变革的内在逻辑，也需要理解技术的边界和技术带来的负面作用，这有助于避免技术创新带来的风险。

第三个部分：智能时代的新文明，在这个部分我们讨论了文明和秩序是如何形成的，包括政治秩序、民族、国家等概念是如何形成的。然后我们讨论了信息文明下的技术理念、媒介理念及技术哲学等话题，通过对这些话题的理解，我们能够认识到信息文明时代关键要素的变化。一方面，我们仍然生存在以民族、国家为代表的政治秩序中；另一方面，技术对文明的影响和对文化思想的冲击超过了以往任何时代。最后，我们讨论了和信息文明有关的时空观、技术伦理和技术哲学，这可以帮助我们解决人类如何与人工智能相处，以及未来技术的边界等问题。对于创新者来说，这部分内容可以帮助他们建立一种更加宏观的思维，即从人类文明的角度讨论技术的演变。技术的应用并不是无根之木，只有理解其中的内在逻辑，才有助于技术创新者们推动社会和文明的进步。

  第四个部分：通往未来的新智识，在这个部分我们将讨论一系列关于未来文明和未来智识的问题。我们讨论了未来科技的发展可能带来的文明的变化，以及思想观念的演变。我们认为随着生物学和信息科技的演变，一方面我们可能创造出完全不同于当今世界的赛博空间，另一方面我们可能创造出完全不同于人类的智慧生物。在这里我们并不是为大家展示一种具备强烈科幻色彩的未来，而是基于现有技术范式去思考这样的未来在什么样的条件下才有可能到来，以及这对我们每个人来说意味着什么。我们还讨论了区块链技术的思想，并基于区块链的思想建立起了一整套关于信息、秩序和共识的认知世界的范式。对于创新者来说，了解未来的趋势是必不可少的工作，它能够为技术创新者带来新的思考方式，也能为创新者培养关于技术本质的洞察力提供新的视角。

  在介绍了基本内容以后，相信大家已经了解这本书能够为各位带来的精神上的愉悦和充实了。本书不仅讨论了科技、文明及人类的思想等各种宏大和前沿的命题，而且也为各位准备了理解未来的基本的哲学思考方式。书中所涉及的领域是非常丰富多元的，包括计算机科学、生物学、物理学、历史学、哲学、文化学等，因此，需要大家慢慢品味，相信通过这样一场思想之旅，可以带给大家一段愉快的时光，并使大家在这个过程中获得认知边界的拓展和升级。尤其是对于创新者，这本书提供了一种完全不同于普通技术科普类图书或者技术实践类图书的思想格局。

除以上基本内容外，我在这本书的结尾提出了我的一个野心，就是通过书中的内容梳理出一个新的理解世界的方式，也就是建立一种基于信息技术的哲学范式。

首先，我将自己的主要工作范畴定义为建立一种信息时代的技术思想体系。根据我们所在的信息时代的特点，这种思想体系必须具备以下几个特征：第一，它需要与信息技术相结合，我们需要基于技术和文明的关系开展研究，由于技术元素已经成为人类文明最重要的底层元素，尤其是信息技术，因此，我们必须将信息技术作为研究的主要对象之一。第二，它需要与其他跨学科领域相结合，传统的哲学往往是以形而上学作为主要的研究对象，而这完全不能满足当代人的思想需求。

回到人类文明的长河中，事实上人类从形成族群开始就面临着一个根本性的问题：选择集体还是选择个人。在生存危机面前，人类不得不选择群体生活，因为这样才能够抵抗自然灾难带来的危害，抵抗由于物质的缺乏引起的饥荒，抵抗战争带来的死亡的威胁。但是，自从工业革命之后，人类被技术所异化，物质水平也得到了极大提高，这时，缺乏独立精神反倒成为了最大的问题，尤其是对我们当今的时代来说，独立思考和"爱智慧"的能力是非常稀缺的。而事实上，正如某公知所说："一个人只有勇于捍卫自我的价值观，才能真正理解社会的丰富性和广泛性，一个人只有充分地去理解外部世界，才有理解自我内在的可能性。"而区块链技术带来的共识与互联网带来的共识最大的区别在于，前者基于每个人的"偏见"，后者基于大众庸俗的"认同"。区块链技术带来的是社群身份的唯一性，所塑造的社群文化也应该与互联网社群不同，是基于不同价值观的、独立思考的、带有"偏见"的社群文化。古语有云："君子和而不同。"这是我对自己思想价值的最大期许。

最后，我们讨论一个根本问题，即这样一本讨论思想、科技和文明的书，它的本质和基本精神是什么。实际上我们讨论的是生活，是在技术和文明不断发展的过程当中，人应该选择怎样的生活。是否选择独立思考就好像是否选择吃下《黑客帝国》里的红色药丸，人知道世界的真相之后，虽然会活得比较复杂，但是会更加真实。而大多数人毫无疑问会选择蓝色药丸，因为那样毫不费力且更能受到公众的认同。但是，正如最年轻的诺贝尔奖获得者、著名诗人约瑟夫·布罗茨基所说，人应该像文学一样生活，而不是让文学变得像生活一样，因为这样生活会让我们的思维、我们的情感更加精细，让我们的人生能朝着更伟大的目标前进，而我们的精神也就与智慧更加接近。

希望读完此书的读者能够选择智慧的生活，吞下那颗看似苦涩的红色药丸，而不是选择安逸的生活。这就是我写这本书的初心，也是我认为我作为新时代的知识分子和创新者必不可少的责任。而对于阅读本书的创新者而言，将技术创新放在为人类文明做出更卓越的贡献，以及为提升人类生活质量做出不断努力的格局和视野中，也是必不可少的担当和责任。我相信这也是过去 200 年间信息技术创新和革命的内在精神,是从图灵到乔布斯,从摩尔到中本聪不断被继承和发扬的创新精神,也是从启蒙运动开始到现在一直被称颂的人文主义精神的本质。

目 录

第一部分 智能时代的新认知

第一章 计算主义世界观 /003

图灵与人工智能 /003

冯·诺依曼与计算主义 /012

计算主义思想的演变 /021

第二章 智能时代认知论 /032

人工生命的诞生 /032

复杂性科学思想 /041

关于世界的隐喻 /052

第三章 信息哲学的思想 /063

信息概念的演化与哲学 /063

信息时代知识观 /073

信息技术的哲学思想 /082

第二部分 智能时代的新思想

第四章 互联网思想探索 /095

互联网思想起源 /095

虚拟空间的身份 /0105

价值互联网思考 /116

第五章 现代文明的悖论 /127

自然契约的终结 /127

现代思想的困境 /136

科学范式的转移 /146

第六章 智能时代沉思录 /158

源于哲学的反思 /158

智能时代的启蒙 /169

国家权力的诞生 /179

第三部分 智能时代的新文明

第七章 现代文明与秩序 /191

现代文明的危机 /191

政治秩序的起源 /201

民族国家与国家理论 /211

第八章　信息时代的文明　/221

信息文明技术观　/221

信息经济与网络　/230

信息文明与媒介　/241

第九章　信息时代的思想　/252

信息文明时空观　/252

信息与技术哲学　/263

信息技术伦理学　/272

第四部分　通往未来的新智识

第十章　智能时代的新史观　/285

世界体系的新史观　/285

超级智能的新时代　/295

第十一章　人类历史的终结　/306

人工生命本体论　/306

生物哲学新范式　/317

赛博空间的文明与哲学　/328

第十二章　智能时代的哲学　/340

人与自然的契约　/340

智能与技术哲学　/350

信息哲学与区块链共识　/361

第一部分

智能时代的新认知

第一章　计算主义世界观

图灵与人工智能

> 一个有纸、笔、橡皮擦并且坚持严格的行为准则的人，实质上就是一台通用图灵机。
>
> ——艾伦·图灵

图灵的贡献

首先我们要介绍一下伟大的图灵和他的巨大影响力，如果不从这里开始，我们就无法理解人工智能的起源，也不能理解我们所处的是一个如何伟大的革命时代。

一般人对图灵有所了解，是因为所有与计算机相关的专业学科中，都不断提到他的名字。图灵被称为"计算机之父""人工智能之父"，今天美国计算机协会的最高奖就是以他的名字命名的。如果看过《模仿游戏》这部电影的话，就能了解图灵在第二次世界大战中破解密码的工作，了解他的破解密码的工作在第二次世界大战中针对同盟国在大西洋战场上起到的关键性作用。图灵提出的破解原则帮助他的同事制造了名为 Colossus 的机器，通过这个机器进行自动计算来破解德军的密码。当然，还有部分人了解他是因为他的死亡，传说图灵是一个同性恋者，因为莫名其妙地卷入了一宗盗窃案，他接受了一项屈辱的判决，但他无法忍受这样的侮辱，最后自杀去世了。实际上，图灵的贡献不仅限于提出了计算机的数学模型（图灵机），还涉及很多其他领域，这里我们进行简单介绍。

我们来讨论图灵最重要的贡献，即他在现代计算机及机器智能领域的贡献。通用图灵机的概念是一种关于通用存储程序式计算机器的思想。这种思想被冯·诺依曼和纽曼带到了英国和美国，并在 1945 年左右制造出通用图灵机，其中比较有代表性的是 1952 年在 IBM 诞生的 IBM701，它是第一个由企业开发的存储式计算机。值得注意的是，图灵只是在其论文《论可计算数在判定问题中的应用》中介绍了抽象图灵机的思想，并没有研发出相关的机器，而这一篇论文却导致了整个计算机世界的诞生，以及开创了现代计算机和可计算性研究的新领域。

我们在这里不深入讨论图灵机的数学逻辑和工程实现，只说明图灵对现代计算机最核心的两个贡献：第一，通过机器在存储器中的一系列指令程序来控制计算机器功能的思想，这一思想是所有计算机程序产生的基本逻辑，而且这样的方法可以让固定结构的单机能够执行所有图灵机可以执行的每一个计算，即可实现可复制的计算。第二，图灵创造了一个理想化的计算模型，正如维特根斯坦所说，图灵的机器就是能够计算的人。即从有效工作这个角度，机器可以实现对人的

计算主义世界观
第一章

有效替代，这个思想也是整个计算机历史最核心的发展逻辑，虽然计算机越来越复杂，摩尔定律使得计算的速度和存储空间越来越大，然而，这里面最基本的数学思想和模式并没有任何变化，图灵的伟大就体现在这里。

最后我们补充一下什么是图灵论题和计算的局限。因为从严格意义上来说，图灵并不直接研究计算机，他只是研究可计算性这个数学问题，因此，他更应该被认为是一个数学家，而这个数学问题指的就是图灵论题。所谓图灵论题，指的就是"通用图灵机可以执行任一人工计算者执行的计算"，即研究可计算数和不可计算数的问题，也就是说并非所有明确阐述的数学问题均能被图灵机解决。图灵将任何可以被图灵机写出的数字称为可计算数，而不能表现出来的数字就是不可计算数，图灵在论文中的结论如下：不仅证明了并不是每一个实数都是可计算数，而且证明了可计算数比不可计算数少得多。

这里需要提到的是，图灵的研究是为了解决德国数学家希尔伯特的判定性问题，这位数学家在巴黎演讲中提出"数学中不存在不可知的事物"的观点。然而，接下来哥德尔和图灵的工作证明了这个命题的错误性，也就是说某些数学问题不可以解决，而且这类问题所占比例高于可以计算的问题的比例。正因为如此，可以从正反两个方面来理解图灵论题，一方面，"凡是可计算的函数都可以用图灵机来计算"，展现了图灵机的通用性，以及人工智能的计算机在解决问题方面的普遍性。另一方面，"如果某种函数在绝对意义上是不可计算的——即使对于图灵机来说也是不可计算的，那么就不可能被过去、现在或未来的某一种真正的机器所计算"，这划定了计算的能力边界，未来的人工智能如果还建立在图灵机的模型基础上，就永远不可能解决不可计算的函数问题。

总结一下，本节主要讨论了图灵的贡献及价值，侧重他在人工智能领域和数学领域的贡献。在机器智能方面，他最大的贡献就是提出了一种客观判定计算机是否有智能的标准，即所谓图灵测试。另外，图灵在数学上对可计算性问题的研究，为整个现代计算机的发展史奠定了逻辑和数学基础。我们开篇提到他，就是因为他开启了整个智能时代的篇章，也奠定了信息文明时代的技术基础和基本思想。

人工智能与人类智能

在讨论了图灵的贡献以后，我们来看人工智能领域的发展历史中最受关注的一个问题，即"人工智能能否超越人类智能"。这个问题备受关注的原因就在于，人工智能研究的重要目标就是生产出一种新的能以与人类智能相似的方式做出反应的智能机器，可以说自从人工智能这一概念在 1956 年 8 月的达特茅斯会议上被提出到现在，这个目标都是人工智能研究最核心的目标。虽然在涉及和模拟人类高级认知能力或者情感能力方面至今没有突破，但是以深度学习为代表的人工智能在模拟人类的特定领域智能方面（尤其是逻辑推理和计算）取得了巨大的成就。那么，我们讨论人类是否能够通过人工智能构建出超出人类智能的智能机器的问题，也算是对过去几十年人工智能领域常见争论的总结和梳理。

我们首先讨论关于人工智能争论的三种基本观点：计算主义思

计算主义世界观
第一章

想、智能二元论思想及心脑同一论思想。所谓计算主义思想，就是将人类的大脑当作计算机来理解，因此，人类的心灵或者意识本质上就是可以计算的程序，而按照丘奇-图灵论题，任何一种可计算的程序都可以被数字计算机完成，因此，人工智能是可以达到人类智能的水平的。

智能二元论思想认为，人脑是能产生主观经验的独特装置而不仅仅是计算机，这种二元论的智能观也有其神经科学的根基。大卫·马尔在1971年提出的互补学习系统（CLS），为智能的实现提出了一个理论框架：有效的学习需要两个互补系统——海马体和大脑皮层，分别负责经验数据分析和理性逻辑。海马体是"快速、偶发、独立、启发式"的，而大脑皮层是"缓慢、泛化、组合式、结构化"的，这两个系统在特征、功能、表征和组成的不同，暗示了这两种智能在架构和机制上的迥异。

心脑同一论思想认为，人脑是神经活动的生理器官而非数字计算机，心理状态都是特定的大脑神经状态，而心理属性都可以还原为大脑神经系统的属性，因此，通过对大脑神经和状态的详细描述就可以解释意识现象。正如脑科学家F.Crick所说："你，你的快乐和忧伤，你的记忆和野心，你对自我的认同和自由意志的感觉，实际上不过是一大堆神经元，以及跟它们相关联的分子的行为。"人们的任何经验都可由神经元的行为来解释，它们本身不过是神经元系统的涌现性质。因此，计算主义思想上的人工智能是不可能实现的，要采用其他路径才有可能（例如，我们后文会讨论的人工生命等学科）。

然后我们讨论围绕人工智能框架的理论可行性的批判，主要就是哥德尔不完备定律和来自遵循规则行为或约束行为的反驳。基于哥德尔不完备定律,在一个一致的算术系统中,至少有一条无法在该系统内部获得证明的定理,但是人类凭借直觉知道这条无法证明的定律为真。因此,任何计算机原则上是无法达到人类智能的水平的。正如卢卡斯在《心灵,机器与哥德尔》一书中所说:"给定任何一致的和能够做初等算术的机器,存在一个这台机器不能产生的为真的公式——这个公式在此系统内是不可证明的——但我们能够看出这个公式为真。由此推出,任何机器都不可能是心灵的一个完全或充分的模型,心灵在本质上不同于机器。"

还有一种反驳认为,由于人类在应对复杂的外部世界时,常常不会按照预先规划或者理性思维去行动,反而是会按照直觉、适应或者经验去操作,因此,人类智能往往具备一种反常识的逻辑。正如德雷福斯所说,人类的很多高级行为都是不可以被编码的,是不可能被还原成遵循规则的行为。因此,可以得到结论就是,任何仅仅由算法或者规则程序约束的机器是不可能完全模拟出人类智能的。因此,强人工智能是不可能出现的。

最后我们来讨论关于人类意识活动的争论。由于人类智能除了逻辑、计算等理性思维活动,还能体现出情感、意向性及自由意志等高级意识活动,而这些高级意识活动往往涉及主观维度,而目前的人工智能主要研究的都是客观活动的行为。正如大卫·查尔莫斯所说,意识问题分类为容易问题及难度问题两个类别。前者指的就是能够按照其因果逻辑来做功能化解释的意识活动,如学习、推理、回忆和信念等,这类问题通过认知科学的方法都可以模拟实现。后者指的是没办法用因果逻辑进行解释,因此,不能用功能化或者认知科学的方法进行处理的意识问题,如感受质、潜意识等,因此强人工智能无法出现。

总结一下，我们围绕着是否能够达到人类智能水平的人工智能进行了讨论和分析，介绍了3种基本思想：计算主义思想、智能二元论思想及心脑同一论思想。后面讨论了基于哥德尔不完备性及人类行为复杂性等思想的人工智能研究很难突破的边界，尤其是在人类复杂意识的模拟上会面对的困难。我们梳理这些问题和讨论，并非赞同强人工智能不能实现的或者能够实现的观点，而是通过介绍这些思想和理论，让读者建立一种多元的思想，这样有助于我们理解未来人工智能发展方向的多种可能性。

信息人概念

在讨论了人工智能是否能实现以后，我们得到了这样的启示，人工智能问题的另一面就是我们对人本质的认识的变化，因此在这里我们来探讨关于"信息人"的概念。所谓"信息人"，是在信息文明语境下对人本质的一种解读，它是人本概念的具体化、新形态，也是一种历史概念。我们在后续的文章中主要讨论的命题就是围绕着信息文明和智能时代来探讨科技和文明的演进路径，因此，弄清楚"信息人"及相关问题的概念，对我们理解传统的人本论在信息文明时代的演变非常重要，也为我们理解文明的内在变化逻辑奠定了基础。这里我们就围绕信息文明与信息人的概念来讨论人的本质问题。

首先我们讨论信息文明的概念，随着大数据、云计算、物联网、智慧地球等概念和词汇的流行，在可预见的未来世界里，我们可以看到基础设施都会被全面信息化，我们将身处完全的信息文明的环境中。信息正在使人类文明逐渐达到从未达到的高度，而我们也面临着如何理解信息文明的问题。这里我们从两个角度去思考：第一个角度是从广义上来说，信息文明就是世界文明的未来，是人类在与外部世界不断适应和交换过程中逐步形成的越来越确定化的世界。

人类科学的重要工作之一，就是通过科学消除不确定性，而信息文明就是人类通过科学塑造的不确定性最小的世界，这种趋势和内在逻辑渗透进了整个文明演变的过程中。

第二个角度是从狭义上来说，信息文明与很多其他类似的概念是部分重合的，如贝尔的"后工业社会理论"、托夫勒的"第三次浪潮"和奈斯比特的"信息社会"等概念。信息文明是以计算机和互联网作为技术基础的文明，带给人类的不仅是信息科技高度的发达和普及，还有信息文化成为主体，信息产业成为主导的模式。

我们要以一种动态的眼光去理解信息文明时代（或者叫智能时代），正如学者王飞跃所说，人工智能所代表的智能技术，实际上昭示着以开发人工世界为使命的第三轴心时代的开始。如果说农业时代是第一轴心文明对物理世界的开拓，工业时代是资本主义对第二轴心世界的开发，那么以人工智能为代表的技术将推动一个围绕智能世界而展开的平行社会的到来，这就是智能时代或者叫信息文明时代。

然后我们讨论传统意义上人的本质问题，这里我们不讨论宗教角度的意义，主要从哲学和科学的角度来讨论。我们通常认为的人类的本质，是一种利用自身有限器官去感知周围世界，继而在内部形成一个和外部存在相对应的知觉图景，并通过不断地反思个人经验逐渐勾勒出庞大观念体系的生物。这里有三个要素：第一，我们看到精神的产生有赖于外部世界的存在，也包括人类自身的感官器官。

计算主义世界观
第一章

第二,我们看到精神产生的价值依赖于对外部世界的研究,人类通过技术来增强个体的能力,构建出新的认知世界的方法,并因此不断对这个世界进行解蔽,不断接近世界的真相。第三,人类的精神世界是一个非常开放的系统,能够不断通过适应和调整来完善个体的能力,通过科学的帮助从而使人类成为地球物种的主宰。

值得注意的是,传统意义上对人的分析主要都是基于物质和精神两个维度去思考的,但是人类的本质还应该包括其社会属性。正如马克思在《关于费尔巴哈的提纲》中所述,"人的本质并不是单个人所固有的抽象物,在其现实性上,它是一切社会关系的总和"。因此,我们应该基于"物质(肉体)+精神(心灵)+社会(文明)"三个维度去探讨人的本质。

基于上面讨论的这个逻辑,我们来重新定义人的本质,也就是讨论"信息人"的概念。我们通常讨论的人的概念是基于达尔文生物进化论思想的,人在自然界位置的界定和假设,也是基于自然界的演化过程所得到的。但是技术的发展导致了人的本质的变化,人们正在不断从数字移民成为信息文明时代的"信息人"。

这里我们可以从两个角度进行讨论:第一,人的本质受到社会因素或者文明因素的影响越来越大,因此,文字、语言、符号和信息成了人的本质的一部分。例如,我们看到的大数据的世界里,无论是人脸识别、语音识别,还是我们的身份信息,都处在不断的数据化过程中,人的本质相对传统有了巨大的变化。第二,在人的本质要素中,原有的关于自然和人的精神层面的理解正在越来越透彻,发生了祛魅的过程。人们关于自然的理解越透彻,就具备越来越强大的改造自然的力量,同时也具备了塑造虚拟世界的力量,这也造成了人的本质的变化。后续我们要讨论这种虚拟空间的自我身份认同的变化,以及它带来的文明内在逻辑的演变。

总结一下,信息文明时代带来的不仅是外部世界的变化,还带来了人的本质的变化。人的本质从原来的"物质+精神"属性演变为"社会+物质+精神"属性,文明和社会对人的本质影响越来越大。因此,我们需要重新建构对文明的认知,也需要重新理解人的本质。"信息人"的概念,是我们理解未来文明的基础,也是我们整本书讨论的核心内容。

冯·诺依曼与计算主义

带有正确程序的计算机确实可被认为具有理解和其他认知状态,在这个意义上,恰当编程的计算机其实就是一个心灵。在强人工智能中,由于编程的计算机具有认知状态,这些程序不仅是我们可用来检验心理解释的工具,而且本身就是一种解释。

——约翰·塞尔

计算主义世界观
第一章

在介绍完人工智能领域的奠基者图灵教授及他的贡献与成就以后,我们来看另一位在计算机领域中做出非凡伟大贡献的学者——冯·诺依曼。他是现代计算机与博弈论的重要创始人,在计算机、量子力学、经济学及人工智能等领域都有重大贡献,同时也是美国原子能计划及氢弹工程的主要负责人,被后人称为"计算机之父"。本节将介绍冯·诺依曼在计算机科学哲学理论方面的思想,也就是关注他在计算机逻辑理论和自动机理论方面的贡献,然后我们要介绍一个重要的思想脉络:认知计算主义。通过计算主义思想和哲学的研究,将图灵与冯·诺依曼的思想和哲学联系起来,为接下来讨论信息文明的思想演变奠定基础。

冯·诺依曼的哲学

我们回顾一下计算机诞生的历史。1944年,冯·诺依曼正在负责美国氢弹研究的工作,而在这个过程中需要解决大量计算问题,因此,他去找当时负责研发人类第一台电子计算机 ENIAC 的宾夕法尼亚大学电机工程教授莫奇利,希望对方来帮忙解决计算问题。但是,当他看到这台机器的设计方案以后,了解到了这台计算机根本不通用,也无法解决问题。于是,他和莫奇利及他的学生埃利克一起提出了新的设计方案 EDVAC,这就是世界上第一台程序控制的通用电子计算机,也是今天所有计算机的鼻祖。那么,为什么将冯·诺依曼称为计算机之父而不是另外两位呢?原因就在于他提出了一种通用的计算机系统结构,并且创造了"冯·诺依曼机"的计算机顶层设计原则。我们今天就是要来分析他的方法论,以及在设计方法时的哲学思想。

首先我们来看冯·诺依曼提出来的计算机的逻辑理论。在他之前的计算机的研究，更多的关注点是诸如电路等技术问题的解决，而他的参与使得计算机逻辑成了计算机研究和开发最核心的工作。1945年6月，冯·诺依曼提出了计算机逻辑的改进方案：第一，用二进制代替十进制成为计算机的逻辑运算的基础，从而提高了电子元件的运算速度。第二，把存储程序放在计算机内部的存储器中，从而形成了"冯·诺依曼机"的计算机系统结构。这种结构的特点如下：其一，将电路设计与逻辑设计分开，为建立理想化的自动机奠定基础。其二，设计了一种通用型的计算机结构，为后来的通用电子计算机的发展铺平了道路。其三，将人的神经系统与计算机作比较，也为之后的人工智能学科的研究开拓了新的方向。正如戈德斯汀所评价的，"就我所知，冯·诺依曼是第一个把计算机的本质理解为行使逻辑功能而电路只是辅助设施的人"。我们在这里看到的就是冯·诺依曼强调逻辑简洁性的应用，即通过最大限度地抽象和简化处理去寻找事物的性质和规律的方法。

然后我们来分析这种方法论的内在逻辑。冯·诺依曼将数理逻辑与自动机理论联系起来，并在哥德尔思想的基础上提出了新的思想方法，正如他所说"就整个现代逻辑而言，唯一重要的是一个结果是否能够在有限几个基本步骤内得到"。因此，他认为我们需要一个高度数学化的、更简洁的自动机与信息理论，也就是将数学和谐性、对称性和简洁性作为计算机逻辑研究的方法论的核心。

这里我们可以将其和哥德尔的方法论进行对比。哥德尔认为可以把数理逻辑还原为计算理论，认为递归函数是能在图灵机上进行计算的函数，因此，可以从自动机的角度看待数理逻辑，反过来，数理逻辑也可以用在自动机的分析和综合领域。而冯·诺依曼则注意到了分析的作用,以及概率的思想在其中的应用,因此,相比哥德尔,冯·诺依曼的方法论更加具备实践价值。

最后我们总结一下冯·诺依曼的计算机科学哲学思想,主要有以下几个方面:第一,他用数学、逻辑和形式化方法定义了计算机的本质,为计算机科学及自动机理论奠定了逻辑基础。通过这种理论方式建立的自动机系统,能够让人类设计足够复杂的计算机,甚至能够模拟人的神经系统,为人工智能领域的发展奠定了基础。第二,冯·诺依曼在计算机研究中所体现的是不断追求数学简洁、对称和形式美的过程,正如吴军在《数学之美》中所说:"一个正确的数学模型应当在形式上是简单的。"因此,我们可以看到自毕达哥拉斯数学自然观延续到现在的对数学哲学和美学的感受。第三,通过对数学美学的追求,冯·诺依曼建立了一种利用抽象形式结构理解世界的方法论,这使得他在其他领域的工作中收获颇丰。这些成就如下:发明博弈论,众所周知,因为博弈论获得诺贝尔奖的纳什是冯·诺依曼的学生;建立数理统计的理论基础;提出量子逻辑和量子机等。

总结一下,我们探讨了冯·诺依曼的方法论和科学哲学思想,并探讨了计算机发明的历史,以及冯·诺依曼在不同领域的贡献。我们可以看到数学思想在计算机研究过程中所起到的重要作用。另外,我们也看到目前的人工智能研究都是基于这样的思想脉络而发展的。接下来我们就要介绍计算主义思想,以及这种思想在人工智能领域的发展过程中所起到的作用。

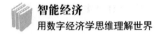

心智计算理论

计算机的发明不仅带来了人工智能等技术领域的发展,而且带来了一种新的哲学思想:认知计算主义。这种思想的影响基于图灵对心灵和智能的研究,以功能主义代替了行为主义,将认知过程理解为计算过程,认为所谓心理状态、心理活动和心理过程不过是智能系统的计算状态,这种认知计算主义思想就被称为"心智计算理论",它是广义计算主义的最初领域,也称为狭义计算主义。图灵在20世纪30年代清晰地阐述了"可计算函数"理论,并发明了图灵机这一概念工具,将计算的特征建立在简单的机械步骤上,并将复杂的计算属性和机械属性联系起来,这是整个认知计算主义的开端。我们在这里就来讨论认知计算主义的3个关键里程碑事件,为大家梳理一下认知计算主义的发展脉络及其与人工智能之间的关系。

第一个关键里程碑事件就是人工智能的诞生,尤其是关于强人工智能的猜想。图灵测试概念的最大价值在于,为智能或者心智提出了一个充分条件,即恰当编程且功能正确的计算机可以看作是拥有(和人类一般的)智能的,但是图灵并没有说心智就是机器的运行,只是启发了后来者的思想。我们需要理解的是,自笛卡儿以来的哲学家和科学家不断尝试用技术工具对心灵进行解构,直到图灵的出现才让这一理想成为可能的现实。因此,在1956年达特茅斯会议上众多科学家及哲学家们共聚一堂,并提出了人工智能这一领域的概念,这个领域的基本任务就是图灵命题的工程化,"将尝试去发现如何制造出使用语言,形成抽象思维与概念,解决目前只有人才能解决的问题并且

计算主义世界观
第一章

改善自身的机器。"而这种观念就是所谓的"强人工智能"的基本主张,正如美国哲学家约翰·赛尔(就是提出"中文屋"的那位)所说,这种思想的强人工智能不仅具有推理和解决问题的能力,而且有知觉和自我意识,即本身具有思维能力。这个里程碑事件的意义就在于,明确建立了一种信念,认为通过恰当的编程就能使得计算机也可以拥有心灵,这是计算主义思想的发端。

第二个关键里程碑事件就是,1976年纽厄尔和西蒙在综合了图灵和普特南设想的基础上,提出了"物理符号系统假说(PSSH)"。这里简单介绍下其他3位学者。希拉里·普特南是美国哲学家、数学家及计算机科学家,也是20世纪60年代分析哲学的代表人物,他在《精神状态的本质》一书中提出了机器功能主义,用以解释心灵与机器之间的关系。艾伦·纽厄尔和赫伯特·西蒙都是人工智能领域的传奇人物,前者是计算机科学和认知信息领域的科学家,后者是卡耐基梅隆大学的教授及诺贝尔经济学奖的获奖者。

纽厄尔和西蒙因为在人工智能领域的基础贡献,在1975年共同被授予了图灵奖,而这个贡献的核心之一就是PSSH系统的提出。他们将智能主体(当然也包括人)看作一个处理物理符号结构的物理机器,这样的模型可以构建机器智能,也可以用来理解心灵。PSSH指出了计算机与心灵的关系:心灵是一个计算系统,大脑事实上是在执行计算,它与可能出现在计算机中的计算是完全相同的,而人类智能可以通过一组控制着行为和内部信息处理的输入/输出规则得到充分的解释。因此,物理符号系统对智能来说既是充分也是必要的。

第三个关键里程碑事件就是联结主义的提出,这也是当下人工智能深度学习算法热潮的理论基础。通常我们所说的计算往往指的是符号计算，其物理架构以冯·诺依曼计算机器为主，这与人类的神经系统处理有着非常大的差别。虽然在处理有序列的、非自组织的和局部表征性的数据方面有着很大的优势，但是在处理非明确定义的问题，如模糊识别、知识进化和情境认知等场景时，这种计算方式就很难产生好的效果。

1943 年麦克洛奇和皮茨发表《神经系统中所蕴含思想的逻辑演算》，提出了形式神经元的概念和最初的神经网络模型。1958 年罗森布拉特提出了模拟知觉的感知机模型。1986 年鲁梅哈特和麦克莱兰德出版了《平行分布加工：认知结构的微观探索》一书，提出了多层前馈的误差反传算法模型，奠定了联结主义网络模型研究的基础。人工智能网络模型就是由大量的神经元相互联结而构成的具有自适应性的动态系统，每个神经元的结构和功能比较简单，但是大量神经元组合产生的系统，就可以通过训练和学习获得解决复杂问题的能力。

总结一下，我们讨论了心智计算主义思想的 3 个重要里程碑事件，也找到了人工智能发展的哲学和思想基础。正因为图灵测试的概念提出，让理性主义哲学有了现实层面的工具，能够通过技术去模拟人类的心智。这样的思想带来的不仅是人工智能的发展，也使得科学家与哲学家对这个世界的理解也有了深刻的变化。

计算主义世界观

如果说心智计算主义带来了人工智能的发展，那么广义的计算主义就带来了其他前沿领域的进展及计算主义世界观的发展。近年来的

计算主义世界观
第一章

一些前沿理论和技术的发展，如细胞自动机理论、量子信息论及万物算法理论等，都彰显着计算主义世界观的巨大影响力。计算主义世界观与原来的牛顿物理学中将宇宙看作机械钟或者其他动力机器的机械自然观形成了明显的差异，它将宇宙看作巨大的计算系统，将所有的物质过程（包括最小的粒子和最大的天体）都当作宇宙计算过程，这样的世界观不仅对于科学有着巨大的影响，也对哲学产生了巨大的影响。接下来就从3个角度讨论计算主义世界观：本体论、认识论及方法论。

首先我们从本体论角度进行分析，所谓本体论，就是研究世界的本原或者基质的理论。自古希腊以来，哲学家们都试图将世界的存在归结为某种物质的、精神的实体或者某个抽象原则，即对"世界是什么"这一问题的哲学思考。从近代以来，科学的进步带来的最大的改变，就是哲学本体论的变化。牛顿经典力学的出现给中世纪的宗教世界的本体论带来的是一次革命，爱因斯坦相对论的发现对牛顿力学是一次革命，量子力学的出现也是对牛顿经典力学的一次革命。不过，从牛顿力学到量子力学的世界观，仍然是基于粒子的物理世界观，研究的范畴也主要是基于物理世界的粒子存在和运动规律。而计算主义世界观认为，所谓的存在，就是不同的信息形式，所有的物质性事物都是信息性的，物理世界的时间和空间都是离散的，而物理世界中的所有存在物，不管是粒子、场还是时空，都是世界按照程序或者算法所运行结果的显现。进一步说，宇宙的计算机通过程序让世界从简单演化为复杂，让基本粒子演化出生命、心灵和智能。而我们人类本身的大脑及意识，可以理解为宇宙计算机中的虚拟机，我们既是宇宙计算的产物，也同时可以演算和模拟整个宇宙的本质，这就是计算主义世界观带来的本体论上的颠覆。

其次我们从认识论角度进行分析,所谓认识论,就是关于认识的本质和产生发展规律的哲学理论,是哲学的一个重要组成部分,探讨人类认识的本质、结构,认识与客观实在的关系,认识的前提和基础,认识发生、发展的过程及其规律,认识的真理标准等问题,又称知识论。例如,我们经常讨论的唯物主义和唯心主义在认识论上是根本对立的,一切唯心主义的认识论本质上都是先验论,认为认识的主体并不是人本身,认识的客体也不是物质,两者在本质上都是精神性的东西,认识不过是从精神到精神,即精神对自身的认识。而一切唯物主义的认识论都是反映论,它同唯心主义的认识论根本对立。唯物主义认识论从物质第一性、意识第二性出发,认为客观世界是认识的根源,认识是人脑对客观事物的反映。这两种哲学理念都在尝试构建一个世界可以通过某种路径认识或者难以认识的观念,而计算主义则提供了一个新的认识论,即通过简化的程序将复杂的世界演化出来,通过演化或者涌现的思想来理解世界的本质,计算主义世界观提供了一种确定世界是可认识的且可以还原的认识论。

最后我们从方法论角度进行分析,由于计算主义世界观将宇宙及其中的万物都当作可计算程序运行的结果,因此,作为方法论,计算主义提供了一个新的世界图景,如随着数字经济和人工智能的崛起,智慧城市、数字地球及超级智能大脑等研究领域不断兴起,我们可以看到计算主义世界观经历了3个阶段的发展,逐渐完善了计算主义的方法论:第一个阶段就是前文所提及的,人们将智能或者心灵活动当作计算的过程,无论是符号主义哲学还是联结主义哲学,都将认知看作计算过程,因此,人工智能学科也就诞生了。第二个阶段,人们开始把生命的本质当作计算,冯·诺依曼通过对生物自我繁殖逻辑的分析,发现任何自我繁殖的系统就是一个算法系统。他从细胞自动机的角度思考自繁殖机器的问题,得到了自我复制的逻辑机器模型,从而奠定了人工生命学科的基础,这个部分我们下一章会详细讨论。第三个阶段中人们开始将整个世界的本质看作计算,沃夫拉姆在《一种新科学》中系统论述了将宇宙当作计算机的理论,而物理学家惠勒也提出了"万物源于比特"的计算主义命题,量子计算学者劳埃德在《程序化的宇宙》中将宇宙看作量子计算机来观察,这一系列成果都是计算主义世界观思想的体现,也是计算主义方法论的落地。

总结一下,我们讨论了计算主义世界观,从本体论、认识论和方法论3个角度进行了讨论,理解了计算主义世界观带来的颠覆性认知。一方面,我们看到了冯·诺依曼及图灵等人的贡献,使得计算机、人工智能等领域产生了巨大的变革;另一方面,我们也注意到计算主义思想在数学、生物学、物理学及哲学等学科中是如何生根发芽的,我们后面会对这个主题进行更加细致的讨论,来帮助我们建立对未来智能时代和信息文明的基本认知。

计算主义思想的演变

在这里聚集的一大群人中,有些受奖励物的诱惑而来,另一些人则因对名誉和荣耀的企图和受野心的驱使而来,但他们中间也有少数人来这里是为了观察和理解这里发生的一切。生活同样如此。有些人因爱好财富而被左右,另一些人则因热衷于权力而盲从,但是最优秀的一类人则献身于发现生活本身的意义和目的。他设法揭示自然的奥秘。这就是我称之为哲学家的人。

——西蒙·辛格

上一节我们讨论了计算主义思想，了解了计算主义是认知科学的主要范式，是目前所有计算机技术及人工智能的核心和基础，也涉及了物理学、生命科学、社会科学、科技哲学等多个领域。本节就详细考察计算主义思想的内核及演变，对计算主义思潮的发展和批判进行讨论。一方面，我们需要通过讨论其演变和批判，更加深刻地理解计算的理念和本质；另一方面，我们需要建立起基于计算主义思想的系统思考框架，这是理解信息文明和智能时代的内在逻辑的核心，也对我们讨论未来文明的构建有着非常重要的价值。

计算主义的演变

我们已经粗略地讨论了关于计算的概念和演变过程，现在就来详细回溯计算主义思想演变的历史进程。在这里有 3 个基本的观念：第一，所有的计算问题本质都是数学问题，因此，数学的思想和方法在计算主义思想浪潮中非常重要。第二，计算主义思想演变的浪潮是在科学和哲学两个不同的范畴发展的，实际上计算主义思想得以被广泛认知的原因就在于它在科学发展过程中所起到的作用，因此，比其他的哲学门类更加具备实用性。第三，我们讨论计算主义思想的原因，是建立一种哲学世界观，而任何世界观都是一种对于世界本体论的逻

第一章 计算主义世界观

辑自洽的诠释,并非一成不变的真理,我们需要秉持理性不偏信的想法去看待这些观点。

首先,我们讨论"计算"概念的本质,要知道任何一个领域发生颠覆性的变革时,前提是某个理念或者思想影响了当时人们对某个基本概念和逻辑的方式的认知。计算最初与现在普通人理解的一样,指的是加减乘除的算术运算,而到了图灵时代,计算才有了明确的定义。1900年,德国数学家希尔伯特在巴黎的国际数学大会上发表题为《数学问题》的演讲,提出了23道重要的数学问题,而图灵则基于对其中"判定问题"的回答和研究,对计算的概念有了新的理解,发表了《论可计算数及其在判定问题中的应用》,指出希尔伯特的判定问题无解,为计算机科学奠定了基础,并使得可计算理论得以出现。实际上,图灵机的概念就是一个抽象的数学模型而不是真实的计算机,通用的图灵机能够计算任何图灵机可计算的函数,不仅确定了算法和可计算性的概念,也澄清了形式系统的概念。这里需要补充的就是丘奇-图灵命题(丘奇是美国数学家),又叫丘奇-图灵猜想,该假设论述了关于函数特性的,可有效计算的函数值(用更现代的表述来说就是在算法上可计算的)。简单来说,邱奇-图灵论题认为"任何在算法上可计算的问题同样可由图灵机计算"。

其次,我们来看图灵之后计算概念的演变,图灵计算被称为"第一代计算模型",图灵之后出现的计算模型被称为"第二代计算模型",主要指的是超计算模型和自然计算模型。所谓超计算,指的就是"超级图灵计算",是可计算理论的一个新的计算模型,例如,一台可以解决停机问题的计算机,或者可以正确推演皮亚诺算术中每个状态的计算机。实际上,在图灵的博士论文中的"神谕机"就是最早的超计算模型，而在这个基础上就出现了很多超计算的类型，包括加速图灵机、概率图灵机、无限状态图灵机及芝诺机等，至少有 20 多种不同的超计算的类型。需要注意的是，超计算是否能够真的超越图灵计算的局限是未被证实的，因为在现实层面并不存在基于超计算模型的物理实体，目前所使用的主要计算模型都是图灵机的计算模型，也就是基于冯·诺依曼的计算机架构的模型。

第二代计算模型即自然计算，就是通过对自然界的物理、化学、生物等现象的模拟设计出来的计算模型，包括量子计算、DNA 计算、膜计算、演化计算、细胞自动机等。自然计算模型现在已经有了一些明确的进展，比如量子计算机的实践，而且通过与物理学及生命科学等领域的融合，使得计算概念的内涵得到了进一步的拓展。

最后，我们讨论计算主义思想的演变过程。我们已经从横向维度讨论了这个问题，即计算主义思想的研究范畴的不断扩大。最开始的时候，计算主义以认知计算主义为主，包括符号主义和联结主义两个流派，这两个流派虽然看上去有很大的差异，但实际上是互补关系，通过不同的方向来建立认知和计算之间的关系。所谓符号主义，就是把心灵当作依据规则或者算法对离散符号进行操作的形式系统，而联结主义则通过构建人工神经网络模型对人类心智进行模拟，主张认知是相互链接的。符号主义和联结主义就是旧计算主义的核心。

接着计算主义就进入了生命科学领域，尤其是人工生命学科领域，从组织、形式的角度去理解生命，带给生命科学研究巨大的启发。所谓人工生命学科，就是建立于计算主义思想上的学科，如数字生命、虚拟生命及计算机中的生命。最后计算主义就扩展到物理学、宇宙学

计算主义世界观
第一章

的研究领域，形成了计算主义的宇宙观或者叫宇宙的计算理论，即认为宇宙就是巨大的计算机，整个世界的物质过程就是由计算带来的。

我们在这里补充一下纵向思想的演变过程，即从旧计算主义到新计算主义。所谓旧计算主义，就是上文提到过的以符号主义和联结主义为代表的思想，而新计算主义则包括两部分内容：第一部分是认知计算主义的新范式，就是上文讨论的超计算模型和自然计算模型。第二部分是指代上文提到的延伸到其他领域的计算主义思想，这也是新计算主义的内核所在。当然，这种演变思潮是一个正在发生的过程，还没有明确的具备共识的定义。

总结一下，我们讨论了计算主义思想的演变过程，包括计算概念内核的演变、计算主义思想从横向拓展到纵向跃迁的演变。通过这些思想的演变，我们不仅可以看到计算主义在实践层面的不断扩展延伸和应用，而且还能看到哲学和科学之间是如何互相影响和共同发挥作用的。科学通过现实意义的不断探索来建构哲学的认知，而哲学的认知则构建了具体的方法论和思想来为科学发展指明道路。

计算主义的批判

上文提到过，任何一种科学思想包括哲学思想都不是真理，都需怀疑和批判的精神，因此，我们在这里专门讨论对计算主义的批判和争论。正如菲茨杰拉德的名言所说："检验一流智力的标准，就是看你能不能在头脑中同时存在两种相反的想法，还能维持正常行事的能力。"目前关于计算主义思想的质疑主要来自3个方面：第一个方面是基于"哥德尔不完备定律"的反驳，从数学的逻辑和思想去批判计算主义。第二个方面是基于赛尔的"中文屋思想实验"的批判，从认知和人类心智的角度去批判。第三个方面是基于现象学对计算主义的批判，即通过哲学的角度对计算主义进行批判。这里主要介绍前两种批判，后面在讨论存在主义哲学时会提及现象学相关的研究成果。

首先我们讨论基于"哥德尔不完备定律"的批判，也就是通过数学理论来论证心灵在本质上是不同于机器的。所谓"哥德尔不完备定律"，指的是出身于奥匈帝国的数学家和哲学家哥德尔提出的两条定律，这个定律和塔尔斯基的形式语言的真理论，以及我们提到的图灵机的判定问题，被认为是现代逻辑学在哲学方面最重要的3个成果。这个定理论证了任何一个形式系统，只要包括了简单的初等数论描述且逻辑自洽，则必定包含某些系统内所允许的方法既不能证明真也不能证明伪的命题，也就是任何形式逻辑自洽的系统必然是不完备的。

因此，著名学者卢卡斯在1961年发表了《心灵、机器与哥德尔》一文，指出哥德尔不完全性定理证明了机械论或形式主义的失败，心灵不能被理解为一个形式或者机械的系统，简单来说就是心灵在本质上是和机器不同的。当然，这个观点很快被其他学者所批判，比如英国控制论学者和心理学家弗兰克·乔治从演绎归纳及控制论和自组织理论等多个方面对卢卡斯的论证进行批判，还有另外一位英国人工智能学者古德发表了《哥德尔定理是迷魂汤》一文来论证卢卡斯用哥德尔定律来证明他的观点是非常荒谬的。

不过接下来还有很多学者基于哥德尔定律对计算主义进行了批判，如著名学者罗杰·彭罗斯出版了《皇帝新脑：计算机、心灵与物

第一章
计算主义世界观

理定律》一书来批判强人工智能实现的可能性。罗杰·彭罗斯爵士是英国数学物理学家,以及牛津大学数学系的名誉教授,贡献之一就是在 1965 年与物理学家斯蒂芬·霍金教授证明了奇点的存在,这本《皇帝新脑:计算机、心灵与物理定律》就是他最著名的作品。在这本书中他声称已知的物理定律不足以解释意识现象,他认为意识是超越数理逻辑的,因为诸如停机问题的不可解性质和哥德尔不完备定律导致基于算法的逻辑系统不能产生具有人类智能特性的智能。也就是说,电脑很难通过图灵测试,即使通过了也并不意味着具备了智能和意识。当然,这个观点也遭到了很多人的反驳,很多学者认为他误用了哥德尔的方法,并通过模糊的表达得到了似是而非的结论。

包括哥德尔本人在内的许多学者都对计算主义都提出了批判,在他们看来计算机是机械和形式的,而人的内心是非机械和非形式的,因此,人的心智和认知远超计算机。但是这样只能证明人和计算机是不同类型的系统,并不能证明二者在智能层面的高下之分。正如图灵所说,"尽管哥德尔不完备定律已经证明了任何一台特定机器都是能力有限的,但是并没有任何证据论述人类智能就没有这种局限性"。后面还要专门论述人类的认知实际上是有认知边界的,这也是我们要讨论认知升级的原因。

最后我们讨论基于赛尔"中文屋思想实验"的批判。所谓"中文屋"是由美国加州大学伯克利分校的哲学教授约翰·赛尔在论文《心灵、脑和程序》当中提出来的一个思想实验。这个实验的核心内容是,假设一个不懂汉语只懂英文的人在封闭房间中进行交流,即使不懂汉语,但是按照一定的程序指示能让封闭环境外的人以为他是理解汉语的,因此可以得到的结论是正如不懂汉语的人自始至终都无法理解汉

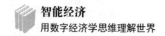

语一样，计算机也不可能通过程序理解中文的真实含义。也就是说，他认为计算机和人最大的区别在于计算机是一个纯粹的形式系统，而人是一个语义系统，前者没有意向性，而后者具备意向性。关于这个观点的批判也很多，比如英国科学院院士玛格丽特·博登在他的著作《人工智能哲学》一书中指出，赛尔理论的关键是形式化与形式符号的意义，而实际上最简单的程序也具备某种意义而不只有形式性。因此，计算理论并非不能解释意义，这就从根本上否认了赛尔质疑的前提。

总结一下，我们讨论了关于计算主义的一些批判，尤其是对基于哥德尔的不完备定律和赛尔的"中文屋思想实验"的批判进行了论述，并对这些论述的反对意见也进行了论述。这里并不是为了证明计算主义是真理性的原理，而是承认旧有的计算主义还是有很多不足的地方，而我们正在构建新的计算主义的未来过程中，要时刻保持着一种质疑的态度去看待任何学术观点，才有可能接近真知。

计算主义的未来

在讨论了计算主义思想的演化以后，我们来讨论一下计算主义的未来，尤其是新计算主义思想的未来。要关注某个学科的未来发展，尤其是对整个社会及文明的影响，我们需要从 3 个方面来思考：第一，促进这门学科发展的关键人物的学术背景，即是具有什么背景的学者在遇到原有学科解决不了的问题以后开始试图探索计算主义思想。第二，当时整体社会的学科发展的特质是什么，科学界中最重要的两门基础学科是数学和物理学，这两门学科的发展很大程度上衡量了当下

计算主义世界观
第一章

的科学发展。第三，我们基于科学范式演化的理论来看当时科学和社会的互动关系，才能看出计算主义思想在未来能够拓展的边界。弄清楚了这个问题以后，我们才能理解为什么计算主义思想所代表的世界观，以及与计算相关的技术将会极大地改变文明的发展路径。

首先我们来讨论新计算主义思想的两个代表人物——约翰·惠勒和塞思·劳埃德的学术思想。惠勒是美国物理学开拓时期的科学家，普林斯顿大学教授，从事原子核结构、粒子理论、广义相对论及宇宙学等研究，他最为世人所熟知的成就就是创造了"黑洞"这个非常简洁和概括性的物理学词汇，他与爱因斯坦、波尔等物理学大师共事过。他所面临的问题就是广义相对论和量子力学的矛盾问题，这两个20世纪最伟大的物理学理论存在着内生的矛盾，而惠勒在解决这种矛盾的过程中，开始将宇宙的运行比作电脑的运行，即将万物的存在建立于信息之上，从而提出了"万物源于比特"的思想。

塞思·劳埃德是美国麻省理工学院的机械工程和物理学教授，他在量子计算、量子通信和量子生物学领域进行了开创性的工作，包括为量子计算机提出了第一个技术上可行的设计，展示了量子模拟计算的可行性，证明了香农噪声信道定理的量子相似性，并设计了新颖的量子纠错和降噪的方法。作为量子计算领域的权威，他通过抽象的方式将单位信息作为基本单元，通过"0"和"1"代表粒子的自旋方向来研究粒子演化，比如研究量子纠缠现象时，他用这样的抽象方式来研究信息会转变成对所有纠缠粒子的整体描述，而这种思想方式毫无疑问就是计算主义的思想。我们可以看到，无论是惠勒还是劳埃德，都是物理学界的权威，而他们进入计算主义思想领域的缘由，就是为了解决宇宙的本质或者世界的组成这样的物理学问题。因此，可以认为新计算主义带有先天性的底层物理学的逻辑。

然后我们来看当时科学领域所处发展阶段，尤其是数学和物理学。20世纪，数学正处于逐步发展成一个具有庞大分支规模的理论体系的阶段，学者开始越来越局限于在狭窄的范围内进行研究，而不再有数学家能够成为早期数学家庞加勒或者希尔伯特那样的数学领域的通才。与此同时，现代物理学也在那个阶段发展出很多分支学科，如粒子物理学、凝聚态物理学、天体物理学等。

物理学的学科交叉导致了两个很严重的问题：第一，基于量子力学和广义相对论的不协调导致了整个现代物理理论的不协调，广义相对论描述的是宏观宇宙的大系统，而量子力学描述的是微观世界的小系统，这种不协调迄今为止没有找到基于非常统一的共识的理论。第二，分支过多导致了纯物理学研究开始追求"极端化"的研究领域，如超低温、超真空、超高压等，这种现象的出现固然说明在某个领域的研究进入了高精尖的复杂阶段，也说明物理学在打破常规范式这个宏观命题上遇到了困境，甚至出现了大规模与其他学科交叉的现象，如量子生物学、生物物理学等学科的出现。因此，计算主义思想的提出，就正好解决数学和物理学这种过于细分学科的现象导致的科学范式的变革问题。

最后，我们从现实层面来看新计算主义思想的未来。从3个角度来看：第一，新计算主义从诞生开始都在解决实际的问题，如上文所说，惠勒用"万物源于比特"的思想解决量子论与相对论的矛盾，劳埃德的宇宙可计算思想是为了解决量子的不确定性及建立更好的量子纠缠模型等。所以，计算主义世界观是一种在实践层面具备意义的

计算主义世界观
第一章

思想，主要是为了解决科学范式的危机。第二，计算主义思想对后现代主义思想浪潮来说，是一种超越其理论困境的方法。关于后现代主义思想，之后我们还会细致讨论。简单来说，后现代主义思想就是对主流思想和意识形态的挑战，对原有的理性主义及本质主义思想的挑战，虽然一定程度上拥有积极意义，但是如果任凭其发展，毫无疑问会走向虚无主义，最终冲击人类现有文明的所有底层价值。而计算主义思想则在很大程度上解决了后现代主义思想提出的问题，如果说后现代主义思想是对人类固有知识体系和世界观的解构，那么计算主义思想就是一种回答解构之后问题的答案与模型。第三，对计算主义进行应用的社会实践正在不断被推进，使得计算主义不只是一种形而上学的哲学理念。例如，以区块链为代表的新的数字技术出现，让数据、计算及惠勒的"万物源于比特"的思想得到了非常大的共识。

总结一下，新计算主义思想迄今为止已经拥有了丰富的概念和巨大的体系，而我们也看到以计算为核心的技术正在不断对人类文明进行改变。我们一方面要在实践层面探索技术的方向，尤其是人工智能、区块链等数字技术的应用；另一方面要逐步建立起更加能够被大众认同的计算主义世界观，解决其在伦理、道德和社会等多个层面的问题，这才是面对一个新的世界观或者思想的正确方法论。

第二章 智能时代认知论

💡 人工生命的诞生

随着人工生命的出现，我们也许会成为第一个能够创造我们自己后代的生物……作为创造者，我们的失败会诞生冷漠无情、充满敌意的生物，而我们的成果则会创造风采夺人、智能非凡的生物。这种生物的知识和智能将远远超过我们。当未来具有意识的生命回顾这个时代时，我们最瞩目的成就很可能不在于我们自身，而在于我们创造的生命。人工生命是我们人类潜在的最美好的创造。

——D. 法默

我们在前文讨论了计算主义世界观，理解了未来世界的概念与当下的现实世界的概念有着完全不同的区别——世界是一台不断计算的信息机器。那么，我们如何理解生命的本质呢？考虑到过去漫长的时光里我们都在寻找新的智能生命，所以，定义这一概念对我们理解人工生命及未来可能的生命形态有很大的意义。人工生命学科的目标是探寻与特殊基质无关的生命系统的原理，也就是探索以碳为基础的现实生命的替代品,对我们最根本的关于社会、道德和生命哲学的认知有着非常多的挑战,本节就来梳理关于人工生命学科的思想和启发。

理解生命的本质

关于生命的本质,目前主要有 3 个方向的观点:第一,认为生命是一系列性质的总和,即如果满足一系列特征的话,这个实体就能被认为是生命。第二,生命是新陈代谢,也就是只有能够进行新陈代谢的实体才是生命。第三,生命是演化,也就是以达尔文的进化论为基础去理解生命。下面分别介绍 3 个方面的不同理解。

首先我们介绍以生命特征来判断生命本质的主张,这里有两个颇具代表性的观点,分别来自恩斯特·迈尔和克里斯·朗顿。恩斯特·迈尔是 20 世纪最伟大的进化生物学家之一,同时也是分类学家、热带探险家、鸟类学家、生物哲学家和科学史家。他的著作《生物思想的发展:多样性,进化和继承》对生物学的历史和哲学进行了全面的研究,对生命科学的思想史进行了全面的整理,并得到了关于生物学中生命体实体特质的清单,主要归纳为以下 3 个特质:第一,生命是一个活系统,是一个非常复杂而又具备适应性的组织,是由高可变性的独特个体组成的;第二,这个有机体是由一系列在化学成分上很独特的高分子组成的,通过演变程序参与到有目的的生命活动中;第三,这个有机体是自然选择的产物,而且生物演变的过程是不可预知的。这主要关注了生命的主要特征,当然这里并没有提及新陈代谢的观点或者演化的观点,更多是对生命体的一种抽象的统一特征的描述。

我们来看另一位生物学家克里斯·朗顿的观点，他总结的生命特质如下：第一，生物具备一个不断自我复制的程序，这个程序构建了生物的组元，以及不同组元之间的互动过程，也就是构建起了新陈代谢的过程；第二，生物随着外部环境的变化而产生适应和演化的过程，这个过程通过变异和自然选择直接与生命的程序相关联，也就是具备进化的特质；第三，生物趋向于复杂和高度组织化，最重要的是具备一定的特定组织结构，如细胞和细胞器就是这样的结构的实例，它们组成了复杂生物的器官和组织；第四，生物具备新陈代谢功能，能够进行能量的转换，且生物具备再生系统，对遭受损失的部分进行完全的取代；第五，生物能够把大多数代谢反应隔离在特定的通道中，这种隔离主要是通过生物大分子的专一性实现的。例如，某些组织中的细胞反应只能通过特定的酶实现。

总结一下，我们这里介绍了两位不同的生物学者对生命特质的研究成果，恩斯特·迈尔更多是通过生物哲学的观点去对生物体的实体特质进行研究，而克里斯·朗顿则通过新陈代谢和演化的观点更具体地描述了生命的特质。这部分内容让我们了解到生物学家对生命体特征的共识，这些共识也是我们之后进行人工生命相关理论研究的基础。

接着我们介绍进化论的生命观点，持有这个观点的代表人物是英国著名学者道金斯，他的著作《自私的基因》在前几年为很多读者所知。他是一个达尔文进化论的坚定支持者，因此，在这本著作中借助达尔文的进化论作为基本的出发点，借助分子生物学的理论对生命起源进行考察，提出基因不仅是遗传和变异的基本单位，也是自然选择的基本单位。也就是说，在他看来生命的本质特征能力就是自我复制，生命从本质上来说就是具有复制能力的基因被自然选择的过程。从他的理论体系中，我们可以理解到两个基本的逻辑：第一，生命的本质体现在生物大分子这一层次上（也就是他所提及的复制基因），具有复制能力的基因才是进化中的真正实体，而更高层次的生物组织则是基于它们进行过渡和演化的。第二，具有自我复制能力才是生命的核心，那么这些基因在复制什么呢？答案就是信息。在道金斯看来，生物的进化过程就是基于 DNA 的信息复制和遗传的过程，信息和信息处理成为生命演化的基本逻辑。

最后我们介绍一下基于新陈代谢的生命观，这里有两位学者需要介绍，就是来自智利的神经科学家马图拉瓦和瓦若拉，他们的理论是建立在生物学基础上的，认为生命的本质是"自创生"。在他们看来，生物是具有自创生的组织，即生命是能够自我确定和自我循环的组织，这种组织形成了一个不断产生、变换和不断摧毁自身的具有边界的动态网络。按照两位学者的定义，生命的本质是"产生组元的组元生产（变换和摧毁）过程的网络，这些组元通过不断的相互作用和变化形成了它们的关系网络，并把该实体构成了一个空间中的统一体。"这个定义听起来很晦涩，实际上我们可以简单地理解为他们认为生命就是一个自组织的系统，与道金斯的理论观点来自进化论体系不同，二者提出的生命现象更偏向于一种动力学理论。这个认知有两个基本的理解：第一，这是一种抽象的概念而不是具体的定义，这个理论并没有准确地定义这个系统，而是描述了生命系统的特质；第二，在这套理论当中，没有把信息和计算的概念容纳进来，以至于在刻画的深度和应用性上并没有那么完善。

总结一下，我们讨论了关于生命本质的 3 种主流观点：一种是关于生命特质的,另一种是基于进化论的,还有一种是基于动力系统论的,这都是之前的学者所研究的成果,我们需要思考的问题是:在计算主义思想中,我们该如何更加深刻和全面地理解生命的本质,哪种生命的定义更加符合人们对于未来的判断和智能时代的新认知。

人工生命的兴起

在介绍了关于生命本质和特征的讨论以后,我们来看人工生命理论兴起的历史。需要注意的是,虽然人工生命和人工智能是两门相近的学科,但是它们的目标和发展时间都有明显的差异,需要区分好这其中的差别。下面我们通过几位对人工生命学科有着巨大贡献的学者的观点的总结,来为大家梳理人工生命研究的兴起历史,在这个过程中来理解人工生命学科的思想内涵。

人工生命学科的先驱与人工智能学科的先驱都是艾伦·图灵和冯·诺依曼。艾伦·图灵是人工生命学科的先驱,他在1952年发表了一篇关于生命内涵和生物学形态的论文,提出了一些关于人工生命的思想,证明相对简单的化学过程能够从均质组织中产生新的秩序。图灵通过数学证明得到结论,论证了通过简单的算法逻辑就能使得看上去最简单的细胞结构产生分化,从而产生复杂的生物组织形态。然而,由于当时并没有计算机来实现和支持他的工作,这方面的成果没有能持续深入下去。

另一位伟大的计算机先驱冯·诺依曼,通过动力学的理论做了一个关于自复制机器的动力学模型的思想实验(自繁殖模型)来模拟生命的产生逻辑，在没有计算机的帮助下，他开创了元胞自动机领域，通过铅笔和方格就构造了第一个自我复制的自动机。而且他的自我复制计算机程序被认为是世界上第一个计算机病毒，因此被称为"计算机病毒之父"，考虑到他本人也是计算机领域的奠基人之一，就能看出他在这个领域伟大的思想和卓越的成就。

遗憾的是，冯·诺依曼在开创了细胞自动机（CA）的研究不久，就因为罹患癌症离开了人世，接下来他的工作由科学家伯格斯完成，并发表了《自我繁殖的细胞自动机理论》。简单来说，冯·诺依曼是通过描述生物自我繁殖的逻辑形式来理解人工生命观点，并得到两个基本结论，无论是人工还是自然的生命，都需要具备两个基本功能：第一，必须起到计算机程序的作用，是一种在繁衍下一代过程中能够运行的算法。第二，必须起到被动数据的作用，是一个能够复制到下一代的描述。

接下来我们看看冯·诺依曼之后的一些学者的工作，由于计算机技术的发展较为缓慢，以及人工生命领域非常艰深，所以，很长一段时间内没有相关学者继续研究。这里我们只提及一个著名学者——克里斯·朗顿。他于1986年在洛斯阿拉莫斯国家实验室组织了第一个"生命系统综合与仿真研讨会"（又称为人工生命研究），并首次提出了人工生命的概念。他对生命逻辑最重要的结论之一，就是认为生命最明显的特征是它的复杂的信息动态过程。他认为"生命有赖于信息处理的程度高到不可思议"，生命是构建于感受信息、处理信息和作用信息的基础之上的，也就是说生命的过程完全可以用信息的概念去理解，"生命储存信息，画出感观信息的地图，再把信息进行某种复杂的转换而产生行动"。

克里斯·朗顿更进一步从生命起源于海洋的假设中出发，认为最终导致地球上生命起源的信息动态过程是通过液态水的动态过程突现出来的，海洋不仅提供生命起源的温床，而且通过水分子的动态过程使得信息能够流通，他认为正是因为水分子的作用，生命从水分子的动态行为转移到生命大分子中。通俗地说，水是生命之源不仅体现在我们不能缺少水，更体现在生命的源头确实来自水，通过在临界相变或者混沌边缘的作用，水把生命通过信息的复杂作用过渡到生物细胞大分子了。

总结一下，我们梳理了人工生命学科发展历史上最重要的几位学者的研究成果和思想，在没有计算机帮助的情况下，图灵和冯·诺依曼奠定了人工生命学科的基础。前者通过数学的逻辑关注生物形态的变化，后者通过计算的方法描述生物自我繁殖的逻辑形式。而克里斯·朗顿则奠定了人工生命学科的现代思想基础，从信息论、复杂系统论等思想来理解人工生命演变和产生的过程。接下来，就具体讨论现代人工生命学科的思想基础。

人工生命的思想

1987年9月，克里斯·朗顿在美国洛斯阿拉莫斯非线性研究中心的多伊恩·法默的支持下，筹备并主持了第一次国际人工生命会议，150多名来自世界各地的相关研究的学者、科学记者参与了会议。这次会议标志着人工生命学科这一领域的正式诞生，并发行了以《人工生命》为题的出版物。克里斯·朗顿将参会人的思想提炼成其中的前言和概论，而这阐述的就是人工生命思想的几个核心观念，我们将主要的内容概括为 3 个方面，希望能够对大家有所启发。

第一，需要理解人工生命学科的本质。人工生命是关于一切可能生命形式的生物学，而在人工生命学科中，生命的本质在于形式而不在于物质。人工生命并不关心我们所知道的地球上的特定的以水和碳为基础的自然生命，因为这种生命观念是"如吾所识的生命"，是传统的生物学研究的主体。而人工生命学科研究的是"如其所能的生命"，认为传统生物学研究的生命是一种地球生命基础上的实例，受到经验主义的影响。而人工生命关注的是更广义和普遍意义上的生命系统，我们只有站在这个维度上才有可能发展出更有价值的生物学。

因此，人工生命认为不管实际的生命还是可能的生命，最重要的就是关注它的形式而不是物质构成，人们需要从具体的物质中抽离出来，观察生命的逻辑。也就是说，生命在根本上和媒质无关，而只和它的过程有关，这样就验证了之前我们关于生命本质的看法。人工生命学科关注特质和过程，但是不关注物质组成的本质。理解这个思想对未来我们讨论凯文·凯利关于技术的生命特质的观念有着很大的帮助，也对我们理解技术的本质有很大的帮助。

第二，人工生命学科的研究方法是自下而上建构的，也就是通过"涌现"的方式去建构的。在人工智能的发展过程中，自上而下地建立规则是最重要的方法论，人们希望通过自上而下的编程方式使得机器获取智能。而在人工生命学科中，自下而上通过"涌现"的方式则是最核心的理念。简单来说，就是通过在底层定义一些基本的简单规则，模拟自然中自组织的过程，从简单的局部控制出发，让行为从底层涌现出来。

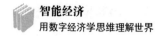

人工生命并不涉及计算机或者机器人,而是通过涌现的行为来让生命突现出来。所谓"突现",指的是在复杂系统中,许多相对简单的单元在彼此相互作用过程中,展现出来的与原有简单系统完全不一样的整体属性。关于复杂理论的思想,我们下一节会介绍,在这里我们只关注这种自下而上的方法论在人工生命学科中的应用。

第三,人工生命学科的研究。所谓人工,指的是其中的硅片和计算规则是人工的,但是人工生命展示的行为则是人工生命自发的。按照朗顿的说法,生命也许确实是某种生化机器,但要启动这台机器并不是需要把生命注入其中,而是要将机器的各个部分组合起来产生互动,让生命自动产生。也就是说,人工生命不是用分析解剖的方式来理解生命,而是通过综合集成的思想,采取将简单的零部件组合以后产生生命行为的方式来研究生命。人工生命学科放弃了传统生物学研究的还原论思想,即根据生命的最小部分分析生命并进行解释,而是采用了一种整体论的思想方式。正因为如此,人工生命学科的研究者认为,如果生命真的只是组织问题,那么组织完善的实体无论是由什么做的,都应该是一个"活系统"。因此,真正的人工生命必将会诞生。

总结一下,我们首先探讨了人工生命对生命本质的理解在于形式而不在于物质构成;其次讨论了人工生命研究的方法论,即自下而上的涌现过程;最后讨论了关于人工生命的思想方式是整体论的而非还原论的。这3个基本的思想构成了我们对人工生命学科的基本理解,也为我们考虑未来与硅基生命共处的文明奠定了基本的生物学思想理念。

复杂性科学思想

> 对于随机问题只有一点概念的人,相信动物必定对所生存的环境达到了最大的适应性。但进化论的意思并非如此。平均而言,动物是有适应力,但不是每一只动物都能适应,而且不是时时都能适应。一只动物有可能因为它的样本路径很幸运地生存下来,同理,一个行业中"最好的"人才也有可能来自一群人才,他们能够生存,是因为过度适应某一样本路径——那条样本路径并未出现与进化有关的稀有事件。这里有一个不良的属性,就是这些动物不曾遭遇稀有事件的时间越久,则它们对该稀有事件的承受力越显脆弱。如果我们把时间无限延长,那么依照遍历性原则,那个事件肯定会发生——那些物种必会遭毁灭!进化论只适应某一时间序列,而不是所有可能环境的平均值。
>
> ——纳西姆·塔勒布

我们在讨论人工生命学科时,提到了"复杂系统"与"涌现"等话题,实际上这些思想和理论都来自一个细分学科,被称为"复杂性理论"。复杂性理论是一个思想谱系,20世纪初系统论诞生,随后产生了信息论、控制论等新的学科理论和理念,在这个过程中学者们提出了一系列人工智能和计算机相关的理论,如系统、组织、信息、反馈、控制、信息熵等。这些思想理论对当时基于还原论和分析思维的方法论提出了巨大的挑战,为科学家们研究复杂系统或者混沌系统提出了新的思想方法。到了20世纪70年代,出现了耗散结构理论、协同论及突变论等新的复杂性思维,这些理论构成了自组织理论,主要研究的是复杂的自组织系统,如生命系统、社会系统、金融系统等。

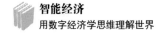

新的复杂性理论引起了全世界的重视,开展了规模空前的跨学科的复杂性科学思想运动。本节就来讨论复杂性科学的思想内涵和演变过程,并通过对复杂性科学研究的理解来梳理复杂性学科的哲学境界。正如伟大的物理学家霍金所说,"21世纪是复杂科学的世纪",作为面向未来的现代人,应该理解复杂性思考的逻辑和方法论。

复杂性科学演变

复杂性学科是研究复杂系统行为与性质的科学,与以往还原论科学最大的不同在于,其采用的是整体论的思维方式,核心是研究宏观领域的复杂性及其演化过程。这里我们主要来梳理复杂性科学的发展历史和路径,弄清楚它与我们讨论的人工智能、人工生命等学科的不同特点,并探讨其学科的局限性所在。这里将复杂性科学的发展历史分为3个阶段。

第一阶段,以贝塔朗菲的《一般系统论:基础、发展和应用》及控制论为代表,主要涉及的是系统论、控制论和信息论。贝塔朗菲是美籍奥地利理论生物学家和哲学家,他创立了一般系统论,强调必须把有机体当作一个整体或者系统进行研究才能发现不同层次上的组织原理。1937年,贝塔朗菲在芝加哥大学的一次哲学研讨会上提出了一般系统论的观点,但是迫于当时生物学界的压力,直到1968年才发表了《一般系统论:基础、发展和应用》一书,总结了一般系统论的概念、方法和应用。

与一般系统论同时兴起的复杂性学科是控制论,代表成果是由诺伯特·维纳发表的《控制论——关于在动物和机器中控制和通讯的科学》一书。时至今日，控制论的思想和方法已经渗透了所有自然和社会科学领域，后续我们会详细讨论。这里只提及，维纳的《控制论——关于在动物和机器中控制和通讯的科学》的核心就是研究有目的行为、组织性和整体性，认为系统通过反馈调节的方式可以维持某个特定状态或者趋向于某个特定目标。

这里不得不提到的是人工智能学科，由于人工智能和控制论的关系非常密切，早期人工智能的奠基人如麦卡洛克、匹茨等人与控制论创始人维纳曾经多次合作，并构建了世界上第一个神经网络模型。时至今日，系统论停滞不前，控制论转向了技术工程理论，只有人工智能还在不断发展壮大，这里我们推荐大家看《机器崛起：遗失的控制论历史》这本书，其中会涉及关于控制论和人工智能的历史，我们也能通过它理解二者的联系。

第二阶段，以冯·诺依曼的元胞自动机模型及人工生命学科为代表，主要涉及的是耗散结构论、协同论、突变论、元胞自动机理论等，主要研究的就是系统演化的行为。由于篇幅限制，我们在下一节中会详细探讨这其中的理论，在这里只提及元胞自动机理论。这个理论在20世纪由冯·诺依曼创立，也是后来人工生命学科的创始人朗顿研究人工生命的基础。这里我们可以看到复杂理论从原来的研究系统的存在转变为研究系统如何演化，而人工生命学科则代替人工智能学科成为这个阶段很重要的成果。

第三阶段，复杂性理论开始大量进行跨学科的研究，以美国的圣塔菲研究所为代表，复杂性学科的理念核心为促进知识统一和消除科学与人文之间的对立。美国的圣塔菲研究所是 1984 年 5 月成立的，被认为是世界复杂性问题研究的中枢。该研究所认为复杂性学科研究的内容几乎涉及所有现存的学科和领域，主要研究课题包括复杂适应系统、复杂性的度量、复杂性网络等。这个阶段的研究特点是通过计算机工具，以隐喻和类比的方式对生命演化、人的思想、物种的灭绝及文明的发展等课题进行研究，社会科学在其中起到了非常重要的作用。因此，经济学、文化学和人类学等得到了大量的应用，如著名经济学家阿瑟在圣塔菲研究所创立了新经济学，研究报酬递增率、锁定和不可预测等。

对比一下这个阶段和前两个阶段的复杂性科学的研究的差异，前两个阶段的复杂性研究基本上是在其他传统学科之上进行研究，如物理学、化学和生物学等，而到了这个阶段则出现了专门研究复杂性科学的组织和团体，复杂性研究的学科范畴扩大到了所有学科领域。值得一提的是，我国的复杂性研究是在 20 世纪 80 年代是由钱学森教授所领导的，他研究的课题是"开放的复杂巨系统理论"，被称为钱学森学派。主张的是通过"人—机"结合，把人心智的高度灵活性和计算机在计算与处理信息的高性能有机结合起来，形成大型智慧工程。

总结一下，我们梳理了复杂系统的 3 个阶段的历史发展过程，关注到了复杂性科学研究的重点，从最初研究系统的存在，到后来研究系统的演化路径，到最后研究所有学科的复杂性思想内涵，经历了从依附其他学科到成为独立学科的过程。然而，我们要关注的是，时至今日复杂性学科的具体研究除了哲学领域的研究，大多数时候还是分门别类进行的，原因在于虽然复杂性学科观察到了外部世界的复杂性，但是复杂性理论并不能很好地通过自身理论的统一来解决这个问题，这也是目前复杂性科学运动陷入低潮的根本原因。当然,我们并不能因此忽视了它的贡献,因为复杂性学科所包含的思想对我们认知世界的本质有着非常重要的意义和价值,接下来就会讨论这个课题。

复杂性学科思想

我们来补充介绍一下第二阶段的复杂性科学研究的主题,即研究演化的理论。之所以把这个部分单独拿出来介绍,原因不仅在于这个阶段产生了复杂理论当中最核心的关于演化的系统的一系列学科,包括耗散结构理论、协同理论、超循环理论、突变理论、混沌理论、分形理论和之前提到的元胞自动机理论。而且我们要理解复杂性学科的最重要的本质就在于提供了一种生成演化的思想,正因为这样的思想的提出,才使得复杂成为几乎所有学科的基本方法论的一部分,复杂理论是一门关于涌现的科学,而涌现就是演化论思想的本质。这个部分我们从两个角度来梳理:第一,涉及具体经验性学科的复杂性思想的构建,即介绍耗散结构理论、协同理论和超循环理论。第二,涉及形式科学的复杂性思想的构建,即介绍突变理论、分形理论和混沌理论。通过对这些学科的学习,我们能够理解复杂性学科的核心思想,以及如何通过演变和涌现的观念理解世界。

首先,我们讨论涉及经验性学科的复杂性思维,这里介绍 3 个学科:耗散结构理论、协同论和超循环理论。20 世纪 70 年代,比利时物理学家普利高津提出了耗散结构理论,这也是一种系统论的学说,耗散结构理论的概念是相对平衡结构的系统提出来的。因为在那之前的系统论,主要研究的是平衡系统的有序结构,而普利高津等人提出:一个远离平衡的开放系统,在外界条件变化达到某一特定阈值时,量变可能引起质变，系统通过不断与外界交换能量与物质，就可能从原来的无序状态转变为一种时间、空间或功能的有序状态，这种远离平衡态的、稳定的、有序的结构被称为耗散结构。这个理论的核心思想是，开放系统可以以耗散结构的方式从无序走向有序，耗散结构理论就是研究耗散结构的形成、稳定、演化等性质的学说。后来，这个理论也被用于解释和研究经济、社会、文化等领域的问题，这里推荐普利高津的著作《确定性的终结：时间混沌与新自然法则》，这本书体现了普利高津对耗散结构的复杂系统的研究思想，并对自组织与自我调节的观念进行深入的阐述。

接下来我们简单介绍一下协同理论和超循环理论，这也是两个重要的复杂性科学的学说。协同论的创始人是德国物理学家哈肯，他在1971年提出了协同的概念，接下来的几年发表了《协同导论》《高等协同论》等学说。协同论主要研究的范畴是在远离平衡态的开放系统与外界有物质或能量交换的情况下，如何通过内部协同作用形成自发性的有序结构。协同论以系统论、信息论、控制论、突变论为基础，吸收了结构耗散理论的思想，建立了一整套数学模型来描述不同类型的系统从无序到有序的转变规律。由于用到了大量的数学模型，因此，这门学科的抽象度和普适程度要高于耗散结构理论，被推广到舆论研究、人口动力学、经济系统分析及投资模型研究等领域。

超循环理论由德国科学家M.艾根于20世纪70年代在生物领域的研究中提出，是直接建立与生命系统演化行为基础上的自组织理论。我们知道，生命的发展过程分为化学进化和生物学进化两个阶段。在化学进化阶段中，无机分子逐渐形成简单的有机分子。在生物学进化阶段中，原核生物逐渐发展为真核生物，单细胞生物逐渐发展为多细胞生物，简单低级的生物逐渐发展为高级复杂的生物。生物的进化依赖遗传和变异，遗传和变异过程中最重要的两类生物大分子是核酸和蛋白质。生物的核酸和蛋白质的代谢有许多共同点，所有生物都使用统一的遗传密码和基本上一致的译码方法，而译码过程的实现又需要几百种分子的配合。在生命起源过程中，这几百种分子不可能一起形成并严密地组织起来。因此，在化学进化阶段和生物学进化阶段之间有一个生物大分子的自组织阶段，这种分子自组织的形式是超循环。简单来说，超循环理论研究的就是化学阶段的物质是如何演变成生物进化阶段的生命的，即这个分子自组织的进化现象是如何发生的。

以上讨论的都是具体经验科学的复杂性科学，我们看到这些学科的特质就是将复杂性理论应用在解决传统学科中难以解释的部分，通过整体的方法论来研究这些无法用还原论的思想来解决的命题（具体什么是复杂性方法论我们一会儿再讨论）。接下来我们要讨论形式科学，即通过数学对复杂性系统的演化过程进行描述的科学，包括混沌理论、分形理论和突变理论。

混沌理论是对不规则而又无法预测的现象及其过程的分析，一个混沌过程是一个具有确定性的过程，但是看起来却是无序和随机的，如天气现象、股票市场及金融汇率都有这样的特征。我们常说的"蝴蝶效应"描述的就是一个典型的混沌理论的模型，即系统内部的微小运动通过复杂事件链的作用会被成倍放大，最终产生巨大的影响。在这里推荐大家阅读著名作家塔勒布的两本书——《随机漫步的傻瓜》《黑天鹅》，这样有利于大家对随机事件的影响，尤其是混沌理论的思想有更深刻的认知。

分形理论是目前应用极为广泛的理论，分形的概念是美籍数学家曼德布罗特首先提出的。1967年他在美国权威的《科学》杂志上发表了题为《英国的海岸线有多长?》的著名论文。海岸线作为曲线，其特征是极不规则、极不光滑，呈现复杂的变化。我们不能从形状和结构上区分这部分海岸与那部分海岸有什么本质的不同，这种几乎同样程度的不规则性和复杂性，说明海岸线在形貌上是自相似的，也就是局部形态和整体形态的相似。分形理论的意义在于打破了整体与部分、混乱与规则、有序与无序、有限与无限的界限，找到了这些看似矛盾的概念之间的媒介，即实现了无界。人们可以从混沌与无序中认识规律，从部分中认识整体，从有限规则中认识无限。因此，分形理论及分形方法论使得人们在企业管理、社会演变等多个领域有了重大的方法论层面的突破。

最后我们介绍突变理论的思想，这门学科是以法国数学家托姆于1973年发表的《结构稳定性和形态发生学》为标志产生的。突变理论以数学模型描述连续性行动突然中断导致质变的过程，核心思想是理解系统变化和系统中断。这个理论目前被认为是混沌理论的一部分，可以用来认识和预测复杂的系统行为，包括生物变化、证券交易、生态灾难等。

总结一下，我们系统介绍了复杂性学科在第二阶段里涉及的几乎所有学科，通过对这些学科的分析来让大家大致了解其中的基本逻辑和研究对象。更重要的是，只有看到复杂性理论在不同学科中的广泛应用，才能理解为什么复杂性是我们面对这个世界的过程中不可避免的思维模式。虽然说很多人都鼓吹大道至简，但实际上面对复杂世界，我们要学习的是提高自身的复杂程度，尤其是对世界理解的复杂程度，而不是用简单化思维去思考，接下来我们就要抽离具体的学科，来讨论复杂性的方法及背后的哲学思想，算是对复杂性学科的一个总结，希望对各位有所助益。

复杂性哲学思考

理解了复杂性学科的研究范畴以后，我们来深刻研究一下复杂性科学思想的内涵，即整体论或者非还原论的思想。这里我们主要从 3 个角度进行研究：第一，我们要探讨原有的科学研究方法论，即还原论的思想方法是什么特质。第二，我们要探讨还原论和整体论思想的差异，从复杂系统的方法论角度对复杂性科学思想进行研究。第三，我们要总结一下复杂性科学的学科特征，以及这种特征代表的思想本质。

首先，我们讨论还原论思想的来源及其本质。1951 年，美国哲学家和逻辑学家奎因在《经验论的两个教条》中指出，"相信每一个有意义的陈述都等值于某种以指称直接经验的名词为基础的逻辑构造"，这样的思想就是还原论。实际上，还原论思想最早可以追溯到古希腊时期的自然哲学家德谟克利特提出的原子论，后来著名哲学家笛卡儿确定四条分析原则，强调自上而下地演绎分析，即通过将高层次复杂问题分解为低层次可处理的简单问题，再用自下而上的各层次简单问题的解决替代高层次复杂问题的解决。这样的方法论帮助人们在科学进展过程中获取了很多成就，如原子能应用、基因遗传密码的破译等，还原论认为通过分解和还原就能理解复杂事物的本质。

这里我们简单总结一下还原论思想：从本体论角度理解，还原论认为事物是有组成结构和层次的。在认识论层面，还原论思想认为可以从部分概念和定律推导出整体概念和理论。在方法论层面，还原论思想认为可以通过将整体分解的方法弄清楚事物的本质。这种思想方法在面对简单线性关系的对象时是有效的，但是面对生物系统、人体系统或者社会系统等对象时，则没办法解决问题。还原论主张将研究对象分解到某个逻辑基点，然后分析其系统的构成要素、组织结构和内在机制，以此把握系统的行为特征和功能表现，这种方法论传统帮助以牛顿物理学为代表的近代科学观一路高歌猛进，成为近现代科学的基础，直到遇到了复杂系统的问题，才使得整体论和系统论成为新的研究范式。

然后，我们讨论整体论思想的内涵。整体论思想最早可以追溯到古希腊的柏拉图与亚里士多德对整体和部分的讨论。1912年，格式塔心理学将整体的概念纳入心理学的研究范式，1945年贝塔朗菲提出的一般系统论可以理解为整体论的第一个完善的研究范式纲领。这里我们可以看到贝塔朗菲建立有机体理论和系统论观点是非常典型的整体论纲领，其核心观点包括整体性原则、有序性原则、因素相互作用原则及动态原则等。他认为系统科学的本质就是研究复杂性科学，而其中蕴含的就是整体论思想。这里我们用生物学家罗斯曼关于生物学中肌肉收缩现象的案例进行说明，罗斯曼通过实验案例证明了在对系统整体缺乏全面认识的情况下，即使是由最充分的分子细节所支持的理论，也无法确证的观点。简单来说，整体论习惯把研究对象当作一个黑箱来看待，在不影响系统完整性的情况下，通过外界物质能量和信息的输入、输出来判断和推测系统内部的结构和机制。例如，中医的问诊常常就是将人体当作完整系统看待,而西医则倾向于用解剖和定位的方式去解决问题。

最后,我们讨论一下复杂性学科的特质和思想。我们看到复杂性科学作为科学演化的历史形态,其产生有着历史的必然性。一方面,复杂性科学是科学系统发展到当时的必然产物;另一方面,又是范式转换的必然结果。正如钱学森所说,"凡现在不能用还原论处理的,或者不宜用还原论处理的问题,而要用或宜用新科学方法处理的问题,都是复杂性问题"。而复杂性科学的发展,就是简单性科学发展到复杂性科学的科学形态的历史转变过程。这种转变带来的就是复杂性思想,而这种思想的影响分为三个方面:第一,由于复杂性研究所涉及的领域都是传统科学无能为力的问题,因此,为新兴学科的出现指导了方向,我们从人工智能和人工生命等学科的产生就能看出来。第二,复杂性研究采用了传统科学不认可的新思想和新方法,所以,才能孕育出新的学科,为人们在跨学科思想下解决问题提供了路径。第三,复杂性研究的新理论逐渐超越了还原论和整体论思想,而形成了新的系统思考的逻辑方法,对科学研究有巨大的意义和价值。

复杂性科学思想的内涵,即复杂性范式的影响,可以理解为三个方面:第一,复杂性科学动摇了原有科学的认知论,提供了一种复杂的、非线性的认知论,世界并不是简单事物的几何体,而是一个在创造进化过程中形成的存在内部复杂联系的共同体;第二,复杂性科学的本质是方法论的范式变革,我们可以看到复杂性学科的发展与其说是单一学科的发展,不如说是基于方法论对所有学科的渗透,因此,复杂性范式将分割和关联、有序和无序、理性和非理性等思想融通起来,推动着所有现代学科的发展;第三,复杂性学科带动了哲学意义上本体论的变化,原有的本体论哲学是关于存在的哲学理论,即世界是"自我存在的实体"的集合,而复杂论则提供了"关于存在和演化的哲学理论",认为存在和演化的内在关系创造了现实世界的复杂性,正如约翰·霍兰教授所说,复杂理论的基本思想是"适应性造就复杂性",现实世界的本质是"由小生大,由繁入简"。

关于世界的隐喻

使用隐喻是一件匠心独运的事情,同时也是天才的标志,因为善于驾驭隐喻意味着能直观洞察事物间的相似性。

——亚里士多德

前文我们讨论过计算主义的世界观,实际上其本质就是一种对宇宙的隐喻。回看思想家们理解世界的所有本体论的思考,可以看到,不同的哲学学说都把世界比喻为某个自然界的物体或者抽象的逻辑,本节我们就来分析宇宙论或者世界观的问题。一方面,我们了解一下哲学家们如何通过隐喻来理解世界的本质;另一方面,我们也讨论了这些隐喻对人类文明发展过程中的世界观的影响。人类的文明不是铺垫在客观的现实生活中,而是铺垫在思想家的思想通道上,务虚的无用之学奠定所有有用学问的基础。因此,了解了关于世界的隐喻,也就了解了文明的进程中人类的思想变通。我们通过讨论两种基本的宇宙观:机械宇宙论和有机宇宙论,来了解这两种影响最大的宇宙观的内涵和思想演变。在学习这部分内容时,也可以比较一下之前讨论的计算主义的宇宙观,通过对比这几种思想的不同,来更深刻地理解宇宙观的内涵。

隐喻的理论

首先我们讨论隐喻的概念。所谓隐喻,实际上有两层含义:第一,隐喻是一种语言现象,就是把一个概念和另一个概念联系起来,这样可以方便人们对其中一个概念进行深刻理解,这是我们在日常生活中最常见到的现象之一。例如,"时间就是金钱"是常用的隐喻,这个隐喻帮助我们理解了时间的价值。第二,隐喻是一种认知现象,是人类认知世界的一种主要工具,有一种观点认为"科学中所使用的假说和理论在本质上就是隐喻的",后续我们讨论互联网思想时也会提及隐喻的概念和思想。这里仅举一个例子,如"心智是计算机程序",这就告诉我们心智其实可以像理解计算机程序那样去理解其运行逻辑,正是因为这个隐喻,使得人工智能和认知科学得到了极大的发展。简单来说,隐喻产生和隐喻性的思维反映了人类认识世界的方式,而人类文明就是建立于不同的隐喻之中。接下来讨论西方隐喻研究的基本理论,以及不同学者关于隐喻研究的成果。

首先我们来看隐喻研究理论的分类,我们可以看到西方隐喻研究主要分为 5 种理论:替代论、比较论、互动论、映射论和概念合成论。这 5 种理论是不断演化形成的,各种理论都在超越前人基础上发展而来,各自有优势和特点。在西方哲学文献中,第一个涉及隐喻研究的哲学家就是伟大的亚里士多德,他将隐喻用于语言学的研究,认为隐喻实际上就是用一个词替代另一个词的现象,强调的是源域与目标域之间的替代性,表示代表彼事物的词完全能够替代代表此事物的词(源域和目标域可以简单理解为语言的初始目标和替代目标)。替代论就此产生,是隐喻理论第一个里程碑。比较理论认为隐喻是一个事物成为另一个事物的比较,通过比较的方法来达成事物的联系,这种观点的缺陷在于隐喻并不是简单的比较,而是牵涉隐喻使用者的复杂认知活动。

在比较论和替代论主导了西方哲学隐喻研究两千多年以后,到了20世纪30年代出现了互动论,这是由英国著名的文学批评家和诗人艾弗·阿姆斯特朗·理查兹所提出的。他认为亚里士多德的某些评论的负面影响迟滞了隐喻学的发展。他首先提出说话人对同一符号往往给以不同指称,是使用者给词语以"意义"。在这个基础上,理查兹主张,隐喻对帮助理解高度有效,而隐喻的实质不仅仅是替代或是比较,更主要的是"互动",这成了当代隐喻学研究的主要方向。这个理论标志着修辞学研究进入了语义学阶段,在互动论的理解下隐喻是语言发挥作用的图景,而不能看作是对语言既有规则的违背。他认为当人们将属于不同经验的事物联系在一起时,最重要的结果就是大脑将事物联系起来,凸显了隐喻中源域和目标域的互动性,并且认识到了隐喻的认知价值,这为隐喻的认知研究方法的崛起奠定了基础。

接下来我们介绍映射理论。随着1980年两位著名的美国学者乔治·莱考夫和马克·约翰逊的著作《我们赖以生存的隐喻》的推出,隐喻研究进入了新时代。乔治·莱考夫是美国加州大学伯克利分校语言学系教授、著名语言学家、认知语言学的创始人。其研究领域广泛,主要包括认知语言学、语言的神经理论、概念系统，以及认知语言学在政治、文学、哲学、数学中的应用等，出版过《道德政治》《别想那只大象》等专著。马克·约翰逊是美国俄勒冈大学哲学系教授、系主任、特聘教授，也是认知语言学和体验哲学的创始人之一。其研究领域广泛，涉及哲学、语言学、人工智能、认知科学、美学等，出版过《身体的意义》《思想中的身体》和《道德想象》等理论专著。从两者的背景可以看出，这两位都是哲学和语言学领域的大师，而且都是跨领域研究的学者，因此他们能够建立起新的隐喻研究的理论——基于认知语言学的隐喻系统。映射理论认为隐喻所关系到的两个域之间的映射，是人类认知的独特能力之中心所在，表现出意义的形成、转换和加工的能力，简单来说，就是映射的动因是人类的经验，而隐喻就是源域和目标域之间基于经验的认知对应。

最后我们来介绍概念整合理论，这是由法国语言学家法康尼尔和美国语言学家马克·特纳合作创立的，他们共同写作了语言学专著《我们思维的方式：概念整合与头脑隐喻的复杂性》一书。法康尼尔之前发表的《心理空间：自然语言意义架构》和《思想和语言中的映射》为这一理论奠定了基础。我们看到在《我们思维的方式：概念整合与头脑隐喻的支架性》一书中，两人系统整理了概念整合理论的原则和机制，为我们打开了新的隐喻认知的大门，将隐喻研究推向了隐喻言语的在线解读过程，即透视藏匿于语言背后的认知核心。以往的隐喻理论都聚焦于语言形式的静态研究，很少顾及语言如何在线生成这一动态的探索，而概念合成理论认为隐喻并不只是语言的一种修辞，而是人类普遍使用的一种认知手段和思维方式。简单来说，隐喻是两个或两个以上的心理空间在概念上的合成，并且主要是相关语义要素的合成。基于这种合成的空间中产生的新的心理空间，隐喻意义的在线建构也就完成了。我们可以将概念整合理论理解为一种多空间理论模型，而这个模型是一个探索人类信息一体化，即整合的理论框架，是心理空间理论的发展。

本节我们讨论了西方关于隐喻研究的理论，从亚里士多德的替代论一直到整合理论的提出，我们可以看到西方的哲学家尤其是语言学家对于隐喻研究的观点。我们可以看到隐喻逐渐从语言学的概念发展为认知理论甚至涉及信息理论的研究。正因为隐喻如此重要，我们在对世界的认识过程中，需要从隐喻的角度去理解，不同的隐喻代表了不同的世界观，这是我们理解世界的基本方式。

世界的隐喻

理解了隐喻理论的演化以后，我们来看看哲学家斯蒂芬·佩帕的成果，在他的著作《世界的隐喻：一种证据的研究》中，通过隐喻的方式建立了两种不同类型的关于世界的隐喻。一种是通过类比的方式建立的，另一种是通过逻辑公设的替换产生的。在书中，斯蒂芬·佩帕认为在本体论学说中关于世界的基本假说都存在着根隐喻，并且将这些根隐喻和6种基本的世界学说联系了起来。具体来说，包括形式论、机械论、关联论、有机论、神秘论和泛灵论，这6种假说的根隐喻分别为相似、机器、历史、有机体、爱的体验和普通人。前面4种被认为是可靠的，后面两种被认为是不可靠的。这里介绍形式论、机械论和有机宇宙论，这是3种迄今为止影响最大、最为主流的理论。

形式论来源于柏拉图，也叫"理念论"。他认为世界存在一个根本性的本质，叫作形式，而各种客体就是形式。例如，桌子的形式就是桌子的本质，世界上有无数的桌子，桌子的形式是核心，这是所有桌子的本质。柏拉图的老师苏格拉底认为，形式世界超越了我们自己的世界（物质世界），也是现实的基础，而形式论就是基于相似性的哲学隐喻，认为世界都有一个基本的形式，所有的物体是基于这个形式所构建的。不要认为形式或理念像可消失的事物那样存在于空间和时间之中。它们不但超越了空间，而且也超越了时间（因为它们是永恒的），它们又与空间、时间相联系。由于它们是那些被创造的并在空间和时间中发展的事物的先祖或模型，因此，它们必须和空间有联系，并处在时间的起点。

因为形式或理念不是在空间和时间中和我们一起的，所以它们不能通过我们的感官而被感知；而普通的、变化着的事物则同我们的感官有交互作用，因而被称为"可感知事物"。这些可感知事物是同一个模型或原型的摹本或子女，它们不仅和原型相似，而且彼此之间也相似，就像同一个家庭的子女彼此相似一样，就像子女用父亲的姓氏来称呼一样，所以，可感知事物也采用它们的形式或理念的姓氏；正如亚里士多德说，"它们都是用它们的形式来称谓"，形式论影响了西方世界上千年，也是西方神学和传统哲学的思想基础。两千多年以来，从柏拉图到康德，都在研究这个理念世界的本质，试图找到关于这个世界真实的图景。

下面我们来介绍机械论。机械论是迄今为止影响最大的关于世界的隐喻。第一次工业革命以来，机器进入了人类文明中，人们以机器生产逐渐替代了手工劳作，以大规模批量化生产取代了个体工厂的手工制作。这是机械世界观对人们影响的开端，这个理念的代表就是牛顿建立的经典力学中的隐喻。牛顿将力学中的机械钟的隐喻转换为更加有实用性的力的概念，使得人们普遍接受一种世界观：宇宙是基于力学定律运行的巨大钟表。而这个隐喻带来的是两个基本认知：第一，在物体运动和变化过程中，力是最基本要素。第二，力与运动之间的联系是由规律严格决定的。因此，机械决定论的世界观就产生了，正如拉普拉斯所提到的，"一切都是确定的，将来如同过去，我们都可以看得着"。

牛顿机械宇宙论所带来的关于决定论的思想影响了迄今为止的人们的世界观，也是当下主导现代文明的世界的隐喻。简单来说，机械宇宙论就是将宇宙看作一个复杂的机械系统，"这个系统是按照一些基本规则，例如惯性和引力，由在无限的不确定的空间中运动的粒子所组成，并且这个系统是可以通过数学来加以审查的"。把宇宙视为机器，不仅让人们更容易理解世界的本质，也让当时的基督教能够比较容易接受，因为这个宇宙观需要找到"第一推动力"，而这个推动力被解释为是由上帝提供和维持的。

最后我们来讨论有机宇宙论。有机宇宙论来源于"科学之父"亚里士多德，是一种有机动态的宇宙论。有机宇宙论的理论根基是亚里士多德的形式——质料学说。有机宇宙论立足亚里士多德的哲学体系，认为自然世界即宇宙在本质上就是变化的，是以形式、质料、现实及潜能为原则的复合。自然宇宙有着等差秩序，万物在宇宙秩序中各自具备不同的功能属性，因此，展现出来的就是动态有机的特质。而随着时代的发展，有机宇宙论逐渐演化出新的理论特质，例如，每个生命在整体演化的目标下，生命过程中的整体主义特质，以及生命在万物发展过程中如何找到平衡和中庸的维度。由于其带有的古典气质及现代整体论的思想，这个理论学说在相当程度上能够和非西方的哲学流派进行融合。有机宇宙论不仅在宏观上建立了动态演化的宇宙视域，并且能够根据自身定义的宇宙法则建立有机整体之间的互动体系。

总结一下，我们讨论了3种基于不同宇宙观的世界的隐喻，从形而上学的形式论到现代科学的机械论，以及融合古典主义和现代整体论思维的有机宇宙理论。如果说形式论带来了传统哲学的思考，机械论奠定了现代世界的主流世界观，那么有机宇宙论也许是一种平衡古典与现代科学的宇宙论。接下来我们详细讨论这个理论，将其作为我们思考世界本质的新认知。

有机宇宙论

上文我们讨论了3种不同的世界的隐喻，本节我们将深入讨论有机宇宙论的观点。我们从3个角度来理解有机宇宙论的深刻内涵：第一，对机械宇宙论的时空观、自然观的批判。时至今日机械宇宙论还在统治着主流的社会价值体系，而有机宇宙论则是对这一体系的直接批判。第二，有机宇宙论与不同文明的结合。上文已经说到了有机宇宙论是有古典韵味的理论，因此，我们需要从这个维度来看有机宇宙论的特质。第三，有机宇宙论的未来。我们需要从理论当中看到未来思想范式的变化，基于这个角度来理解未来文明中可能决定人们关于世界的隐喻的要素。

首先我们来讨论有机宇宙论对机械宇宙论时空观的批判，这是有机宇宙论的基本观点。在有机宇宙论的历史上,有两位哲学家非常重要:德国哲学家莱布尼茨和英国哲学家怀特黑德,他们都是有机宇宙论的支持者,通过不同的哲学路径提出了对机械时空观和自然观的批判。莱布尼茨在临终之时完成了《单子论》,在单子的连续性和整体性解释原则基础上,专门讨论了有机的自然观,以及基于事物自身的变化、生长和死亡。这个理论的实质就是在存在论的基础上,提出不同于传统形而上学的宇宙论,因此莱布尼茨很明确地批判了牛顿的绝对时空观,正如他所说:"原则上现实世界是一个充满物质的空间,而且时间、空间是连续、同质、无限可分的。"

怀特黑德是过程哲学的创始人,他认为现实是由事件构成的,而不是物质,这些事件不能脱离彼此关系而定义,正如他的经典著作《历程与实在》中提到的:"紧迫地将世界视为一个具有相关互联历程的网络,而我们是不可或缺的部分,因此我们所有的选择和行动都会影响我们周围的世界。"在书中怀特黑德直接将自己的哲学命名为"机体哲学",认为机体哲学的宇宙观并不是立足于"实体"和"属性"进行讨论,而是研究"生成"和"存在"的相关问题。在他看来,世界并不是现实事物或者事实构成的,而是作为基本单元并拥有经验的不同事态构成的。简单来说,怀特黑德认为宇宙是有机整体,不能通过机械的方式进行分割,而只有通过过程的方式才能理解宇宙的本质。很显然,这种基于过程论或者生成论的哲学观点对机械论的时空观和自然观也进行了解构。

然后我们来讨论有机宇宙论与不同文明的结合。我们之前提到有机宇宙的观点并不是近代哲学才有的,而是拥有其古典底蕴,这种古典的有机哲学的观念在不同文明中都有所体现,这里我们以中国和印度哲学为例。中国传统哲学中儒家和道家的思想都带有有机宇宙论的内涵，前者是中华文化的精髓，也是东亚文明的核心内涵，后者则是中国本土产生的自然主义哲学，也是最具生命力的哲学学说之一。儒家哲学中，孔子提出的天命思想，以及后来的儒学大师董仲舒提出的与天地有机共生的理论，都包含着有机宇宙论的思想。道家哲学中《老子》一书毫无疑问是对自然哲学及生态哲学最为推崇的，回归自然状态不仅符合有机宇宙论，也与海德格尔对技术的批判有着相似的思想内涵。后来隋唐时期出现的道家哲学家成玄英则继承了老庄哲学和魏晋玄学，提出了一整套拥有本体论、存在论和认知论的道家哲学系统，其中对自然观的推崇也属于有机宇宙论的理论范畴。

古印度文明对有机宇宙论的推崇拥有非常悠久的历史，从印度的宗教到文化，都体现着个体生命与世界整体互动的内涵。例如，印度的吠陀医学、悉达多医学等都强调了生命健康的内核就是要达成与宇宙元素的有机均衡。再拿宗教举例，产生于印度的佛教理论对宇宙起源和演化机制都持有很明显的有机论立场，印度教中关于梵天创世的理论也将自然的价值放在整个印度文化的核心之中。虽然我们不能将所有的宗教因素都归结于有机宇宙论，但是看到这种整体的、动态的思想在印度文化中的生命力，我们可以推断出有机宇宙论是有生命力和漫长的历史根源的。

最后我们来讨论有机宇宙论的未来及有机宇宙论对终极问题的探究。我们看到有机宇宙论存在两个不同的作用：一方面，是对现代科学主义、西方中心主义和机械哲学思想的解构；另一方面，是对人类未来共生范式的建构，因此，理解有机宇宙论的未来也需要从这两个方面着手。从解构角度看，我们看到现代文明尤其是现代技术的异

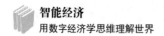

化越来越严重，因此，如何为现代文明找到出路是有机宇宙观最核心的命题。从建构角度看，这种未来的路径需要从古典文明和边缘思想中虚拟新的路径，在存在论基础上承认多元共生，在价值论上讲求互利共赢，在文化体系上讲求兼容并包，这些是有机宇宙论最有生命力的地方。

上文我们所提到的怀特黑德认为，现代世界观来自亚里士多德逻辑学的理论，因此，亚氏哲学中将实体和现象进行分类的方法论对现代哲学有着根本性的影响，而有机宇宙论就是在思考一种完全不同于传统宇宙观的路径。我们看到，从莱布尼茨的单子论到更早时期的柏拉图的容器说、卢克莱修的虚空说、怀特黑德本人的过程论，都试图建立一种将物质世界中的现实设想为彼此包容的有机整体的思想，二元对立并不是全部的现实，而有机共生是更加有生命力的宇宙观。

本节我们讨论的是有机宇宙论，尤其是有机宇宙论的解构和建构的内涵。通过讨论有机宇宙论的学说，我们了解到有机宇宙论是通过回归传统的方式，试图超越机械论的自然观和宇宙论，从而形成整体论和目的论的有机论宇宙观。我们要关注到现代文明的问题，也要关注到非核心的哲学思想中的有机思想。后文我们会更加细化地讨论现代性和技术异化问题，毫无疑问有机宇宙观为我们指明了一个思考该问题的方向。

第三章 信息哲学的思想

信息概念的演化与哲学

信息常常与通信现象联系在一起来使用,指客观的语义内容,这些语义内容具有不同的大小和价值,它们可以用一连串的代码和格式来加以表述,并被嵌入到不同类型的物理操作之中。它们能够以各种形式被产生、处理、交流及获取。

——卢西亚诺·弗洛里迪

在学习了一章非常具有哲学思辨特色的内容以后,我们回到现代文明和现代科技过程中来,继续考察计算主义思想带来的重大改变。毫无疑问,计算主义思想最大的成就之一就是奠定了现在这个信息时代的技术和文化基础。无论是图灵还是冯·诺依曼,在当时他们的想象中无论如何也不会出现如此大规模的互联网普及,以及信息时代下诸多的技术应用,这一切的基础都来自这两位重要的贡献。信息时代,最重要的概念之一就是信息,然而这个概念在日常生活中随处可见,在科学的历史上也应用广泛,反而导致其变得模糊不清了。因此,我们需要讨论信息概念的内涵，尤其是在哲学和科学意义上的内涵，才能更加深入地理解我们所处的这个信息时代，以及为后续发展信息哲学的思想奠定基础。这里我们也会讨论量子理论中的信息概念，帮助读者在更加广泛的意义上理解信息的内涵。

信息概念的演化

我们先来讨论信息概念的演化过程。信息是一个不断演化的概念，在演化的过程中逐渐形成了不同的理论体系和学科思想。这里我们从3个维度讨论信息概念演变的过程：本体论、信息论及认识论。所谓本体论角度，就是讨论本体自身产生的信息的内涵。从信息论角度讨论，就是从通信科学相关的理论思想角度进行讨论。从认识论角度讨论，就是讨论信息的认识论转向过程，以及经验主义哲学在信息概念演变过程中的作用。通过这3个维度的讨论，应该能比较清晰地为大家讲述信息概念演化过程，理解信息的概念，进而理解信息时代的发展逻辑，以及信息哲学的思想内涵。

首先我们来讨论信息的本体论内涵，这是信息在最一般意义上的概念。本体论层次的信息可以理解为两个层面：第一是形式，第二是知识。信息（Information）这个词的英文字面意思就是"赋予某物以形式的行为"，也就是说有两层哲学含义，即"赋予质料以形式的行为"及"传授知识给他人的行为"。前者偏向于本体论，后者偏向于认识论。我们看到，形式这个词实际上是古代西方哲学中最重要的理论概念，尤其是在古希腊哲学中，无论是德谟克利特还是柏拉图，都将形式作为最重要的哲学概念进行研究，如柏拉图的理念论和亚里士多德的"只有理念世界是真实的",都涉及对形式概念的讨论。而到了中世纪,哲学家或者神学家们通常将 information 一词与古希腊中的形式一词对应起来,例如,奥古斯丁在《三位一体》中发展了柏拉图的知觉理论,认为视觉过程包含外在世界的物质形式。因此,形式是理解信息概念不可缺乏的一部分。

另一个本体论的维度就是将信息理解为知识,即确定性信息。其基本特质就是本体信息是客观存在的事物、事件或者过程,既可以是事物本身,也可以是事物的运动状态及变化方式。例如,中世纪的神学家托马斯·阿奎那将"感官知觉的铸造"和"智能的铸造"区分开来,认为前者是上帝的创造活动所创造的,而知识则是感官知觉获取的,这也就是中世纪大学体系形成的一个基本理念,即塑造学生对感官知觉的信息获取能力。人工智能通常从知识的角度理解信息,认为信息是一系列知识术语的集合,通过对可共享的概念进行显性的描述,实现了信息检索、信息访问等功能。

然后我们从信息论角度理解信息,这里主要涉及的是信息论的发明者香农以及控制论的发明者维纳的工作。香农将信息定义为不确定性的消除,认为通信的本质是通过获取信息来降低人类心灵关于某事的不确定性。当然,也可以理解为信息就是通过知识的获取来减少受教者的主观认知状态的不确定性。因此,通信理论的基础就在于从发送者传递给接受者的信息减少了接受者认知的不确定性,一方面,这个概念强调了信息的语义内涵,认为信息携带的消息内容降低了接受者关于某事的主观认知状态的不确定性;另一方面,个人内在的心灵认知状态的不确定性由于信息的存在被转换为个人外在选择的不确定性,通过这个转化人们可以对信息进行客观的测量,因此,完成了信息的科学化，信息的哲学意味就被"科学测量的艺术"所替代了。

控制论的奠基人维纳在《控制论与社会》一书中写道："信息就是我们在适应外部世界时，把这种适应反作用到外部世界中，同外部世界进行交换的名称。"维纳认为人与外部环境交换的过程都可以当作一种广义的通信过程，因此，人与人、机器与机器、人与自然物等不同对象都可以进行信息传递和交换，这就是维纳建立控制论科学的基本逻辑之一。另外，维纳也认为信息是负熵，即有序程度的度量。所谓熵的概念，在物理学中就是系统混乱程度的度量，我们都了解热力学第二定律，说的就是在孤立系统中，体系与环境没有能量交换，体系总是自发地向混乱度增大的方向变化，使整个系统的熵值增大，即孤立系统一直不断地熵增，整个宇宙也一直不断地熵增。从这个角度看，信息的价值就在于抵抗熵增，将无序变得有序。从信息论角度理解信息的核心在于：一方面，看到信息概念的科学化，即其逐渐成为可以精准测量的对象；另一方面，要看到信息和负熵之间的联系，我们可以认为只有信息能帮助我们储备知识，从而对抗熵增，来实现个人或者社会价值的提升。

最后，我们从认识论角度来讨论信息，如果考虑到信息从产生、认识、获取到应用都离不开人，那么就可以将信息定义为主体感知或者表述事物存在的方式和运动状态，这就是信息的认识论的本质。前文提到，信息的本质有认识论和本体论两个层面的含义，而我们知道从笛卡儿开始，西方哲学完成了从本体论到认识论的转向，学者们不再探讨世界的本质是什么，而是开始探讨我们如何在这个世界获取知识，这产生的结果就是，"宇宙由于形式组织的观念变得声名狼藉，这种使形式化的语境由物质转换到了心灵"。因此，信息的本体论逐渐被遗忘，而转换到了认识论的研究中。

因此，信息被经验主义哲学家们认为是感官碎片化的、不会变动的外在物质，信息从神圣秩序坠落为由微观粒子运动所产生的系统的一部分，信息从形式结构转变为实物，从理智秩序转化为感觉刺激。因此，我们可以看到在很多涉及科学及商业的领域中，信息成了一个单纯输入外部知识的对象，而并不包含其本体论的哲学意味。例如，博弈论、信息经济学等学科的发展都是从认识论角度去理解信息的外部性，而我们现在所谓信息时代更多强调的也是信息作为外部环境的演变，而不是信息内在形式的逻辑。

总结一下，我们讨论了信息概念的演化，从最早的本体论维度，到信息概念的科学化，再到认识论的崛起，这个演化过程的本质就是西方哲学的认识论转向及科学化的进程。信息概念最早是用于理解主体与外部世界相互作用的过程，因此，信息概念必然有本体论和认识论的内涵，然而，由于信息概念的科学化尤其是精确测量化，这两方面的内涵都在被挑战。我们看到现在的世界更多关注的就是科学化带来的理性逻辑，而忽视了其哲学内涵，这对我们来说是极其需要警惕的事情，因为这会使得我们怠惰，让人类和机器之间的界限越发模糊，这个问题在以后讨论现代文明的异化时我们会深入讨论，希望读者能够先掩卷长思。

量子信息的理论

在从哲学的角度讨论信息概念以后，本节我们从科学的角度来讨论信息论，讨论最为前沿的物理学科——量子力学。自从 20 世纪量子力学的基础理论被提出，一方面，量子力学与相对论一起成为现代物理学的两大支柱，从微观维度重新建立了物理学的新范式。另一方面，关于量子力学的形式结构、量子理论的基础及量子测量问题等方面的争论开始持续不断。正如奥地利量子论物理学家安东·蔡林格所说，"与相对论相比，量子力学缺乏一个能被广泛承认的概念基础"。这位物理学家最大的贡献就在于发现了光子的量子纠缠现象，他认为将信息引入量子力学中，即形成量子信息理论，是解决这个问题最合适的方式。这个基于信息论约束的量子力学表征理论（简称 CBH 表征原理）在 2003 年被提出，通过在信息理论语境下理解和建构量子力学，成为目前量子力学哲学研究中最重要的理论体系之一。本节我们将讨论这个理论，并介绍量子信息和经典信息的区别，将物理学与哲学结合起来，提升大家对物理学理论的认知。

首先我们来讨论量子信息的概念与前文所提到的信息概念的差异。前文提到所谓信息就是数据或者消息中包含的确定性意义，它能够减少消息中所描述事件的不确定性，通常用比特作为信息内容的基本单元，一比特信息就是处于"0"或"1"两个状态中的某一个时，系统所包含的信息量。用比特的概念理解信息是非常重要的逻辑，它可以帮助我们建立一种与不同的可选物理状态相对应的信息抽象单位，而我们在使用比特思想的同时就不用考虑信息的物理状态，这也是互联网思想的基本哲学。而量子信息的概念中也有量子比特的概念，或者叫量子位元，是量子信息的基本计量单位，与经典信息中比特的不同在于，量子比特是"0"和"1"的量子叠加，而经典信息中的比特在同样的时间里不是"0"就是"1"。

传统计算机就是基于经典信息中的比特概念建构的形式逻辑，而量子计算机则是基于量子比特所建构的。量子计算机的原理就是通过量子叠加和量子纠缠，通过量子比特的操作来提升计算机的能力。做个简单的对比，当我们能操纵 50 个量子的时候，就已经超越了现在世界上最快的计算机——天河二号。我们看到，量子态和经典态的比特最大的区别在于包含的信息量是不一样的，少数的量子比特就能替代大量的经典比特，从信息逻辑上理解量子能够帮助我们理解它的本质。

然后我们基于量子信息的概念来讨论量子力学，前文提到的物理学家蔡林格提出了一个基本原理：对于非纠缠量子系统来说，每个基本系统都承载一比特的信息；对于纠缠量子系统来说，N 个基本系统承载 N 比特的信息。这里我们以中国发射的墨子号量子试验卫星为例，来说明量子纠缠与量子信息之间的关系。2016 年 8 月 16 日，墨子号搭乘长征二号丁运载火箭升空，成为全球首颗用于量子科学实验的卫星，而在 2017 年 6 月 16 日，墨子号首先成功实现了两个量子纠缠光子在相隔 1200 千米后的量子通信实验。这里面涉及的就是基于量子纠缠原理的信息传递，根据物理学理论，无论相距多远，一对纠缠量子中只要其中一粒状态产生变化，另外一粒也会立即出现相应的转变，由于任何外界的测量都会改变量子纠缠的形态，因而一旦密码被窃听，双方都会获知，并放弃此次通信，因此，量子密钥分发就得以实现，量子通信成为现实。我们看到量子通信是量子计算以外最重要的实践领域，而量子力学也在信息领域得到了最大限度的应用。有意思的是，负责我国首颗量子科学实验卫星的首席科学家潘建伟就是上文所提到的蔡林格的学生，显然量子信息理论为他在这个领域的贡献奠定了坚实的基础。

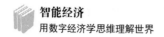

最后我们来讨论 CBH 表征原理中的基本原则，这里要提到的科学家包括柯林富顿、巴布和哈维森，他们创建了 CBH 表征原理。他们认为对物理系统的量子描述可以建立在 3 条基本的信息论约束下：第一，在两个空间上相分离的系统中进行测量时，两个测量结果不可能有相互影响的情况。第二，包含在未知物理状态中的信息不可能得到完美的传播。由于量子力学中存在干涉现象，因此，未知量子态中的信息传播不可能完美，这是干涉现象在信息理论中的体现。第三，无条件安全的比特承诺是不可能的，也就是说要想保证远距离量子纠缠的持续性，就要提供一定的条件支持。由于这其中涉及比较复杂的理论描述，我们可以简单地理解为这是一种试图从信息理论的语境重新理解量子力学的学说，也是一种试图将量子力学哲学化的尝试。

总结一下，我们讨论了量子信息与经典信息理论的差异，并通过量子信息来理解量子力学，最后建立了一种基于信息理论理解量子力学的哲学思想。我们看到的是，一方面，信息论确实能够在相当程度上解释量子力学，为量子力学的统一的哲学表达提供一种参考范式；另一方面，量子信息在实践层面的应用为理论提供了一系列支持。虽然这个理论尚未成为学术界的共识，并需要更多的完善，但是我们看到这种试图将两个不同的学科进行融合解释的方法论，能让我们更加深入理解知识之间的联系，以及信息概念内涵的深度。

信息技术与哲学

我们已经从概念和科学的角度讨论了信息的内涵，本节将从哲学思想的角度进行探讨。这里分 3 个方面对信息的哲学内涵进行初步讨

信息哲学的思想
第三章

论：第一，其作为科学认知对象的本体论信息是什么，也就是说我们怎么认识科学发展过程中信息的本质。第二，从历史发展角度来看，信息技术和哲学之间的关系是什么。第三，信息哲学的革命与信息科学发展之间的关系是什么。弄清楚这3个基本问题以后，我们才有可能理解信息哲学的重要性，才能理解为什么信息哲学可能是未来最重要的哲学范式研究的领域。区别于传统哲学所秉持的形而上学的理念，信息哲学和科学概念深度结合，因此，在理解人类未来文明发展维度上占有很大的先机。信息哲学被认为是"元哲学""最高哲学"的重要领域，在这里我们先从科学理念及历史的角度讨论信息技术与哲学之间的关系，之后我们会深度讨论涉及信息哲学内涵的内容。

首先我们来讨论科学认知和信息之间的关系，我们从两个角度去讨论。从本体论角度讨论信息，在于理解信息在本体论角度的重要价值。我们看到自然界存在和演化的复杂性和多样性的根本原因并不仅仅限于外部特征和现象的多样性，而在事物之间的差异，也就是信息的差异。例如，前文所提到的量子纠缠的技术，有科学家认为通过量子纠缠可以实现远距离的量子传输，这样只要获取组成人体或者其他实体的微观粒子的量子态，就可以超时空，在另外的空间里创造同样的实体，实现所谓的量子态的穿越，因此，在科学维度上承认信息的重要性是理解本体论的关键。其次，我们要理解信息和实体的本体论优先关系，也就是说在哲学意义上，是实体更加重要还是信息更加重要。

毫无疑问，实体优先的概念在很大程度上主导了哲学的发展，因为人们会很自然地觉得实体优先于信息。而随着科学和技术的进步，信息优于实体的概念逐渐被许多学者所认可。例如，前文所提到的物理学家惠勒，就是提出"万物源于比特"理念的计算主义思想的前驱，他认为信息是比实体更加基本的哲学范畴，实体只是信息的派生概念。总结一下，信息的概念拥有其本体论的含义，而且由于技术的发展越来越被重视，甚至成了比实体更涉及本质的哲学和科学理念。

下面我们从历史角度讨论信息技术与哲学的关系，无须讳言的是哲学在当今时代越来越失去了它的重要性，其重要原因之一就在于随着科学的发展，哲学的探索和研究越发远离人们，随着时代的变化，哲学的主题并没有太大的变化，但以思考人类问题为己任的哲学应该随着社会变迁而发生新的改变，毫无疑问，信息哲学具备这样的特质和潜力。我们在这里可以联想一下柏拉图的"洞穴寓言"，这是古典哲学中最著名的比喻之一。柏拉图认为哲学教育的目的是实现从物质世界到纯粹的精神世界的升华。

一个是感官能认知的物质世界，可以比作地下的洞穴，而另一个则是不变的本体（存在）世界。我们看到的是随着科学技术的发展，人们越来越遗忘了根本性问题，而对科学和现象有着更强的依赖和习惯。在历史的长河中，人类越来越远离自然，使得哲学越来越洞穴化，现代性对人性的异化也在增强，这是我们所面临的最难以解决的现实困境。

最后我们讨论信息主义对科学认知过程的解释，也就是如何通过信息的展开和运动理解科学认知过程。前文已经提到，本体论信息是主体之外的客观存在，认识论信息指的是被主体感知、分析、建构后关于事物的状态，我们需要基于这两个概念来理解科学认知的过程。从本体论角度来说，科学认知的目的就是对某个事物潜在信息的把握，这里可以联想到海德格尔所说的"技术是一种解蔽"。科学认知的过程，就是通过技术来解除对象的"遮蔽性"，发现更多潜在的信息，以理解事物的本质。从认识论角度来说，事物会逐渐被外在复杂的信息所干扰，如主体的心理偏好、知识背景或者文化属性会影响到认知事物的过程，因此，科学的认知需要不断地对不同层面的事实进行检验，从而逐渐去掉主体对事物本体论信息的认识中包含的主观要素，从而接近对象的本体论信息，这就是科学认知逻辑的本质，也是我们保障科学的客观性和普遍性的哲学基础。

总结一下，我们讨论了科学技术与信息之间的关系，也从历史角度讨论了信息和哲学之间的联系。我们可以将找到事物的信息本体作为科学认知的最主要目标，也就是通过技术进行"解蔽"。我们也理解了哲学逐渐洞穴化的过程，就是因为人们随着科技和文化的发展，逐渐抛弃了对本质问题的思考，产生了思想的怠惰。信息既是理解科学本质的关键，也是构建未来哲学的方向，这是本节中最重要的学习观点。

信息时代知识观

如果没有语言、文化、数据、信息和知识，没有一桩生意可以开始，但除了这个事实，更深层次的认识是，在所有创造财富所必需的资源中，没有一样资源比知识更加用途广泛。

——托夫勒

在讨论了信息概念以后，我们需要讨论的是与信息相关的其他概念，一方面，我们要讨论信息哲学中的认知与计算相关的概念，这能够帮我们建立起信息与知识、信息与计算之间的逻辑联系。另一方面，我们要初步讨论信息社会相关的概念，理解信息社会的内涵，从而为之后讨论信息文明相关的课题奠定基础。这里为大家建立两个基本逻辑：第一，基于信息哲学的逻辑。信息哲学中研究的对象包括认知、逻辑及计算等基本概念，这些概念能够帮助我们理解现代技术构建的认知基石。也就是说，如果没有这些基本的要素，就没有信息科学的发展。第二，基于信息科学的逻辑。信息科学是对信息哲学的实践过程，我们看到无论是人工智能还是计算机与互联网，都在改变人类社会或者文明的演化方向，这是信息哲学相对于其他哲学的特殊性所在，哲学与科学共同构成了信息社会的基础。接下来，我们就来了解与信息相关的其他概念。

信息与计算

随着信息时代的到来，认知研究进入了新的范畴，尤其是人工智能的研究，使得认知研究中的逻辑在与计算相关的领域得到了很大的发展。当代信息科学中最重要的 3 个分支就是认知、逻辑与计算。认知研究奠定了语言、语义和符号的规则，逻辑研究成了人工智能的系统架构中不可缺乏的工具，而机器学习包括现在最为流行的深度学习研究的算法则是计算思想的体现。正如前文所提，计算主义宇宙观被认为是新的理解世界的范式。事实上，认知、逻辑与计算的概念恰好与香农信息论中的信息系统模型非常相似：认知就是信源，是我们接受外部信息的界面。逻辑就是对外部信息的筛选和降噪，通过对外部世界的逻辑分析来寻求事物的本质规律。计算就是到达信宿（信息传播的归宿）的过程，信宿通过信息达到通信的目的，而我们通过计算模拟现实能够获得关于客观事物的真知灼见。因此，信息和计算主义之间有着非常密切的关系，我们就从认知科学、逻辑学及计算主义 3 个角度来解读信息，帮助大家理解其中的内涵。

首先我们从认知科学的角度来讨论。所谓认知科学，就是对人类认知过程及规律的研究，而哲学上的认识论就是对知识的研究。信息科学中体现认知科学研究最重要的领域，就是自然语言处理（NLP）。自然语言处理是计算机科学领域和人工智能领域的重要方向，所谓自然语言，就是人们通常使用的语言，而自然语言处理则是研究如何有效实现自然语言通信的计算机系统科学。现在大多数与人工智能相关的场景，如搜索、翻译及语音识别等，都用到了这门技术。

我们看到自然语言处理中最重要的几个模块包括语义分析、文本挖掘、机器翻译、信息检索及对话系统等，从这些模块的名字就能理解其研究的范畴，实质上就是使人类的语言信息和计算机的信息实现互相理解的过程。人类的自然语言具有非常大的灵活性，并且能够适用于任何范围的交流，因此，认知科学中研究人类如何实现自然语言汇总的信息生成、传播和接受就是最重要的领域之一。而语言学家和人工智能研究者就基于自然语言的研究，通过语言学、计算机科学及数学的交叉，建立了自然语言处理学科。这就是信息与认知科学之间的联系，也是我们理解人和机器之间关系的重要基础。

然后我们从逻辑学角度来讨论信息。在逻辑学中，信息是一个使用非常广泛的术语。荷兰阿姆斯特丹大学的逻辑学教授范·本瑟姆提出了对信息的3种主要逻辑解释：第一，信息是一个范围，意思就是信息量所对应的是人们选择的真实世界的大小。换个角度说，我们对外部世界的认知取决于我们对外部信息的获取，所选择的范围越大，范围内包含的信息量就大。这里实际上涉及的是信息论中带宽的问题，我们拓展认知边界的逻辑就在于拓宽我们的带宽，来获取更多的资源和信息。第二，信息是一种相互关系，也就是说信息包含了不同情境的相互关系，如自身和他人的交互。逻辑学中的句法规则、推论演绎和计算都是信息相关关系的体现，而我们日常在与他人沟通时，传播信息的差异很大程度上取决于这种信息关系的变化。第三，信息是一种编码，不同信息的加入会直接影响信息接收者和发送者的推理论证。实际上，我们可以看到信息论思维就是一种不确定的思维方式，而这种不确定的消除就是知识获取的过程，也就是信息被编码的过程。这里我们看到的就是逻辑学角度的信息，既是静态的，又是动态的，静态的部分指代的是范围的概念，动态的部分则指代的是编码和相互关系的概念，我们可以把这个认知拓展到我们如何获取外部知识的范畴去理解。

最后，我们讨论信息哲学中的计算，对于现代计算机科学与通信科学来说，信息是其理论的基础。之前我们讨论的图灵机和冯·诺依曼提供的计算机架构，都是以信息作为基础研究对象。可以把图灵机视为提供了一个将有限离散符号集进行本地物理存储和处理的数学假说，在这个假说上生成了现代计算机的基本思维：可以通过图灵机程序任意描述有限离散系统或过程。冯·诺依曼是信息论创始人香农最崇敬的学者之一，正是在他的建议下香农在信息论中提出了信息熵的概念，解决了信息的量化问题，提出了基于信息量大小和它的不确定性的信息熵概念和信息论。而且，我们之前提到的量子信息中有一个重要的概念，即"冯·诺依曼熵"，用于计算量子纠缠。近年来量子计算逐渐从概念假设走向了具体实现，从整体来看，如今量子计算的状态看起来很像 50 年前的半导体芯片行业，正在蓬勃的发展过程中，互联网行业的领先者们也纷纷进入了量子计算行业。

总结一下，我们从 3 个角度讨论了信息与计算的关系：认知科学、逻辑学与计算科学。从认知角度来看信息，我们理解了自然语言是通过计算的方式让信息和认知得以联系起来的。从逻辑学角度看，我们通过信息的 3 种解释梳理了信息的动态和静态属性。最后直接讨论了计算科学与信息哲学的关系，了解了无论是人工智能还是计算科学，都离不开对信息概念的研究。

信息与社会

随着信息技术的快速发展，毫无疑问我们已经进入了信息社会。正如马克思所说，"每一历史时代的经济生产以及必然由此产生的社会结构，是该时代政治的和精神的历史的基础。"因此，我们需要讨论信息社会的概念，以及信息社会的核心价值理念。只有深刻地理解了信息社会的内涵和信息社会的核心价值理念的演变，才能理解信息科技的本质和未来。

首先我们来讨论信息社会的概念。丹尼尔·贝尔是美国社会学家和哈佛大学教授，他为后工业主义的研究做出了很大的贡献，在他的著作《后工业社会的来临：社会预测的风险》一书中，他提出了后工业社会是信息化和服务化的，同时把这样的社会称作"知识社会"。在这个后工业社会中，最核心的组成部分如下：从制造到服务的转变；新型科学产业的中心地位；新技术精英的崛起和新分层原则的出现。很显然，我们所处的时代就是这样的后工业社会，也就是知识社会，知识社会也被称为信息社会。

贝尔认为信息社会的特征如下：数据成为描述经验世界的核心信息；信息或将这些数据组织成有意义的系统和模式；大多数经济实体依赖于数据和信息资源，这样的概念让我们能够联想到当下所提倡的大数据、数字经济等概念。信息社会的特点除了数据和信息的价值被认可，还有就是知识的价值日益提高，在贝尔的研究中，已经预示了经济就业模式将如何在这样的社会中演变。他表示，第三产业的总体产值和经济增长速度会超过其他产业的总和，这是一个经济体进入了信息社会的标志。在信息社会中专家的影响力将会扩大，知识将成为社会权力的中枢，是整个社会革新和制定经济政策的来源。

然后我们来看信息社会之前的价值观演变的过程，这里我们从人类文明生产力要素的演变角度来讨论。我们将人类社会的生产力大致划分为自然生产力、手工生产力、机器生产力和信息生产力4个阶段，对应了原始社会、农业社会、工业社会和信息社会4个阶段。在原始社会中，人们生活在"自然形成的共同体的脐带"中，所以更多是具备自然的属性。到了农业社会阶段，正如托夫勒所说，"以土地为其经济、生活、文化、家庭结构和政治制度的基础"，人类进入了小农经济时期，以个体、家庭或者庄园作为生产和生活单位，在这个阶段形成的是典型等级社会的价值观，人们往往遵守严格的尊卑等级秩序，无论是东方还是西方，都形成了自上而下的体系结构。到了工业社会阶段，资本和机器主宰了整个社会，使得人与人之间的关系成为利益和契约共同决定的关系，功利主义和契约精神同时成为工业社会最重要的核心价值理念，尤其是效率至上主义，成为了整个工业文明的不变法则。工业社会形成了强烈的社会竞争氛围，催生了资本的全球化及贫富差距的不断扩大。

最后我们讨论信息社会的核心价值。很显然，信息社会需要的是与工业文明完全不同的价值体系，正如比尔·盖茨所说，信息高速公路将打破国界，并有可能推动一种世界文化的发展，或至少推动一种文化活动、文化价值观的共享。西班牙学者曼纽尔·卡斯特尔也提出，我们需要一种"信息主义精神"，这就是我们要讨论的信息社会的核心价值。

贝尔在《后工业社会的来临：社会预测的风险》一书中还提到，后工业时代的价值观最重要的就是希望实现减少一切不平等，包括收入、地位和权力的不平等。撰写过著名的《第三次浪潮》的阿尔文·托夫勒则认为，第三次浪潮使得工业文明的法则受到冲击，呈现出多样化、综合化、分权化的特点，而这些法则形成了信息社会的核心价值理念。最后不得不提的是著名的未来学者约翰·奈斯比特，他在《大趋势》一书中表达了推崇技术、面向未来、注重长期利益、共享民主等核心价值观。以上这些价值理念都可以认为是信息社会的价值，总结下来就是自由、开放与共享的精神，也就是我们常常探讨的"互联网精神"。

总结一下，本节主要介绍了信息社会的概念及信息社会价值观的内涵，通过对信息社会的定义，我们理解了我们正处于工业文明和信息文明的过渡时期。通过对文明和价值观演变的研究，我们总结了生产力和价值观之间的统一关系。通过对信息社会核心价值观的提炼，我们引出了关于互联网思想的话题。这个部分的讨论，有助于后续对信息哲学及互联网思想的渊源的讨论，希望各位读者细细品味。

信息与知识

了解了信息社会的内涵以后，我们就能理解知识和信息的关系：信息是在把潜在的知识转换为现实的知识的过程中，把不确定性降到最低的必要成本。正因为这个成本的投入，增加了知识价值的可信度，也使信息得以在这个过程中流转。因此，知识经济也被称为信息经济，信息的价值在这个过程中得到了很多学者的认可，这里我们介绍一下相关学者对信息价值的研究，以及信息和知识的内在联系。

首先要提到的是著名未来学家阿文尔·托夫勒，他在很早以前就预见了互联网和有线电视的崛起，也预测了互动媒体、基因工程和克隆技术的进展。在他的著作《第三次浪潮》中，主要提及的就是后工业社会，也就是信息社会的主要特征，包括以下几点：知识和信息取代了货币作为权力分配的主要因素，制造业以知识生产和信息处理作为主要的经济活动，民族国家秩序逐渐退化及超国家实体逐步崛起等。在他的另外一本书《权力的转移》中，他进一步论述了信息和知识之间的关系，他认为知识是被进一步加工的更具概括性的、表述性的信息，而知识的价值就在于成为信息，信息成了知识的载体，这种知识和信息的变换就称为"信息炼金术"。

信息哲学的思想
第三章

这个"信息炼金术"的内在逻辑就是把隐含的知识变成显明的知识,而这个理论后来被很多学者所应用,如著名的日本管理学者野中郁次郎在《知识创造的螺旋》一书中所提到的信息和知识之间的关系:第一,与信息不同,知识与信念和投入密切相关,知识所反映的是一种特定的立场、视觉或者意图;第二,与信息不同,知识是关于行动的概念,知识总是为了某种特定目的而存在;第三,知识和信息都与意义有关,知识具有依照特定情境而定的特征,而且拥有关联的属性。他认为,传统的西方认识论偏重将真实作为知识的基本属性,而知识的实质应该是"经过验证的信念",传统的认识论强调知识是绝对的、静止的、独立于个人的存在,而新时代的知识则是人们之间的个人信念朝着真实的方向实现验证的动态过程。简单来说,知识的动态转换实现了信息的移动,而企业在组织管理过程中的核心价值,就是通过创造知识来实现创新。

然后我们介绍奥地利经济学家弗里茨·马克卢普的理论。弗里茨·马克卢普曾经担任过国际经济协会主席,也是首先将知识作为经济资源进行研究的经济学家之一,并很早就开始普及信息社会的概念。1962 年,马克卢普在他的《美国的知识生产与分配》一书中,正式提出"知识产业"这一概念,并给出了知识产业的一般范畴和最早的分类模式。他把知识分为实用知识、学术知识、休闲知识、精神知识及多余的知识。他又从科学的与历史的、一般的与特殊的、分析的与经验的、永恒的与暂时的等几个维度对知识进行了分类。在这些不同类型的分类中,最重要的就是将科学本身作为典型的知识生产活动,他认为科学生产的知识既是提高未来生产率的一种投资,又是社会生活中对消费的投资。他重新确定了知识在社会中的经济意义,使人们从知识角度重新认识社会投资和资本理论，扩大了社会投资和资本理论的内涵。我们可以看到，信息社会和知识社会的内涵在某些场景下具有高度一致性。

尽管信息和知识两个词经常可以替换使用，但二者在不同场景下的具体含义还是有差异的。学者贝特森的论述是"信息是由差异构成的"，对外部事物的观察来说，信息可以提供新的观点，让以前无法辨别的含义明晰化。因此，信息是悟出及构造知识的必要媒介或者素材，通过重构一些内容对知识产生影响。另外一位哲学家德莱斯基的论点是，信息是知识产生的前提。信息论的发明者香农则认为，信息的内在价值在于从多大的不确定性中做出了选择，也就是某个行为制造了多少意外及获得了多大的自由度，进而提出了与信息熵相关的概念。

总结一下，本节主要讨论了信息与知识之间的关系和各自概念的内涵。信息是一种建立知识的基本素材，而知识则是改变外物的基本行动和信念。正是因为信息的存在，人们能够获取新的理念和决定自己的行为；正是由于知识的沉淀，信息的价值得以提升，人们拥有更大的自由度和产生更多的价值，这也是我们理解信息社会或者知识社会的前提和基础。

信息技术的哲学思想

埃文思认为有一个比知识更天然和更基础的概念，对此哲学家已经花费了不少气力，这个概念便是信息。信息由知觉传递，由记忆存储，尽管也通过语言传递。在恰当地到达知识之前有必要将重心集中在这个概念上。例如，信息流的运作层面要比知识的获取和传播更为基本。

——M.达米特

在讨论信息技术的发展及信息社会的概念以后，我们看到当代社会从技术形态上正经历着从工业技术向信息技术转型的过程。在信息技术中，塑造当代社会的最重要的两个技术：第一是计算机，第二是互联网。我们之前提到过，技术范式的变化会重塑社会的物质基础，从而造成社会结构的变迁，技术是整个文明演变的决定性因素。本节我们就要讨论技术哲学的演变，尤其是信息技术的哲学思想，原因就在于信息技术不仅改变了我们的生活和社会观念，也改变了我们理解世界和宇宙的方式，正如之前提到的计算主义宇宙观就是信息技术带来的新的哲学思想。所谓信息技术哲学，就是由于信息技术及新的技术革命的兴起而产生的哲学分支，我们将讨论这个分支是如何产生的及其中包含的内容，并探讨信息哲学的未来。只有在这里奠定了信息哲学的思想基础，我们才能充分理解人工智能、虚拟现实等信息技术对未来文明和社会的演变带来的影响。

技术的哲学转向

我们要讨论信息哲学兴起的背景，就要从 20 世纪下半叶以来西方哲学发生的转向开始。在经历启蒙运动和工业革命之后，西方哲学从认识论的研究逐渐转向了分析哲学。所谓分析哲学，就是研究人类语言使用的哲学，无论是主观唯心论还是经验论，都在分析哲学的浪潮当中被击溃了。然而，分析哲学没有跟上时代的浪潮，和大多数后现代主义哲学一样，注重批判而不注重建构，这导致它最终走向了衰落。结果就是哲学再次沦落，成为科学的附庸和小众的谈资。在这个背景下，哲学家开始对信息技术进行反思，从而发生了基于信息技术的哲学转向。

首先我们来讨论哲学家对信息技术反思的两个路径，一个路径是批判性的，也就是对现代性和现代技术的批判。技术的发展带给人类的不仅是福利，而且还有对自然的破坏和对人性的异化。换言之，就是人的自由意志被技术所束缚和异化，这条路径主要来源于人文主义学者的思考，尤其是基于现象学、存在主义、法兰克福学派等对现代性及后现代主义的反思。这部分内容我们在后续章节会重点讨论，在这里就不再详述。还有一个路径是建设性的，如之前提到的图灵关于人工智能思想的应用，以及计算主义思想浪潮的兴起。在这个过程中，哲学开始向技术靠拢，信息逐渐成为哲学的重要话题，这就形成了信息哲学。

按照控制论的发明者维纳的思想，世界可以分为"物质""能量"和"信息"3种基本质料，以此对3种基本不同的技术加以区分，即转换物质的技术、转换能量的技术及转换信息的技术，这就成了人类社会断代的依据。也就是说，人类社会分别经历了以物质技术为主的时期（石器时代、青铜器时代、铁器时代等）、以能量技术为主的时期（蒸汽时代、电气时代、原子能时代等）及以信息技术为主的时期（信息时代），所以，随着信息技术的发展，信息哲学也必然取代经

信息哲学的思想
第三章

典的传统哲学，成为新时代主导的哲学思想。

然后我们来讨论信息哲学的演化过程，我们从两个维度来分析这个发展历程。先从时间维度进行探讨，大致可以分为3个阶段：第一个阶段就是信息哲学的探索阶段，从图灵发表与人工智能相关的论文开始，到20世纪80年代都属于这个阶段。这个阶段的信息哲学都是围绕着与信息技术相关的理论建构的，信息论、控制论、人工智能及复杂性科学思想都在影响着信息哲学的发展，其中以人工智能哲学最具代表性，通过探讨人类与机器的相互关系，将心智哲学、语言哲学、伦理学及传统形而上学都融合其中。这个思想的探讨直至今日还有深远的影响。第二个阶段就是信息哲学逐渐成为独立领域，并被传统哲学界承认的阶段。1985年，美国哲学会创建了哲学与计算机分支，权威期刊《元哲学》也出版了《计算机与伦理学》专刊，接着就是1986年在美国克利夫兰州立大学首次召开了计算与哲学协会的会议。在这个阶段，与信息相关的概念、方法和理论都逐渐成为独立的语言，信息哲学也成了独立的分支。第三个阶段就是20世纪末互联网兴起以后，信息技术产生了赛博空间和虚拟现实的新类型，也就是网络空间技术相关的哲学讨论成为信息哲学关注的重点，而互联网思想成了其中最核心的部分。我们看到，信息哲学的演变和信息技术的发展息息相关，从边缘的哲学逐渐成为哲学的主流，通过和科学命题的融合，逐渐完成了哲学课题的创新和跃迁。

最后我们讨论信息技术哲学转变的必然性，也就是信息技术发展。信息技术逐渐成了这个时代的主导技术，无论是计算机、人工智能还是互联网，信息技术通过信息化使得一切技术都在融合。我们看到信息技术使得生产技术向着智能化或者自动化发展，网络信息技术

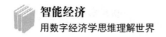

的发展使得所有与互联网相关的科技被广泛应用，所有的物理实体都在不断地数字化、网络化和比特化，未来一切人工物品都会通过物联网技术而成为"万物互联"的信息网络。

我们从更长远的历史看，也能看到信息技术的作用，如印刷术、电报及电视都彻底改变了人类社会及人类文明的进程。历史上信息技术的重要作用，使得广义信息技术（也就是媒介技术为代表的技术范式）自诞生开始就具备了哲学内涵，也体现了信息技术哲学在技术哲学中的根本性地位。

总结一下，我们讨论了当代技术哲学范式转变的两个基本路径，信息哲学就是当代哲学在建构路径上最重要的成果之一。信息哲学伴随着信息技术的产生，尤其是人工智能、控制论、计算机及互联网的发展在不断发生演变，而广义的信息技术从产生开始就有非常重要的哲学特质。因此，我们需要理解信息哲学的思想和理念，以及伴随其生长的技术革命对人类文明演变所发挥的作用。

信息技术的哲学

在讨论了信息哲学产生的背景和演变过程以后，我们来讨论信息哲学的思想内涵，也就是探讨信息哲学的研究范畴。由于信息哲学发展时间较短，尤其是信息技术日新月异，因此，信息哲学迄今为止并没有形成统一的框架和理论，即使是研究范畴中关于本体论的层面，也还在持续的成长过程中。这里我们主要讨论其核心研究内容，在2009年荷兰特文特大学的技术哲学家布莱和索拉克发表的文章《计算

信息哲学的思想
第三章

和信息技术哲学》中,他们将信息哲学框架的问题进行了梳理,大概研究领域包括计算哲学、计算机科学哲学、人工智能哲学、新媒介和因特网哲学、计算机和信息伦理这 5 个领域。这些领域涉及的问题都是目前信息技术发展过程中我们所关心的问题,如虚拟世界的实质、互联网的认识论及信息安全和隐私等。可以看到,我们关于科技和人类文明的讨论,几乎都在信息技术哲学思想的范畴内。限于篇幅,这里先从两个角度,即从哲学的角度和信息科技的角度来解读信息技术哲学的思想。

首先,我们从哲学角度来理解信息技术哲学,也就是从本体论、认识论等角度进行研究。在接下来的课题里将提及的关于媒介的学说,如麦克卢汉的媒介哲学、波斯特的信息方式及卡斯特的信息主义,都属于信息技术在社会历史哲学维度的研究。由于信息和媒介的关系是如此紧密,而媒介对人类文明有着不可忽视的影响,因此,需要为大家好好梳理这部分内容。

另一个内容就是基于人本主义思想的研究,即赛博人和虚拟主体引发的哲学问题。所谓赛博人的话题,就是随着信息技术的发展,人类已经逐渐与机器融合,无论是假肢技术还是人们对手机的使用,实际上都是在赛博化,我们探讨信息技术对文明的改变时不得不讨论这个课题。这两年很多讲述未来科技发展或者关注人类文明的学者的研究领域都在这个课题之下,例如尤瓦尔·赫拉利的《未来简史》中关于"神人"的理论猜想。虚拟主体引发的课题则是由网络空间引起的对人类主体身份的猜想。由于互联网及虚拟现实技术的发展,人类构建了多重虚拟身份,而这个现象给人类主体的理论及虚拟身份带来的自我不稳定性等课题都是非常值得关注的。总体来说,哲学角度的信息哲学研究的范畴,都是基于信息科技发展而对传统哲学理念中人的本体论和认识论的观念变革进行的探讨。

然后我们从科学的角度来理解信息技术哲学,这里涉及的范畴比较多,如计算机哲学、互联网哲学、赛博哲学、媒介哲学、虚拟实在哲学及人工智能哲学等。根据不同信息技术的门类,所涉及的信息技术哲学范畴差异很大。本书中重点研究的课题包括人工智能哲学、互联网思想及虚拟现实的本体论等,不仅由于这些信息技术是大家所重点关注的热门技术,还因为这些领域涉及一个终极的命题,即对未来人类文明的最终走向的猜想。

本书探讨的核心内容之一,就是技术发展对人类文明的影响,因此,研究范畴的选取也非常重要。值得注意的是,我们在这里将信息哲学作为总论,而信息技术哲学是分论,正如著名信息哲学家弗洛里迪所指出来的,信息技术哲学是技术哲学和信息哲学的分支,因此,我们研究的范畴除了信息技术哲学的思想,还包括信息哲学和技术哲学的一些课题,这样才能建构更加完善的理论体系。

最后我们从技术哲学的角度讨论信息技术哲学,这里初步讨论技术的对象和本质,后面还会深入探讨。在通常意义上,技术被认为是人类改造自然、控制自然的工具和手段,是人类满足自身发展需求的可操作体系,而技术的对象就是自然。信息技术的出现使得这一观念受到了冲击,因为其他技术通常是处理物质对象的技术,而信息技术的对象从自然的物质转向了信息世界,尤其是人工信息世界。因此,在这个过程中,技术的对象和本质也都发生了改变。

传统技术活动的实质就是通过对自然界的改造达到人工造物的

目的，形成了人工制品或者叫"人工物"。而信息技术的对象并非自然，而且实质是产生知识，即出现"造物"。人类不仅能够创造类似自然的物体，而且可以创造整个自然世界，以及改变其中的生物属性（包括人类自己）。因此，信息技术也不同于传统技术的中介属性，它模糊了中介地位，如虚拟现实技术、人工智能的视觉识别技术，都是直接让人和世界发生了互动，人们在技术中发现了自我，以及在自我中发现了技术，这是传统技术哲学最大的改变。

总结一下，我们从哲学和科学两个角度讨论了信息技术哲学，理解了信息技术的变化导致了哲学命题的变化，同时也产生了众多分支学科。然后我们从技术哲学角度讨论了信息技术哲学，理解了信息技术与以往工业文明时代的技术的不同，使得技术和人互相融合，也使得信息技术哲学拥有独特的地位。

信息哲学的思想

本节将信息技术哲学与信息哲学的概念混合起来介绍，原因就在于在宏观意义上，二者的研究范畴和内涵是一致的，一方面，二者都是以信息为主体概念进行研究；另一方面，二者的研究和发展都依赖于信息技术的发展。不过，如果我们从狭义的信息哲学的历史及根源来看，二者还是有差异的。21世纪初，信息哲学创始人弗洛里迪以《什么是信息哲学？》与《信息哲学的若干问题》两篇文章开启了哲学界对信息问题的反思。人工智能、哲学与认知科学领域的期刊《思维与机器》将信息哲学评述为"计算正在改变着哲学家理解那些哲学基础和概念的方式"。哲学探究中的这股思潮吸收了计算的主题、方法或模式，正稳定地迈向前方。这个新的领域已经被定义为信息哲学。因此，我们通常将弗洛里迪所开创的这个细分门类认为是信息哲学的准确定义，总体而言，信息哲学的研究对象可以分为计算与哲学、信息与社会两大类。具体包括信息定量理论、逻辑与信息、生物系统信息、信念修正、人机交互中的信息、博弈论中的信息与信念等具体研究领域。本节我们就来讨论弗洛里迪所创造的狭义的信息哲学的研究范畴。

首先我们来梳理弗洛里迪所发表的《什么是信息哲学？》中关于信息哲学的概念。与信息哲学概念同时提出的研究计算机与信息的相关哲学概念有很多，包括赛博哲学、计算机哲学、人工智能哲学等。因此，弗洛里迪在文章中要确定信息哲学的定义，必须明确其能够代表独立的领域并提供原创性的方法论，是一个能够与其他哲学分支并立的理论。他认为信息哲学起源于人工智能哲学，而人工智能哲学是不成熟的信息哲学的范式。信息哲学与数学哲学一样，偏向于现象学，是关于信息世界、计算和信息社会的现象领域的研究。

因此，信息哲学思想包括两部分内容，第一部分是信息概念的本质和原理，第二部分是信息理论和计算机方法论对哲学问题的应用。信息概念的内容我们前文已经提过，这里只需要理解信息动力学的构成和模式，也就是信息环境的构成和模式，包括其性质、交互的形式。信息的创新方法论指的是对信息的研究需要通过信息与计算机科学的方法论来研究，这里就涉及信息技术中的方法论。

然后我们来讨论信息哲学方法论的应用。首先，要注意信息哲学与之前提到的计算主义哲学的差异，信息哲学更加关注信息而不是计算，它只是将计算作为处理信息最重要的过程。因此，信息的认识论

信息哲学的思想
第三章

内涵是知识的哲学而不只是认识的哲学。其次，要了解信息哲学的理论和方法在很多其他哲学领域也进行了应用，比如扩展对人和动物的认知和语言能力，以及智能人工形式可能性的理解，这个理论和方法来源被应用于人工智能哲学、信息理论认识论及信息理论语义学等。例如信息哲学用于解释生命和代理的组织原则的方法论来源于人工生命哲学、控制论哲学，再如，信息哲学中发明新的方法来为物理和概念建模则涉及了信息系统理论及虚拟实在哲学等。

因此，信息哲学比人工智能哲学、信息技术哲学及人工生命哲学等都拥有更加根本的方法论和解释能力。作为一个新的领域，信息哲学提供了统一的理论框架。在信息的概念上对现代技术引起的哲学范式的变革做了根本性的理论原创和范式构建，这就是我们将信息哲学置于所有计算机和信息理论相关的哲学中最根本位置的原因。

我们将信息哲学作为"第一哲学"进行论述，除了因为上文提到的我们对现代技术的大部分解释和分析都可以基于信息哲学的方法论框架，还有一个原因就在于我们的社会已经进入了信息社会，哲学家需要应用新的框架来解释这个世界。例如，我们关注的人工智能和人类的共存问题，所涉及的内容就属于计算机和信息伦理学的范畴。我们关注的互联网发展和互联网思想的问题，所涉及的内容就是数字媒体的信息论及超文本理论的思想。我们关注的未来文明发展和信息社会演变的问题，涉及的就是信息哲学中关于赛博理论和人类社会学的研究。因此，信息哲学拥有哲学中最强大的基本概念和方法论。随着科学的发展，哲学需要重新树立起研究基本问题的范畴和方法论，而信息哲学可以为当代信息社会树立系统理解的架构，信息哲学的信息概念内涵本身也继承了亚里士多德、笛卡儿和康德关于本体论和认

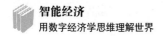

识论的基本概念和思想,这一点相对于其他的细分领域的哲学范畴更加具备普适性,因此,将信息哲学作为"第一哲学"是哲学体系非常有价值的新方向。

总结一下,我们对信息哲学的概念及方法论进行了梳理和论述,理解了信息哲学作为"第一哲学"的概念内涵和方法论的普适性。信息哲学一方面继承了传统哲学中本体论和认识论的内在逻辑;另一方面又在相当程度上覆盖了信息社会和信息技术的根本问题的研究,因此,可以作为现代哲学转向的重要范畴。我们在研究现代技术和人类文明的未来演化时,所涉及的大部分课题都可以用信息哲学的理论和概念来解释,这可以帮助我们建立起更加有深度和广度的认知框架。

第二部分

智能时代的新思想

第四章　互联网思想探索

互联网思想起源

人的本质是诗意的，人是诗意地栖息在大地上的。

——海德格尔

在第一部分讨论了信息和计算主义下的世界图景以后，我们理解了世界的本质是关于信息的，以及建立了基于信息的本体论和认识论的哲学思想。第二部分，我们要讨论更加具体一点的问题，就是在建立了新的世界观和认知论以后，首先要理解信息文明时代最伟大的发明——万维网——对我们原来传统世界的影响，然后讨论由互联网思想延伸出来的关于区块链技术范式的研究，以及关于虚拟现实空间的哲学思辨。

关于互联网的哲学思考最重要的是关于信息哲学的两个基本问题：一个是技术带来的虚拟身份对我们的文明和自我认知有什么影响，即自我的身份认同问题；另一个是技术带来的新物种对人类的未来有什么影响，即技术带来的未来文明演变的问题。这个部分我们就

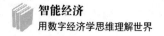

主要讨论前者,也就是互联网思想的演变及带来的哲学思考。

本书成文的时间为2018年,这是一个独特的时间点,因为2017年是中国互联网诞生30周年,而2019年则是世界互联网诞生50周年。从互联网诞生至今,使用网络的用户超过了30亿人,也就是半个世纪里,有一半人类进入了网络世界,接受了一个虚拟化生存的方式。为了理解互联网的影响,我们需要去观察互联网技术在逐步影响世界的过程当中,有哪些思想帮助我们理解了互联网,以及这些思想是如何演进的。因为只有观察思想的演变才能深刻地理解互联网给世界带来的深刻影响,而在这个过程中我们会讨论人类身份的构建、社会的变化、后现代思想浪潮的冲击等课题,试图厘清互联网思想的演变与社会和文明之间的关系。其中涉及很多新的概念和方法,希望读者能够耐心研究,相比所谓互联网思维的概念,互联网思想并不是很具体和实用,但是能够从更本质的层面帮助我们理解互联网技术带来的文化和社会层面的冲击。我们要建立一个基本的逻辑,一个事物的本质大多数时候是在人们关注的热点之外。互联网思维关注的是商业方法论,而互联网思想关注的是技术哲学的领域,二者的联系和区别在于:二者都关注的是网络效应带来的现实层面的演变,前者是商业演变的底层逻辑,后者是社会和文化演变的底层逻辑。后者的存在是前者的前提,只有互联网思想出现以后才会出现互联网的技术范式的变化,才会出现新的商业逻辑,即所谓互联网思维。

互联网思想探索
第四章

万维网的起源

互联网源于 20 世纪 50 年代电子计算机的发展。广域网的最初概念起源于美国、英国和法国的实验室里。美国在 1959 年设立了高等研究计划署（ARPA），这个机构的核心部门之一是信息处理处（IPTO），主要研究的是电脑图形、网络通信和超级计算机等课题，阿帕网之父拉里·罗伯茨则是信息处理处的处长。1967 年罗伯茨来到 APRA 筹建分布式网络，并在下一年提出研究报告《资源共享的计算机网络》，其中着力阐述的就是让"阿帕"的电脑实现互相连接，从而使大家分享彼此的研究成果。根据这份报告组建的国防部"高级研究计划网"，就是著名的阿帕网（APRANET）。到了 1969 年阿帕网正式投入运行，互联网的第一条消息就是由 1969 年加州大学洛杉矶分校计算机教授莱昂纳多·克莱洛克的实验室在斯坦福研究所（SRI）的第二个网络节点通过 APRANET 发送的，而 ARPANET 项目带来了互联网协议的发展，多个独立的网络可以加入互联的网络，这就是互联网的起源历史。我们来讨论这段历史为人们基本思想观念带来的冲击。

首先我们来讨论 ARPA 产生的历史背景。ARPA 在 1959 年成立，而第一次正式应用是 1969 年，这 10 年跨越了整个 20 世纪 60 年代，而 20 世纪 60 年代正是美国反叛权威的思潮风起云涌的 10 年。主要体现在 3 个方面：第一，西方世界的青年对政治和社会都抱有极大的不信任，他们认为政治家出尔反尔，只会用谎言迷惑大众；第二，由于技术带来的对自然环境的破坏，加剧了人与自然的紧张关系，进步主义的思想浪潮受到了质疑，人们认为技术带给世界的破坏远大于利

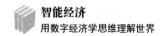

益；第三，社会上出现了过度消费和享乐主义，使得传统的温情和家庭观被破坏，原有的朴素信念和田园牧歌式的理想主义被消费主义取代。正因为如此，到了20世纪60年代末，法国巴黎出现了"5月风暴"，塞纳河左岸爆发了罢课和游行，切·格瓦拉和马克思等革命领袖的画像被举了起来，知识分子们也参与了这个运动。因此，我们要在这里看到的是，互联网实际上产生于对工业文明的反思，而不是工业时代科学技术的自然延续，只有理解了这一点，才能理解当下的互联网思想对社会和文明的内在影响。

然后，我们来讨论从互联网中产生的自由的思想。我们可以认为自由是互联网产生的思想根源，正如曼努埃尔·卡斯特所说："网络构建了我们的新社会形态，在网络中现身或缺席，以及每个网络相对于其他网络的动态关系，都是我们社会中发生变迁的根源。"我们看到ARPA的主要技术思想如下：通过建立在交换理论上的分布式网络系统传送信息而不必由中央控制系统传送，以便确保分散的指挥系统中部分节点被摧毁后还能保持联系。因此，在这样的思想指导下，不同的计算机为了更好地进行信息交换，先后产生了TCP/IP协议、万维网（WWW）等信息交换的技术。网络思想的技术本质就是通过P2P技术来保障信息传接的自由。在农业文明和工业文明时期，信息的自由都是稀缺的，而进入信息文明后，网络给予每个人的自由是平等又充分的。这种自由是以服务和信息为基础的去中心化、交互性、虚拟性的自由。简单来说，就是虚拟网络的世界让人们实践活动的范围极大地扩展，实践能力和认知水平得到极大的提高，为人类迈向更加自由和全面发展的未来打开了一扇门，而人们开门的动力在于对自由精神的向往。

最后，我们讨论互联网带来的开放的思想，由于互联网是建立在TCP/IP协议、超文本标识语言和标准的用户接口（浏览器）3个基本技术之上的，因此，开放就成了其基本属性。正是由于技术本身的特质，导致了其增长必须坚持开放的精神，关于网络价值和网络技术的发展定律被称为"梅特卡夫定律"，是以3COM公司创始人梅特卡夫的名字命名的，其内容如下：一个网络的价值等于该网络内的节点数的平方，而且该网络的价值与联网的用户数的平方成正比。也就是说，一个网络的用户数量越多，那么整个网络及网络的每个节点的价值就越大。梅特卡夫定律是基于每一个新上网的用户都因为别人的联网而获得了更多的信息交流机会，指出了网络具有极强的外部性和正反馈性：联网的用户越多，网络的价值越大，联网的需求也就越大。因此，网络的开放性也就是其根本思想和发展路径的基础，互联网必须通过开放获取更多的节点，增加更多的链接，才能实现网络价值的指数性增长。虚拟的网络打破了现实地域的局限，极大地减少了时空对人们实践获得的制约，世界正在成为地球村，而网络文化也成为当代社会最受关注的问题。

总结一下，这部分介绍了互联网的起源中APRANET的历史，也初步了解了互联网从思想根源上带有对工业文明和社会的反思及对自由思想的追逐，然后讨论了互联网自由和开放精神的来源和实质。通过对这部分内容的分析，我们看到了技术是如何改变社会的，以及人们的内在精神是如何在社会实践中进行演变的。互联网正是由于其诞生伊始的技术特质而带有了开放和自由的精神，成为当今世界最重要的基础设施之一。

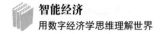

哲学的新时代

我们在前面的文章中专门讨论过认知论的问题，也介绍了康德在认知论上的洞察和认识。本节我们将讨论后现代主义思想浪潮产生的背景和历史，也就是讨论后现代主义哲学，如存在主义、现象学和解构主义等课题。只有理解了这些课题，才能理解人类思想发展的内在逻辑，才能理解互联网思想是生长在什么样的基石之上。

首先我们来看看哲学史上的思想演变过程。近代哲学以前，也就是古希腊哲学和中世纪的哲学，主要讨论的是本体论问题，也就是世界的本源问题。无论是德谟克利特的原子论，还是毕达哥拉斯的数论，或者中世纪神学的上帝创世论，都在解释世界的构造问题及人是什么的问题。古希腊哲学从探讨自然哲学开始，到了苏格拉底—柏拉图时代，开始探讨对人的精神和对整个宇宙的理性解释，从而拉开了本体论研究的序幕。其中最具代表性的就是柏拉图的"理念论"，理性主义本体论哲学的目标，就是找到世界的实体理性，也就是存在一个理念的世界可以解释我们所存在世界的万事万物。而到了中世纪的经院哲学阶段，神学统一了西方的思想，不过也有其积极意义：僵硬的宗教孕育了人们理性思考世界的方法，甚至出现了大学的雏形，从而为人们的思想变革奠定了基础。

到了近代启蒙主义和文艺复兴时期，哲学家们开始讨论的是认识论的问题，也就是讨论人是如何认识世界的。人的理性和神学信条之间产生了冲突，哲学的主题从"世界的理性"转向"人的理性"。理性主义哲学家们如笛卡儿、斯宾诺莎和莱布尼茨认为人是通过理性逻辑认识世界的，而经验主义哲学家们如培根、洛克和休谟则认为人是通过具体的经验和实践认识世界的。无论是唯理论哲学家还是经验论哲学家，其本质都是理性主义的，哲学从"实体理性"转向了"程序理性"。康德则通过此岸世界和彼岸世界的分野，提出了全新的统一的认知论框架，而黑德尔则构建出"正反合"辩证法，提供了认识世界的方法论。到了 20 世纪，分析哲学家们开始通过语言的分析来揭示人们认识世界的方法。

无论是本体论还是认识论，都隐含一个内在的逻辑，就是希望通过一个理论将世界解释清楚，而这个努力在康德和黑格尔之后就宣告结束了，因为哲学的新时代到来了，哲学发生了转向，哲学家们不再试图去一劳永逸地解释世界，也放弃了去回答终极问题的尝试。如果说文艺复兴之后的 300 年，如康德所说，是人类为自然立法的过程，那么在当代的哲学家看来，这个宏大的叙事体系已经结束了。黑格尔哲学标志着古典理性主义的完成，而 20 世纪初的逻辑实证主义和分析哲学，则意味着基于经验的理性认识论走到了尽头，取而代之的是现象学和存在主义等哲学流派，我们在这里简单地介绍一下它们的思想内涵。

现象学是由德国哲学家胡塞尔创立的，他主要关注的是意识和意识经验的内容，通过系统反思寻求确定经验的基本属性和结构。简单来说，就是认为哲学思考可以放弃对本体问题、认识论问题及其他终极问题的探索，而直接研究世界的表象，从而获得对真实世界的认知。换句话说，当提到一个事物的本质或想法时，或者通过描述"真正"看到的侧面和方面来指定一个相同的连贯事物的构成时，这并不意味着事物只是这里描述的东西：放弃的最终目的是要理解这些不同的方面如何构成了实际的事物，而不是让人们去抛弃所有细节来描述某种事物的本质。

存在主义哲学家们更进一步地否认了本质论，他们认为哲学思想史要从人的主体，不仅是思维的主体，而且是从行为、感觉及每个活生生的个体开始研究。他们认为传统的哲学，在风格和内容上都由于过于抽象而偏离具体的生活经验，而存在主义的思想价值则更加自由和真实，只有活生生的个体才值得思考。哲学家萨特认为存在先于本质，个人最重要的考虑是他们是独立行事的、负责任的、有意识的存在，而不是某种标签或者类别。人的实际生活构成了他们的真正的本质，因此，人类通过自己的意识创造自己的价值观，并确定自己的人生意义。而海德格尔则说"此在存在"，波兰尼则通过寓居和内化的概念理解认识者的存在方式。总体来说，存在主义是一种更加人文主义的理解世界的方式，认为人首先是存在的，与自己相遇，在世界兴起，然后定义自己。因此，每个人可以选择以不同的方式行事，成为一个好人或者坏人，但无论怎么选择，是这些选择的集体而不是这些选择本身构成了人的本质。

当然，除了现象学和存在主义，还存在很多其他的哲学流派，如虚无主义哲学、分析主义哲学和其他后现代主义哲学等，限于篇幅，这里不再赘述，只要读者能理解哲学在近现代以后发生了转向，而这个思潮影响了当时社会的不同方面，互联网的建立也是这种反传统思潮的成果即可，接下来我们就要讨论这种思想意味着什么，来为后续研究互联网的思想奠定基础。

技术的布道者

在介绍了哲学上的思想变化以后,我们了解到了后现代思想浪潮在互联网创立之初的影响,哲学家们开始怀疑本质主义,以及回避讨论本体论和认识论的问题,从而带来了新的理解世界的维度。随着互联网的发展,我们看到很多关于互联网的思想者,在这里我们先讨论一下技术类的早期布道者,因为没有他们就没有互联网技术的出现,而他们本身也带有思考者的背景,尤其代表了如今在硅谷和中国都流行的改变世界的理想主义思潮。

首先我们介绍的是蒂莫西·约翰·伯纳斯·李,他是万维网的发明者,正是因为发明万维网和第一个 Web 浏览器,以及允许 Web 扩展的基本协议和算法而获得 2016 年度的图灵奖。2004 年英国女皇伊丽莎白二世将伯纳斯·李封为爵士。在他之前的互联网,只不过是学术研究机构的工具,可以实现的功能非常有限。伯纳斯·李发明了 HTTP 协议,并提出了超文本和超链接的思想。超文本主义思想有别于传统哲学中本质主义和还原论的思想,传统的哲学致力于讨论个体本身并试求探索本质,这是人们观察世界的基本价值取向。而超文本主义则把关注点放在了人与人之间的关系和链接上,在互联网中关系的重要性远高于文本本身,而正因为这个思想基础,互联网的各种服务才得以产生,这也是整个互联网思想的基本理论和本质之一。

然后我们介绍的是美国著名计算科学先驱肯·汤普逊,在黑客圈子他被称为"Ken",他早期在贝尔实验室工作,主要负责设计最初的 UNIX 操作系统,以及发明 Basic 编程语言,他与 C 语言的发明者丹尼斯·里奇共同获得了 1983 年的图灵奖。2006 年汤普逊进入谷歌，并与他人一起设计了 Go 语言。了解计算机早期历史的人都知道 UNIX 系统和 Basic 编程语言的重要性，而丹尼斯·里奇的 C 语言也是在 Basic 基础上创造的。UNIX 系统为后来的计算机网络世界奠定了操作系统层面的基础，而发展于 Basic 语言的 C 语言则用一种高级语言的方式来帮助程序员理解计算机和变现程序。值得注意的是，同时代的计算机研究者如道格拉斯·麦克罗伊还创造了 UNIX 哲学，如程序应该只关注一个目标，并尽可能把它做好，让程序之间能够相互协作。UNIX 及其衍生系统 Linux 后来逐渐成为工程师圈子的主要操作系统，并代表了一种开放、分享与协作的精神，在互联网世界中成为最主流的极客文化。

最后我们介绍一下马克·安德森。马克·安德森是美国著名的投资人和企业家，创立了著名的浏览器公司 Netscape，他也是世界上第一款图形浏览器 Mosaic 的发明者，同时也是 Facebook、eBay、Twitter 等多个互联网公司的董事会成员。如果说伯纳斯·李提出了超文本链接的思想，那么马克·安德森就是这种思想的追随者和实践者，正因为图形浏览器的发明，万维网能够走向大众和商业世界。而马克·安德森从一个技术天才转型成为了投资者，在众多的创新科技公司担任咨询顾问，为硅谷的创新和发展注入了活力。例如，马克·安德森是 Facebook 的创始人扎克伯格的好友兼导师，并帮助他成长为了一名优秀的 CEO，正如扎克伯格所说："很多时候安德森是在提点我如何站在更高的角度来思考问题，对于管理和技术，他都有深刻见解，而且帮我形成了自己的观点。"因此，马克·安德森也代表了硅谷的创新精神，代表了一种大无畏和改变世界的精神的传承。

互联网思想探索
第四章

总结一下，本节介绍了几个互联网早期的技术布道者，包括万维网的发明者伯纳斯·李、UNIX 系统的发明者肯·汤普逊及 Netscape 的创始人马克·安德森。他们分别代表了 3 种精神：伯纳斯·李代表的是链接一切的超文本主义哲学精神，肯·汤普逊代表的是共享和开放的极客精神，而马克·安德森则代表硅谷的创新精神。这 3 种基本的精神气质，就是整个互联网早期精神的底色，他们分别代表了学者、工程师与企业家，要理解互联网的思想起源，就需要理解他们的精神气质和所代表的哲学理念。

虚拟空间的身份

每一个心灵都将它自己的思想保留给自己，心灵之间不存在给予或者交换，甚至没有任何思想能够进入在另一个个人意识中而并非是自己的意识中的某个思想的视野，绝对的隔离和不可还原的多元是这里的法则。

——威廉·詹姆斯

在讨论了互联网思想家的课题以后，我们来探讨虚拟世界的哲学思辨的课题。传统哲学中最经典的问题之一就是：我是谁？也就是追问自我的身份认同问题，这个问题也是互联网对传统哲学最大的挑战之一。不仅是因为我们的现实生活变得丰富多彩，每个人拥有了不同的身份特性，扮演的角色也在不断增加，还由于网络的发展，我们更拥有了虚拟的身份，在信息社会的发展过程中，不同的文化认同及不同类型的亚文化的影响力凸显了出来。因此，这个部分我们来讨论身份认同的问题。首先讨论每个人的身份认同的哲学基础，然后讨论不同媒介对此的影响（尤其是万维网的影响），最后讨论身份认同与自我叙事的关系。通过对这几个问题的讨论，我们能弄清楚互联网对个体在哲学层面的自我身份认同的影响，以及对人类存在本质的影响。

个人身份认同

从笛卡儿时期人们就开始讨论个人身份认同问题了，现代哲学的逻辑起点就是无须前提设定而直接给予的自我意识。众所周知，笛卡儿哲学的起点是"我思故我在"，而康德哲学的核心是先验主体"知性为自然立法"，因此，哲学中自我身份的认同是一个非常重要的概念。我们可以从两个角度理解这个问题，一是从哲学角度理解，二是从人类学角度理解。

从哲学角度来说，关于我们是谁的问题，以及我们认为我们是谁的问题都涉及身份认同，不过前者叫作个人身份认同，后者叫作自我意识。只有这两个方面的观念能够形成逻辑自洽的时候，我们的内心才能建立起平和的秩序，因为我们实际的个人身份认同会受到"我们认为自己是谁"的观念的影响。关于这个问题，有很多内容值得讨论，如我们经常讨论，昨天的我和今天的我是不是同一个我，以及我希望的那个自我与现实中的自我是不是同一个我。我们经常通过自我暗示来改变自己的心理状态和自我认同，这也属于个人身份认同的问题。

互联网思想探索
第四章

　　这里我们简单讨论关于自我身份的哲学思考和主要观点,首先介绍唯理论哲学家笛卡儿和经验主义哲学家洛克的观点。笛卡儿在《第一哲学沉思集》中提出了关于"我思故我在"的结论,实际上这是一个思想实验。他认为无论思想中的各种假象如何欺骗自我,但是只要自我在进行思维活动,那么自我的存在就无法被否定,由此,解决了自我身份的认同和存在问题。也就是说笛卡儿将自我建立在思维之上,并且这样的思维必须包含着内容,因此,自我就与思维形成了等同。英国经验主义哲学家洛克则将思维替换为意识,他在《人类理解论》中提到,由于意识不需要附着于无法描述的自我,所以,自我就是持续的同一意识的替代概念。根据洛克的想法,从经验主义的角度来看,心灵不必是永远在进行思维活动的,因为思维只是心灵的一种能力,这种能力不必每时每刻都在使用,如睡觉的时候就不用刻意思考。因此,自我的确认最重要的是知觉(思维),而人类依赖这样的知觉就能确认自我。

　　在唯理论和经验论的基础上,有两位著名的哲学家对自我的概念进行了深入讨论。一位是被称为 20 世纪最重要的道德哲学家的德里克·帕菲特,另一位是被称为德国古典哲学创始人的康德。帕菲特在 1984 年出版的《理由与人格》一书中提出了重叠链的概念,认为只要保证了心理的强关联间重叠链的建立,就能实现心理的连续,而心理的连续又是通过特定的直接心理联系所实现的。可以看出,帕菲特用心理代替了洛克提出的意识,从而扩大了心灵的范围,使得作为主体的自我通过连续的心理而被确定下来,也就是说,自我就是心理的连续性。康德在著名的《纯粹理性批判》中,将自我定义为居无定所的东西。它既不是实体,也不是现象背后的存在自由意志的"我"。康德认为自我并不清晰，只是一个思维，而不是直观对象。正如他所说，"在不同时间中我自己的意识的同一性只是我的各种思想及其联系的一个形式条件，但它根本不证明我的主体在数目上的同一性"。也就是说，康德认为自我并不是由思维确定的，而是自我给予了我们的思维以统一性，从而使得我们关于对象的知识是客观的。

从人类学来说，自我认同的概念主要指的是个体在空间和时间上的连续性，空间的连续性比较好理解，就是一个人的思想、行为和内心被联系在一起，如你能很轻易地指出你此时所在的位置。当然，这个自我也是脆弱的，当一个人的思想、行为和内心不协调时，如精神错乱或者病态人格，就会导致个人的身份认同受到极大的损害。很多由于精神错乱带来的自我认同上的崩坏，实质就是这种内心不协调带来的负面影响。而时间的连续性则更加复杂一些，主要指的是从时间维度看，人的身体大多数时候保持一致性，而且他的心灵和意识也保持着同样的持续性（只不过会更加衰老），比如无论时间多久，大多数情况下你都可以认同自己的身体、心灵和回忆专属于你自己。但是，这种身份认同也会受到破坏，如身体残障、有严重的心理疾病时，都会引起这种自我身份认同的破坏和改变。

在经典哲学中，身份认同被置于明确的意识中，而每个人的自我被认为是内省带来的，也就是我们可以直接洞察自我的个人身份和社会身份。实际情况是，我们只有通过一定的媒介和行为，如语言、电影、互联网、法律、工作等，才能真正地认识我们自己。也就是说，我们只有在具体的实践过程中才能对我们自身的行为进行反思并认识自己，或者是通过他人给我们的反馈认识自己。这里要提到的一个概念是"叙事身份"。所谓叙事，就是我们通过实践和生活，与社会和其他人打交道的过程中的体验,在这个过程中我们不断努力,不断去追求意义,不断去寻找自我认同,也就是说生活本身成为了一种叙事,这种叙事构成了我们个人身份认同的基本素材。

总结一下,本节主要讨论了个人身份认同的哲学概念及人类学的概念,并引入了叙事的逻辑和媒介的理论。通过哲学的讨论让我们知道自我是一个众多哲学家都关注的概念,并且与我们如何理解世界息息相关。通过人类学和社会学的概念,我们了解到生活本身就是一种叙事,而我们的自我认同就是通过这种叙事构建起来的。而且自我认同不能通过内省的方式完全得到,还要通过不同的生活实践和意义追求来得到,这就是为什么我们要通过实践来找寻自我的内在逻辑。虽然这部分内容有些难理解,但是希望读者能够明白通过哲学角度探讨某个概念对理解技术有着巨大的裨益。

生活如同戏剧

上文中我们讨论了关于自我身份认同的问题,我们注意到拥有身份就意味着自我反思,而自我反思的过程可以通过两种方式得到实现:第一,在笛卡儿哲学传统中,身份被置于明确的意识中,自我形象被认为是内省的结果;第二,通过媒介进行叙事,我们不仅需要从自我表现中认识自己,还要从他人的反馈中认识自己。很显然,后者成为一个更容易被接纳和接近事实的方式,而我们关于万维网对自我身份认同的影响的讨论也是基于后者的。在这里,我们再次深入讨论叙事与身份认同之间的关系,只有理解了这一点,才能理解媒介的价值所在,从而更深刻地理解互联网的价值。

我们先讨论前一个问题，这里要介绍法国哲学家保罗·利科的学术观点，他是一位继承了胡塞尔和伽达默尔的思想的哲学家。2000年，他因为"革新了解释学、现象学的方法，扩大了对文本解释的研究，包括广泛而具体的神话领域、圣经注释、精神分析、隐喻理论和叙事"，而被授予了京都艺术哲学奖。他的最大贡献是把哲学诠释为一种解释学的活动，通过解释文化世界中的现象来解释存在的意义。因此，在他的著作中，讨论了叙事在人类身份的体验和构成中所扮演的媒介角色是如何体现相关的理论和逻辑的。这里就要提到"三重模仿"的概念了，利科认为人们的生活的叙事不是给定的，而是通过我们的行为获得的，并在这种行为中实现了身份的构建，这个构建过程就被称为"三重模仿"。

这里需要理解模仿的概念，因为我们在生活中所做的每件事情，都有一种预先的想法，而这些想法是起源于我们在生活中通过实际体验得到的结论：我们在具体的生活实践中，区分动机和利益，寻找目标和价值，试图实现某种生活理想，也就是构建了一个属于自我的隐匿的叙事。而我们所有的行为就是基于这样的叙事逻辑去构建的。简单来说，我们的生活就好像戏剧一样，不同的生活体验就像不同的情节，将所有因素融为一体从而实现建构，而这个建构的结构即生活成了一个戏剧故事，这个戏剧故事在时间和空间上是统一的，它们的统一性来自我们对世界的理解和内心的欲望。大多数时候，我们都在朝着心里的某个生活理想而努力，这是我们生活的主轴。而少数时候，我们会偏离这个主轴，去做一些和实现生活理想无关的事情，从而形成了一个动态的生活过程，这就是利科关于生活本质的戏剧表达。

在利科的眼中，我们每个人的生活，就是通过讲述故事来构建的，叙事身份不只是一种语言的表达，而是一种建构我们生活和人生的过程。我们自己之外的所有社会要素扮演了我们生活中的不同角色，也就是自我身份与外部环境发生了复杂而深刻的融合。第一，我们通过生活在我们故事中的其他人来认同自我的身份，因此我们所处的文化形态非常重要，如果我们大多数人生活在互联网中，那么互联网媒介的文化价值和认同就对我们的生活影响非常大。第二，我们在不同人的生活中扮演了不同的角色，也就是多元自我现象的出现。简单来说，我们通过自己的行为给他人编造不同类型的故事，而这些故事是他人理解我们的存在的基础。因此，在互联网中，我们在不同的网络关系中扮演了不同的角色，我们要做的就是通过自己的行为去构建这个角色。第三，由于叙事过程中总是包含他人，因此，在塑造身份的过程中，他人对自我叙事有着非常重要的作用。因此，在互联网中，你的社交关系和互动关系能够帮助你塑造更好的自我叙事。

总结一下，我们通过研究叙事的方式是如何建构自我身份认同的，了解了生活如同戏剧，并不只是一种隐喻，而是一个真实发生在我们人生中的过程。我们每个人都拥有自己的个人意志和生活理想，通过实践来表达这种叙事和理想就是我们生活的主轴，而万维网则提供了更加丰富的自我表达和身份认同的形式。随着互联网越来越深入我们的生活，互联网所构建的文化环境和社会土壤会更加深刻地改变我们的自我身份认同，从而改变我们理解世界的角度。接下来我们就讨论互联网是如何帮助我们形成虚拟自我，从而形成虚拟空间的新身份的。

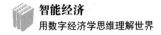

智能经济
用数字经济学思维理解世界

虚拟自我形成

关于虚拟自我的哲学思考,是理解互联网对现实影响的重要哲学话题,不过大多数时候都是围绕网络伦理的角度去研究的,如网络功能异化、网络传播、网络社交及青少年的自我认同等。这里要通过虚拟认同的历史视角来讨论虚拟自我存在的哲学基础,这样才能深入洞察这个概念和技术的本质。这里我们分为两个部分来讨论:互联网出现前的虚拟自我、互联网时代的虚拟自我。这两个部分分别代表了网络技术出现前后人们的虚拟身份认同的状态,它们所面临的问题和挑战也截然不同。

首先我们介绍互联网出现前的虚拟自我的建构历史,这通常出现在不同历史时期的文化认同上。例如,古希腊和古罗马时期的虚拟自我寄托在神话和艺术创作之中,人们相信自我是"半神",只有摆脱了人的肉体且又能掌握理性和智慧的灵魂才能成为"真神"。此时期的人们,就将想象的自我寄托在神话和艺术创作中,人成为生活在自然界中的不成熟的神。中世纪时期的虚拟自我,是在宗教和神学的理论中所塑造出来的。基督教通过"原罪"的理论和死后升入天堂的想象来帮助当时的信徒们构建虚拟自我。这样的自我并不是半神,反而是生而有罪的个体,需要通过虔诚的侍奉才有可能脱离这样的罪恶,因此,上千年间,自我都带有一种负面的、消极的个体思考。

到了近现代,启蒙运动的崛起使得虚拟自我又发生了改变,人们通过理性和经验来思考世界。这个时期的自我是矛盾的:一方面,人们在现实当中认同了自我的存在,尤其是人类对自然的控制力,使得人类抛弃了与上帝的契约从而进入了科学的怀抱；另一方面，人们也开始反思过度工业化带来的负面影响，通过对乌托邦的想象和追求，将虚拟自我投射到乌托邦的世界中进行构建，而这也是现代社会主义运动的思想根源之一。

从历史维度去看，在互联网出现之前，虚拟自我的理想化建构，所面临的问题就是现实和理想的巨大差异导致的自我冲突。正如德国哲学家费希特所说："我既是主体，又是客体，而这种主客同一性，这种知识向自身的回归，就是我用自我这个概念所表示的东西。"也就是说，人拥有理性的自我，也有感性的自我，前者以"纯粹自我"的形式存在，后者以"经验自我"的形式存在。生而为人的主要目标之一，就是"纯粹自我"和"经验自我"的统一，现代意义上的自我同时强调独立的人格及自我约束的能力，这也是现代性的基本要求。

然后我们来看互联网时代的虚拟自我。人们进入了网络空间，物理上的身体并不需要在场。因此，人们摆脱了在物理世界互动所受到的种种约束，只在人们意识中构建的虚拟自我获得了可以在现实层面出现的机会。从现代心灵哲学的观点看，虚拟空间中的自我问题实际上就是心身关系问题，也被称为"随附性生活"问题。由于网络化生活是基于"身体不在场"而实现的，这就注定了虚拟主体的心灵和互联网世界存在的复杂关系，这里我们对互联网中的心身关系进行分析。

首先我们来讨论随附性的概念。这个概念最早可以溯源到古希腊哲学家亚里士多德的《尼各马可伦理学》，主要用于指代两个事物或者属性中的一种伴随属性，这个词汇的概念和现在的内涵大有不同。

真正使得随附性概念定型并成为当代哲学议题的是哲学家戴维森和金在权,这里我们主要讨论前者的工作。早在 1970 年,戴维森受到哲学家黑格尔的影响,将随附性概念从个别提升到了普遍哲学的高度。他认为"心灵活动即身体活动,但这不意味着我们能够将生活法则套用在精神上"。也就是说,心灵与身体行为之间是重合关系,即使不是如此,至少心灵和身体是存在某种随附性关系的。简单来说,心灵特征某种程度上是伴随着某种生理特征的,二者并不能强行分开。因此,虚拟生活世界的纯粹心灵活动并不存在,我们不能单纯地把在虚拟世界的生活当作身体和心灵的决裂过程。如果我们将互联网看作一个整体,本质上它就是我们心灵、自我与社会之间的映射,或者是一种虚拟性话语的表征过程。也就是说,虚拟世界中心的行动原则和根据还是现实中的逻辑和特质,这就是戴维森所谓的"行动的基本理由就是它的原因"。

理解了随附性以后,我们知道了身体和心灵之间不可分割的关系,接下来我们不得不承认的现实是,在虚拟世界身体和网络是疏离的。例如,新闻经常报道的网瘾现象及沉溺于游戏的群体,就是虚拟世界和现实世界在某种程度上的疏离带来的后果。我们看到随着虚拟现实技术的发展,人们更容易沉浸到虚拟世界的体验中,从而使得人们能够脱离现实而生活在另外一个完全不同的场域之中,这就造成了"身体的缺席"或者称为"身体不在场"的现象。

我们应该从 3 个角度进行理解:第一,"身体不在场"的现象导致了人们主体性概念的缺失,也导致人们的交流产生了根本性的范式变革。第二,正因为"身体不在场"现象的存在,使得知觉不再是对某些事物的占有,而是成为了身体的内部世界。也就是说,我们面临的世界一分为二：既有处于我的身体之外的实在世界，也有区别于前者的世界。互联网所构造的虚拟世界之所以吸引人，就是因为拥有让人的心灵主体能够主动撤离身体的能力，造成了多重身体和心灵远程呈现的现象。当然，不管心灵以什么方式存在，都会保有主体心灵的内涵，而不会因身体不在场被完全遗忘。第三，人的身体与互联网的疏离性显示了虚拟主体的超越意向，但是这种网络空间的身心分离现象并不是本质上的完全消失和不存在，而是一种暂时性的告别。

最后，我们讨论心灵和互联网世界的关系，也就是讨论互联网如何塑造现代人的心灵世界。我们可以认为，心灵与互联网世界的意识是可以互相转换的，互联网通过其特殊的技术理性的方式塑造了现代人的心灵世界。如果说现实世界是通过"共时性、空间上的接近以及性质和内容的相似性"来塑造心灵，那么互联网则是通过"身体的不在场"现象塑造的。互联网对个体心灵的影响，可以理解为一种现代"公共的物理世界"的中介，也可以理解为虚拟实在的"经验世界"的表征过程。虚拟世界的自我认同，在根本上就是虚拟身心同一论的体现，从某个角度说，心灵与互联网世界的互动是我们虚拟世界生活最重要的价值。没有心灵感知的互联网互动，也就没有了其价值，意向性产生于网络行为和心灵感知的互动过程中。对于现实社会，这也是一个人类"心灵再发现"的完美契机，提供了一个"身体不在场"的公共空间。

总结一下我们讨论的内容，我们讨论了互联网出现之前和互联网出现以后的虚拟自我的认同，在互联网时代之前，虚拟的自我认同更多的是通过文学作品及意识形态来表达，因此，具备非常深刻的文化属性。在互联网时代，虚拟的自我认同是一种"身体不在场"的互动行为，我们通过心灵哲学的理论和随附性来解释这样的现象，从这个角度我们能够更加深刻地理解心灵、身体与互联网之间的联系。

价值互联网思考

技术让人类更尊重和维护彼此的权利；同样地，技术让人类能够有更多的新方式去侵害彼此的权利。

——阿尔文德·纳拉亚南

上文我们讨论了互联网的哲学，以及虚拟实在、叙事性等话题，从其中我们理解了互联网对个体的自我叙事及身份认同的深层次影响。正如被称为"互联网之父"的伯纳斯·李所说："开放是互联网存在的基础，但审查、监视、权力集聚对这一基础的威胁越来越多，我们非常担心……为了获利，大量程序自动访问垃圾博客和网站上的广告。高质量的网站也是如此，被过载了大量广告和追踪器，以至于使用广告拦截器才是上网的唯一安全方式。每一次点击都充斥着监测和金钱的味道，我们被迫浏览了大量重复内容。"随着网络越来越中心化，互联网所包含的开放与共享的核心价值受到了挑战，我们知道互联网价值的基础是分散的、存在冗余的体系。与此同时，2008年爆发的金融危机让人们意识到，中心化的权力机构是多么脆弱和不安全，而中心化的金融大鳄们"大而不倒"的现象正在极大地增加金融市场的风险。与此同时，以比特币为代表的区块链技术兴起了，分布式共识体系就此形成,从而奠定了未来价值互联网的基础。这一节,我们就来讨论区块链这一技术趋势的本质,以及我们关于未来价值互联网的思考。

区块链本质

区块链是一个非常时髦的话题,不仅仅因为它是一个科技概念,更因为它被认为是继互联网之后最有可能改变现有商业与经济秩序的技术。与互联网刚出现时一样,太多外部浮躁的声音掩盖了关于区块链本质的讨论,尤其是对于利益的追求,使得区块链在金融领域被大肆滥用。我们在这里需要做的就是正本清源地去讨论区块链这一技术范式与互联网技术之间的关联和差异,以及区块链所涉及的诸多基本概念的内涵,如加密数字货币、智能合约、状态机等。希望通过对这些内容的梳理,建立读者对这一信息技术的整体认知,达到以正视听的效果。

首先我们从互联网谈起,我们看到从万维网的创始人伯纳斯·李到凯文·凯利,都主张互联网的基本原则之一是开放与共享。开放是互联网存在的基础,而任何人都可以在网络上分享信息则是互联网促进经济和知识进步的根本原因。事实上,无论是出于政治的原因还是商业的动机,互联网正在越来越多地受到干涉,例如,Facebook 和 Google 被广受质疑的原因之一就在于它们掌握了巨大的互联网用户信息和数据,但是没有人为它们制定合理的规则,互联网的去中心化受到了很大的威胁。区块链技术的出现则象征着互联网权力从中心向边缘移动,从数字货币兴起的这一轮技术浪潮开始逐渐推动了互联网基本秩序的重塑。我们可以将过去 30 年互联网的影响力总结如下：第一，大量互联网应用的普及，引导了整个经济生态的变化及人们行为的变化，因此，导致了大量行业转型或者被淘汰。第二，互联网很大程度上改变了信息运行的规则，并因此改变了媒体和政府信息沟通的逻辑。第三，互联网重塑了人们的精神世界，开放和共享的精神成了整个信息文明的核心价值。那么，我们可以将区块链视为在互联网技术基础上的新一轮技术革命，其去中心化和加密信息的概念会使得互联网进入新的时代。

然后我们讨论区块链的基本原理和概念。我们将区块链看作一种数据库应用程序或者看作一个数字签名声明的日志。简单来说，我们现在使用互联网的方式是通过登录服务器验证身份，但事实上现有的方式无法真正证明你的身份，也无法保证未更改事件的顺序。因此，区块链提供了一种数字签名的技术，这种技术能够保证以确定的顺序来处理信息，并且这个信息是基于共识的。

这里面包含 3 层意思：第一，确定的顺序，意味着所有基于区块链技术的信息的释放和记录都遵从同样的程序。这样的机制保证了信息的去中心化的实现，而不需要某个中间服务器，所有节点都以确定的顺序运行程序。第二，基于共识的思想，这实际上定义了财产权，在现有的经济模式中，是由政府或者金融机构来告知和保证每个人的所有权。使用区块链技术，每个人都可以通过确定性的规则核实所有权的转移，因为我们能够通过运行代码看到所有信息。这就意味着每个人都拥有了信息备份，因此，就能够实现基于共识机制的财产权的重新定义。第三，所有权的转移，这涉及社区的概念。区块链是一个交易日志，每个交易是在特定的社区中所做的请求，而所有的交易都基于哈希算法完成了数字签名。这就意味着，社区的共识决定了区块链的信息唯一性，区块链中的所有交易通过状态机确定，每个参与社区的人都会被每个节点检测，这就保证了整个社区交易的公开和透明。

最后我们讨论区块链的重要概念，这里有 3 个基本的概念：加密数字货币、智能合约、状态机。

我们先讨论加密数字货币的概念。区块链技术从兴起开始就和加密数字货币有着密切的关系，无论是最早的比特币还是以太坊，都是人们关注的焦点。而我们要理解的是，加密数字货币只不过是区块链技术的应用，是用来帮助区块链社区内实现价值流动和规则的方式，而不是全部的区块链技术。更现实一点说，在这个阶段，加密货币更大的价值在于由区块链形成的社区的价值流动和衡量，而并不适合进入法币的世界与传统货币进行竞争。可以这么理解，数字货币技术实际上解决的问题是，使得互联网从信息互联网转变为价值互联网，过去被认为是价值的事物，通过技术被映射到数字世界中，从而获取了价值。

智能合约的理念可以追溯到 1994 年，几乎与互联网同时出现。曾经为比特币打下基础，从而备受赞誉的密码学家尼克·萨博首次提出了智能合约（Smart Contract）这一术语。他对于智能合约的定义如下："一个智能合约是一套以数字形式定义的承诺，包括合约参与方可以在上面执行这些承诺的协议。"从本质上讲，这些自动合约的工作原理类似于其他计算机程序的 if…then 语句。智能合约只是以这种方式与真实世界的资产进行交互。当一个预先编好的条件被触发时，智能合约便执行相应的合同条款。智能合约的特点在于：自治、自足

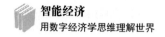

和去中心化。自治意味着合约一旦启动就会自动运行，发起者无法进行任何干涉。自足意味着智能合约可以自足获取资源，通过提供服务或者发行资产来获取资金。智能合约技术的出现实现了"代码即法律"的技术设想，能够通过技术的方式保证陌生人之间信任和共识的存在。

状态机的概念则涉及了区块链的能力边界，并不是所有的内容都能纳入区块链的范式中。状态机就是记录和协调某个时刻事物所处状态的计算机或者设备。给定某些特定输入，状态机就会对输入发生反应从而改变相应的输出。这个特质说明了区块链的技术本质，正是对状态迁移的密切关注才导致其加密性的存在，这与传统数据库有着本质的区别。

总结一下，我们讨论了区块链与互联网之间的关系，理解了区块链可以被认为是价值互联网的实现这一观点，由于互联网现在已经越来越背离其去中心化的共享与开放精神，因此，区块链的出现提供了这样的技术范式。然后我们讨论了区块链的几个基本概念，理解了区块链的本质是数字签名的日志，通过加密算法的使用及去中心化的智能合约，实现了区块链社区的共识及代码即算法的技术理想，这是我们讨论和理解区块链最重要的逻辑。

加密的货币

在讨论了区块链的基本概念以后，我们来看看区块链最重要的应用：加密数字货币。实际上加密数字货币的历史最早可以追溯到1983年，荷兰数学家大卫·乔姆发明了首个数学现金系统，也就是电子货币协议。只是当时的世界并没有准备好迎接一个技术协议来解决货币问题，而且当时乔姆的方案是一个中心化的电子系统，通过使用中心化的账本来确保双重支付问题的解决。毫无疑问，区块链技术发展至今，最重要的应用场景就是数字货币。下面我们讨论 3 个关于数字货币的话题：比特币、以太坊及加密货币的核心要素。通过这 3 个话题的讨论，希望为大家梳理加密货币的本质，以及发现和理解去中心化的 Token 经济能为我们带来什么样的价值。

首先讨论比特币，我们前文提到的万维网之父伯纳斯·李在 1990 年创建第一个万维网网页时，他写道："一旦我们通过万维网连接信息，我们就可以通过它来发现事实、创立想法、买卖物品，以及创建新的关系，而这一切都是以在过往时代不可想象的速度和规模来实现的。"很显然，这个简短的声明已经预言了包括搜索、电子商务、电子邮件及社交媒体等应用。而加密货币的发明者中本聪在 2008 年发表的论文《比特币：一种点对点的电子现金系统》则被认为奠定了基于区块链技术的加密货币的理论基础。

简单梳理一下比特币的历史，可以看到中本聪发明了 3 个基本的新事物。第一个是新型的去中心化协议，也就是区块链平台。基于去中心化的思想设计的平台使得系统内所有不同参与者不会被其子集利用，从而保证了系统的公开和透明，这就是信任机制的建立。第二个是加密货币，也就是比特币，比特币被认为是迄今为止最有价值的数字货币，也被认为是黄金 2.0。正是比特币的出现才使得区块链得以被重视，才使得这个领域从诞生伊始就产生了非常有价值的应用。我们看到，每天都在产生大量的数字货币，传统的金融机构也在支持数字货币的产生。2018 年 5 月 15 日，媒体报道首个由纳斯达克支持的加密货币交易所 DX 即将推出，预计将支持比特币、比特币现金、以太币等 6 种加密数字货币的交易。数字货币的发明逐渐受到各种金融机构的认可，使得价值能够从现实映射到信息网络之中。第三个是基于 Token 的加密经济学，实际上数字货币背后是一整套经济学逻辑。加密经济学与传统经济学的差异在于，它通过鼓励使用者分享资源，来保证交易的流通效率。与此同时，通过加密的方式，保证交易的透明度和安全性。从这个角度来说，加密经济学才是中本聪最重要的发明。

然后我们来讨论以太坊。以太坊是 2013 年由程序员维塔利克·布特林所发明的系统，是一个开源的拥有智能合约功能的公共区块链平台，它通过其专用的加密货币——以太币提供的去中心化的虚拟机来处理点对点合约。以太坊的推出，使得程序员拥有了能够开发自己代币的底层协议系统，他们可以基于以太坊开发自己的应用。目前，以太坊每天要处理上百万宗交易，而其他所有的区块链生态圈加在一起的处理量也只有其一半左右。随着以太坊的推出，也就产生了不同变种的代币。简单来说，以太坊是一个开源的区块链底层系统，就像手机的安卓操作系统一样，提供了非常丰富的 API 和接口，让程序员可以快速开发出各种区块链应用。基于以太坊上的智能合约，能够控制区块链上各种数字资产以进行复杂的操作，简单来说，就是区块链为智能合约提供可信的执行环境，智能合约为区块链扩展应用。

最后我们来讨论加密货币的核心要素。第一个要素是数据库系统，不管是比特币还是以太坊，都可以看作一个数据库系统，这个系统将所有的交易分成不同的区块和链接，然后通过验证这些交易和区块，形成最初的区块。区别在于，比特币提供的是长串区块，而在以太坊中提供的是树状的区块。第二个要素是加密代币，也就是 Token。

这种代币是基于非对称密码机制的，因此，具备一定的价值并且高度安全。第三个要素是点对点网络，这保证了区块链系统的去中心化机制的形成，也就使得整个系统的交易是公开透明的。第四个要素是共识形成算法，也就是共识机制。利用区块链构造基于互联网的去中心化账本，需要解决的首要问题是如何实现不同账本节点上的账本数据的一致性和正确性。这就需要借鉴已有的在分布式系统中实现状态共识的算法，确定网络中选择记账节点的机制，如何保障账本数据在全网中形成正确、一致的共识。加密货币有几种通用的共识算法，其中 PBFT（拜占庭容错算法）和 Raft（分布式环境下的一致算法）是联盟链和私有链常用的共识算法，而 PoW（工作量证明机制）和 PoS（权益证明机制）是公有链常用的共识算法。第五个要素是虚拟机和编程语言，以太坊备受重视的原因之一就是提供了虚拟机和编程语言，这样就使得程序员可以存储每个交易之间的状态，能够解决开发者的实践和应用门槛问题。

总结一下，我们讨论了两种重要的加密货币：比特币和以太坊。通过对这两种加密货币的特质的讨论，也理解了加密货币的一些相关概念，包括数据库、加密代币、点对点网络、共识机制、虚拟机和编程语言。正是有了这些技术基础和概念，才能建立起庞大的区块链系统，才能为未来的价值互联网的形成提供坚实的基础。

价值互联网

在讨论了关于区块链技术的基本概念以后，我们需要梳理一下区块链技术为经济和商业带来的价值重构。按照诺贝尔经济学奖得主迈克尔·斯宾塞的观点，数字技术以信息流的方式改变着全球价值链。从这个角度来说，区块链使得全球进入了加密经济时代，也进入了共识经济的时代。一方面，这使得参与者能够接触到更大的市场，更容易获得知识与技术。另一方面，通过共识机制，有可能改变经济运行的内在契约和制度要素。本节我们就从区块链带来的经济和商业领域的价值重构来讨论区块链技术的影响。

首先我们从区块链本质，即分布式账本的角度进行讨论。区块链技术应用的伊始，就是发明了一整套全新的账户体系，包括数字货币、分布式账本和加密账户。这种改变是颠覆性的，过去500多年的商业史中，最重要的发明之一就是起源于威利斯的复式记账法。学过会计的读者应该知道，复式记账法的特点就是将借方、贷方、资产、负债、收入和支出等要素都做了记录，能够看到现金和权益的流动。正是复式记账法的发明才使得今天的现代商业得以出现。

分布式账本则是新的革命性应用，主要体现在3个方面。第一，分布式账本是基于分布式数据库建立的，其记录的不仅是数字，还有信息，这符合我们将信息哲学作为第一哲学的逻辑。信息的流动效率比资本的流动效率高，也更有价值。第二，分布式账本是基于共识的机制，因此，所有人在特定社区中都在记账，并且共享这部分信息的价值。第三，分布式账本的记录是全链条的，基于我们前文所说的状态机的机制，通过加密的方式使得这部分信息成了不可篡改的信息，从而实现了尼葛洛庞帝所说的"数字化生存"这一重要演变。换句话说，分布式账本的出现使得人类经济正在发生从物理空间到信息空间的转变，从而构建了数字时代的经济基础。

然后从区块链对组织影响的角度进行探讨，这里我们先要讨论社区的概念。在区块链的世界里，社群组织（DAO）是基本的组织单位。我们看到区块链技术使得加密社区成为可能，人们可以通过加密的方式使得每个人的身份都是唯一的，并且通过数字货币的方式给唯一的身份赋予价值，这使得新型的社区组织得以成为可能。在区块链世界里，传统的企业组织架构是不必要的，一方面，是因为区块链是开源和加密的，天生没有企业中的组织和产权概念。另一方面，区块链的组织形态继承了互联网中 Web 2.0 等自组织社区的形态，如维基百科、BBS 等，但是又由于其加密特性使得这样的组织发生了本质的变化。这里我们可以将人工智能和区块链放在一起看，人工智能的核心是算法和数据，改变了整个经济模式的生产方式。而区块链技术背后是利用哈希函数保持数据的一致性和不可篡改性从而建立的分布式账本体系，因此，会改变整个竞技模式的生产关系。从这个角度来说，二者共同构成了未来信息经济的基础模式，也实现了信息哲学在现实世界的具象化。

最后我们从价值观角度讨论区块链技术，尤其是其继承了互联网自由、开放和共享的价值理念。很显然，区块链创造出的是去中心化和去中介的结构，而这样的结构对现实世界的改变，很大程度上会造成核心价值观的改变。前文提到过，任何技术社会形态都有其核心价值理念，这是一个社会形态的内在灵魂和文化核心。而互联网思想中蕴含的自由、开放和共享精神是整个信息文明的核心价值理念，也是其思想基础和精神支柱，因此，区块链技术的产生也是对这种核心价值理念的继承和重塑。正如马克思所说，工业社会发展的结果是，"过去那种地方的和民族的自给自足和闭关自守的状态，被各民族的各方

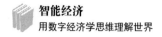

面的互相往来和各方面的互相依赖所代替了,物质的生产如此,精神的生产也是如此"。

以区块链为代表的新技术正在使得信息和知识成为最重要的要素,而共享则是信息最主要的价值。通过共享和共识使得信息"共享增益"的特点得到最大化的发挥,从而实现了整个人类文明的共识机制的达成,这是我们对区块链技术的核心价值理念的重要分析基础。

总结一下,我们讨论了区块链技术对现实世界的价值重构,从区块链的分布式账本的机制到区块链社区对组织形态的颠覆,我们理解了区块链对现实经济形态进行变革的核心价值。最后,讨论了区块链继承自互联网的自由、开放和共享的核心精神,正是基于这样的精神,才使得信息文明得以实现,才使得人类世界有可能成为更加公平和有效率的世界。

第五章　现代文明的悖论

💡 自然契约的终结

我们不要过分陶醉于我们人类对自然界的胜利,对于每一次这样的胜利,自然界都将对我们进行报复。

——恩格斯

在讨论了自我身份认同的问题以后,我们需要关注的是,在人类思想发展历史上,有哪些关键的事件和节点对人类的自我身份认同产生过巨大的影响,以及这些影响的思想轨迹和内在逻辑是怎样的。我们在本章要讨论的就是科学革命和启蒙主义兴起时期的思想家们带给人类自我认知的思想巨变,以及这些变化导致的文明本身的内在逻辑的变革。我们会讨论哥白尼、弗洛伊德、笛卡儿、康德等影响了现代人类的思想家们的哲学思考,以及这些思想是如何推动当代思想的现代化转变的。只有知道这些思想起源,才能了解互联网带来的改变和认知重启意味着什么。

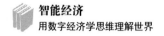

契约的终结

首先我们讨论人类与自然的契约是如何建立的,以及人与宗教的契约是如何终结的。要意识到的是,自从人类诞生、拥有主体意识以来,人类就成了独立自然界的人,自然界成了独立人的自然界,因此,就产生了人与自然之间的契约。在这个时期,人类与自然和谐相处,以古希腊哲学家为代表的自然主义哲学成了最重要的思想。然而,由于早期自然对人类生存形成了巨大的挑战,因此,人类很早就产生了原始的宗教,继而随着人类文明的发展,宗教的力量代替了自然的力量,成了人们精神的主宰。这一方面造成了人们对自然契约的背离,人与自然之间的相处不再和谐,产生于古希腊的对自然的探究和思索精神也被遮蔽。另一方面,人的世俗化生活沦为手段,宗教生活成为目的。人们在长达上千年的世界里,将自己看作微不足道的生物,而把生活奉献给全知全能的上帝,作为"迷途的羔羊",听从上帝的教诲。

当时间来到了近代,人与宗教之间的契约结束,人和自然之间的契约才得以被重新发现和表述。由于笛卡儿、培根和牛顿等思想家和科学家的贡献,在15~17世纪,人类建立起了关于世界的现代世界观,培根和笛卡儿通过经验主义和理性主义表明了两个与现代思想密切相关的认识论的依据,由古希腊延续下来的人类理性主义思想在漫长的中世纪以后得到了再次表达。而思想的变革引发了科学的革命:牛顿通过培根归纳的经验主义方法和笛卡儿演绎的数理主义系统的应用,取得了对物质世界的现代理解,认为世界是机械的、有秩序的,从而结束了人类与宗教之间的契约,认为人类之所以是优秀高贵的造

现代文明的悖论
第五章

物,不是因为上帝赋予了恩赐,而是由于个体的理性和认知,是因为人类掌握了自然的规律,拥有了驾驭自然力量的能力。

这种新的意识和观念带来了整个人类文明的巨大发展,具体表现为3个重大事件:文艺复兴、宗教改革和科学革命。它们共同结束了欧洲教会的思想统治,确定了现代世界的人文主义思想和世俗精神,而科学在这个过程当中成了人们的信仰。当时的人们生活在一种昂扬向上的氛围之中,人类拥有新的意识和对世界的好奇心,对人类理性有着充分的信心,认为自身拥有改变自然的才智和能力,不需要上帝和宗教的权威,因此,那个时代也被称作为人类思想的黄金时代。

从历史发展逻辑来说,中世纪的宗教(天主教和新教关于上帝思想的解读)无法解决自身的矛盾,因此,不再拥有支配文明的力量。而科学在这个过程中成为主导文明的力量,一方面是因为其在认知上的确定性和客观一致性上拥有非常强大的震撼力和影响力,另一方面是因为它继承了来自古希腊的理性主义,让人类知道了每个人自身的理性能带来客观的关于经验世界的观察。由于科学革命的影响,人类获得了发现知识的新方法和新的世界观(更准确地说是宇宙观),而牛顿和哥白尼的发现则通过数学的计算和技术的发展验证了人类关于宇宙的观察的正确性。这使得人类摆脱了静止的有限的世界观,也就是来自经院哲学的亚里士多德的世界观(基督教的世界观),而进入了牛顿—哥白尼的机械论的宇宙观。对于人类来说,实在的本质发生了革命性的变化,世界的边界、存在和内在逻辑都已经有了新的变革。

由于旧的秩序结构——绝对君主权力、贵族对平民的特权、宗教对思想的压迫都在被新的事物所代替,传统的君权神授也被社会契约

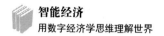

所代替,因此,那个时代也发生了类似法国大革命那样的政治革命。洛克、卢梭、孟德斯鸠及其他启蒙主义思想家也带来了关于现代社会和政治体制的新的论述,因此,在人类和宗教的契约结束以后,现代政治和社会结构也发生了巨大的变化。民族国家的思想开始出现,而构建现代世界的社会基石和基本认知观念也都在那个阶段基本形成,这也体现了文明发展的底层逻辑:人类生活在思想家所建构的思想通道上,当思想改变以后,文明和社会就会发生巨大的变革。

正如马克思所指出的"任何一种解放都是把人的世界和人的关系还给了自己",文艺复兴运动的核心就是实现了人类思想的解放。正因为文艺复兴运动的发展,才使得人的价值得到了肯定,促使人们开始通过科学来探究世界的本质。"礼拜堂日趋没落,实验室欣欣向荣",人的高贵被重新定义,不再和宗教及等级有关,而是按照每个个体的贡献和价值去评判。正是文艺复兴的哲学观念,才让人们从中世纪的思想禁锢中解脱出来,从而获得了真正的自由。简单来说,文艺复兴为思想解放扫清了障碍,打破了经院哲学的统治,各种世俗哲学的兴起让人成了"真正"的人。

最后总结一下,现代世界以前的人类思想是由宗教和上帝所统治的,上帝建立了物质的世界和永恒的法则,成为推动世界发展的"第一动力"。而随着理性主义和经验主义为代表的思想的变革和发展,人类结束了与神的契约,转而更加依赖人类自身的理性和经验。人类发现自然规律的动力也逐渐从实现上帝的意志转变为找到固有的秩序,中世纪的人类认为没有上帝的神启就无法完成对宇宙本质的理解,而现代的人类则认为人类凭借自身理性就能理解宇宙的秩序——

现代文明的悖论
第五章

因此,人文主义就诞生了。

现代世界观

在科学取代了宗教成为整个现代文明的定义者和守护者以后,人类的理性和经验也就取代了神学和宗教成为人们认知世界的主要方式。宗教被迫和形而上学的领域区分,逐渐脱离了客观的可感知的世界的范畴,而成为个人的、主观的、心灵的领域。人们开始认识到,宗教掌管的世界,是包含超然实在的世界,是用来安慰人类内心和情绪的港湾。而掌管现实世界的两大基础,则是理性主义和经验主义,前者肯定了人类的理性和智慧,最终发展为人文主义。后者肯定了物质世界是唯一的实在,最终发展为唯物主义。我们知道,无论是理性主义还是经验主义,都或多或少继承了古希腊时期的理性思辨的思想传统,因此,在这个部分,我们来讨论现代的世界观与古希腊时期世界观的差异,弄清楚现代世界观的内涵。

我们回到古希腊时代的哲学世界,可以看到无论是赫拉克利特的逻各斯的假说,还是德谟克利特的原子论,都反映了古典时代世界观是以地球为中心的、有限的、分等级体系的,从泰勒斯到毕达哥拉斯,每一个重要的古希腊哲学家对宇宙的见解都基于这个基本的认识论,后来者如柏拉图则更加细节地认为宇宙是众多恒星每日环绕地球这个宇宙中央所形成的系统。正是这样的世界观,才导致中世纪的基督教能够主张地球中心论的原动力来自上帝,并用宗教符号对整个宇宙观进行了解释,而现代的世界观则认为地球并非宇宙中心,人类也并非上帝选民,而是与其他动物一样是通过物种演化获得了竞争的优势。

古希腊时期的思想为现代世界观提供了很多思想来源和理论框架：无论是毕达哥拉斯的数学、柏拉图研究的行星问题，还是欧几里得的几何学或者托勒密的天文学，甚至是德谟克利特原子论中的机械唯物主义，以及亚里士多德和苏格拉底关于理性和经验思想的初步讨论，都是整个现代思想的来源之一，虽然在当时很多现代思想者与科学家拒绝承认这一点，但实际上科学革命的发展显然深受这些思想家的影响。例如，笛卡儿的思想中，包含毕达哥拉斯和新柏拉图主义中的神秘主义的思想内涵。而伽利略和开普勒则受到了占星学的影响，前者是在占星学的激励下进行的科学研究，后者则基于占星学发明了望远镜。最为明显的是伟大的科学革命巨人牛顿，曾说自己对于占星学的兴趣激励自己进行了划时代的数学研究，且晚年相当深入地研究了炼金术。因此，刻意割裂古希腊的哲学与现代文明世界观的联系是非常不合理的。简而言之，希腊哲学为科学准备了全部的思想基础，在文艺复兴后被再度发现，成为科学革命的思想根基。在希腊哲学家看来，世界的本原和万物的本原是他们关注的中心话题，他们试图在其中找到世界的本质，其中蕴含了万物有机的整体生态思想。

不过，与古希腊思想相比，现代科学观拥有一种来自自身的内在的自信而少了对万物的敬畏，原因是现代世界观认为人类能够理解世界依赖的是人类自身的智慧，人类可以通过智慧掌握自然和宇宙的规律。主观的思想和客观的规律在现代世界中被割裂开了，人类心灵被认为是区别于自然的，甚至是凌驾于自然的。而自然的规律和秩序则是无意识的、机械的、非神性的。宇宙本身没有任何意识或者目的，而人类则具有自由意志和个体意识，理性的能力能够控制自然中的客观事物和物质对象，这是现代世界观最重要的内涵。在这样的思想基础上，人类不仅抛弃了由神创造的宇宙所带来的信仰和神性，而且也

现代文明的悖论
第五章

抛弃了对自然的敬畏，世界不再是由神创造的永恒不变的终结性事物，而是除了物质实体，没有什么特定目标的不断变化的过程，人类将命运从自然和宗教中交还给了自己。

我们可以看到，文艺复兴和科学革命中形成的现代世界观，否定了自然界是有机体的观点，认为自然是只服从机械运动的自然法则的机械自然。文艺复兴和科学革命摧毁了中世纪的伦理，人文主义思想得以盛行，然而，哲学在向人的生态回归中却把自然的地位降低了。机械主义的世界观使得人们认为宇宙万物都可以还原为机械运动，自然冲破了宗教的牢狱，却又被科学套上了机械的枷锁。随着科学的发展，每一门具体科学都展开了越来越深入的研究，而哲学也逐渐转向分析哲学，自然也就在人们追求理性的过程中，逐渐被遗忘了。

总结一下，古希腊时代的世界观关注的是人类与宇宙及其智慧之间的完美和谐统一，人类的思想活动的目标是找到宇宙的本质，从而认识宇宙的内在规律，而中世纪宗教的世界观是人类要与上帝的思想相统一，人类的思想活动是为了认识上帝的伟大和神性而存在。而现代世界观则摆脱了与宇宙智慧和上帝智慧之间的关联，无论是自然的束缚还是宗教的束缚，都被理性主义和科学思想所打破。人类认为要凭借自身的理性去前进，人类的目标从认识自然的本质发展为控制和改造自然，人类从此走进了现代文明的浪潮之中。

世俗化浪潮

在讨论了现代理性主义思想与古希腊时代的世界观之间的联系与区别以后，我们来研究下一个重要的问题，就是现代化思想最重要的趋势之一——世俗化,也就是从基督教的世界观向世俗的世界观的转移。无论是东方还是西方的社会浪潮,在商业化如此发达的今天,都明显受到了这种世俗化运动的影响,我们需要理解这样的世俗化的内在发展逻辑是怎样的,以及对我们现在的思想有什么样的影响。

首先,我们需要认识到这种世俗化并不是一蹴而就的,而是已经经历了数百年的时间。世俗主义思想在中世纪的鼎盛时期就出现了发芽的种子,又随着文艺复兴和科学革命得到了极大的发展和强化,然后在启蒙运动中获得了大众的认同及社会的支持。而到了 19 世纪,随着工业革命的到来,世俗主义思想取得了成熟的发展。实际上,这个过程中经历了很多曲折,如科学的发现与圣经论述之间的矛盾、经验论和理性论之间的融合、宗教化的社会被民主制度替代及人们心理上从神性向人性的转化等。这个过程受到了众多复杂因素的影响,但总体方向是确定的,就是人们从信仰上帝转向相信自身,从依赖自然外物转向独立,从超验的神学转向经验的世俗等,人类脱离了静止宇宙的世界观而向动态的机械论的世界观转变。

然后我们来看看其中最突出的矛盾,也就是基督教与科学之间的矛盾是如何发展的。早期的科学家们实际上仍然是在充满宗教启示的精神动力下思考和工作的。例如,哥白尼在《天体运行论》中认为自己的工作主要是"用我的发现守卫上帝圣殿大门的荣耀",而牛顿和笛卡儿所构建的宇宙系统都是在上帝存在的假设下构建的。笛卡儿认为客观世界作为固定实体存在是因为有上帝的存在,而牛顿则认为存在一个最初的推动者帮助构建世界和宇宙。科学革命的早期,人类认为科学是用来揭示支配创造的定律,也就是研究上帝本身的工作的,科学的发现证明了上帝的荣耀,而不是贬低了它的光芒,他们把所有

现代文明的悖论
第五章

成就和智慧都归功于宗教的力量。

然而，随着科学的发展，基督教的宇宙论和科学的宇宙论渐行渐远，比如牛顿的宇宙中，并没有存在天堂和地狱的位置，上帝的奇迹也并不是无处不在，反倒是成了一个帮助设置宇宙钟表的钟表匠。人们开始不得不把基督教的信仰和科学的思辨分裂开来，科学和宗教的内在矛盾很难解决。很多宗教中所提到的超自然现象的表演和神奇预言都被科学一一戳破，而关于上帝是否存在等超自然问题则在科学中不再被讨论和重视。早期科学革命中科学家们对宗教的虔诚经过了几百年发展以后，转变为了理性主义影响下的世俗思想。而且随着科学的发展，圣经的历史被揭开，显然人们更认可其来源于人类自身的创造，因此，宗教也失去了亮眼的光环，而科学和理性照亮了人们前进的道路。

实际上，在科学和基督教之间的内在矛盾的逻辑，还有一个很重要的方面就在于，科学自身拥有一种宗教性质，大多数现代人信仰的也是所谓的"科学的宗教"。科学中所包含的自然形式的美好，进化论对生物演化的解释，人类心灵和心智的构建，都足以解释大部分我们存在世界的因果关系并揭示可能的未来。相比宗教所宣扬的神圣的智慧或者无人能理解的奇迹，科学要更容易获得大众的信赖，无论是宗教还是科学，人类追求的内在动力在于对不确定世界的不安全感，而科学带来的安全感是非常实际的。人们可以通过科学理解到，整个世界的发展和演化都可以被解释为自然万物的相互作用和随机演化的结果，且这些结果和现象都被科学所证实。因此，宗教就只能成为一个诗性的、内在的、心灵化的领域，而上帝成为"不必要的假设"，世俗化也就取代宗教成为现代文明的基本气质，科学成了新的宗教和信仰。

总结一下，本节我们讨论了世俗化浪潮的发展逻辑，科学和宗教经过了数百年的发展，从早期的科学依赖神学的光辉到科学取代了宗教的认知地位，最本质的原因在于人类内心寻求安全感的需求被科学所满足。这样的结果一方面大大解放了人类内心的主观能动性，有了改变世界的决心和自信。另一方面则带来了前所未有的后果，造成了现代人的内心无法逆转的心理创伤。这种由于试图控制自然，背离人类与自然契约的行为导致的问题，就是现代性问题，即技术对人性的异化。我们后面也会继续讨论这个问题，并试图为这个问题找到答案。

现代思想的困境

现代性面向未来，追新逐异，可谓前所未有，但它只能在自身内部寻求规范。主体性原则是规范的唯一来源。主体性原则也是现代意识的源头。反思哲学的出发点是自我意识这一基本事实，这是主体性原则的关键。当然，反思能力能够运用到自己头上，在它面前，绝对主体性的消极面也会显示出来。因此，沿着启蒙辩证法的路径，作为现代性的所有物和唯一义务的知性合理性就应当扩展为理性。但是，作为绝对知识，这种理性最终的表现形式是如此的势不可当，以至现代性自我确证的问题不仅得到了解决，而且得到了方向。

——尤尔根·哈贝马斯

现代文明的悖论
第五章

由于伽利略、笛卡儿和牛顿等伟大科学家们利用科学改变自然和认识自然世界的努力,以及卢梭、孟德斯鸠和伏尔泰等启蒙主义思想者们那些启发社会改革的思想创造,人们对以往公认的神学权威的态度发生了重要转变。在过往的时光中,圣经里的先知、教父及古代的先哲都属于人们思想上的崇拜对象,而到了现代,人们则把关注的目光放在了人类自身的成就和改变世界的能力上面,如果说过去的权威塑造的是超自然的故事,而宗教是这个故事的主角(更早的时候主角是古希腊神话里的神),那么现代思想则抛弃了中世纪的有神论和古希腊的宇宙论,来到了人文主义的国度。现代思想也就是人类故事的开始。而人类从神话故事脱离这一转变前所未有地改变了人类在宇宙中的地位,世界不再以人类为中心了,而人类的故事不仅有积极改变世界的一面,也有被宇宙和世界抛弃的一面。这就是我们要探讨的人文精神带来的变化及困境。

人类故事的悖论

首先我们要理解现代性的意义和内涵,正如赫拉利在《未来简史》中所提的,所谓现代性就是一场交易,所有人都在出生那天签订了一份现代性的契约。这份契约的内容就是人类同意放弃意义,换取改变自然的力量。因为在前现代社会中,人类受到宗教思想的影响,认为自己属于宇宙计划的一部分,属于上帝的选民,这个宇宙计划让人类拥有了意义,同时也限制了人类去改变世界和自然的能力。而现代文化则让人类抛弃了这个计划,我们不再拥有高于生活的意义,而是处在日常的自我编制的戏剧之中,再也没有天堂和地狱等待着人类,而

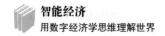

人类所做的事情就是不断追求改变世界的力量,却无法定义一个统一的关于宇宙的意义,于是,就产生了人类故事的悖论:人类不断在科学的进步之中获得改造自然的力量,与此同时也强化了人类在宇宙中漂泊不定的状态和无意义的生命内涵。

我们在这里不得不提的是哈贝马斯关于现代性的研究,他在《现代性:一个未完成的方案》这篇演讲稿中,将现代理解为"一种新的时代意识""一种与古典性的过去息息相关的时代意识"。这里我们意识到的是,现代性首先是一种时代意识,该时代将自身规定为一个根本不同于过去的时代,也就是现代性谋求的是与过去的决裂,并将这种决裂作为自己新的起点。现代性这种决裂的意图导致了两种激进意识的产生:第一种是启蒙运动依赖,在绝对理性主义的虚妄思想中造成的现代意识,认为统一的乌托邦方案能够帮助整个人类文明获得彻底的解放。第二种意识认为所有的外物都是转瞬即逝的虚妄,当下的社会制度和生活毫无意义,因为生活都是理性机械的结果,所有的结果都是决定性的,因此,导致了人对生活的绝望和无兴趣,也就是所谓"无聊"思想的产生。现代性的负面作用一方面就是绝对理性主义的虚妄,另一方面是人类对绝对理性生活的失望。

建立于科学之上的新的宇宙是一个开放和进步的世界,在这个世界中,人类凭借科学的力量和强大的理性主义将自然改造成商业和消费的世界。不过与此同时,新的世界摆脱了一切人类赋予宇宙的意义,以及其所代表的精神和人格性质。新的宇宙观里,世界是按照物理定律运行的钟表或其他的机械,没有特定的目标和理性,与人类的主观世界毫无关联。前现代故事里蕴含的种种精神的、神话的内涵,都被现代的人类解读为人类精神的投射,思想与物质、客观世界与内心意

现代文明的悖论
第五章

识成为两种完全不同的实在。因此，一方面，人类从宗教的教义和古希腊的万物皆灵中解脱了，从科学之中发现了比宗教更具有现实意义的力量。另一方面，人类与客观世界开始疏离，世界不再回应人类对于意义和价值的追求，人类在解决了生存问题以后，不再有解决精神问题的路径。

这里我们可以看到，在数千年的人类文明的发展历程中，人类故事的内涵就是，一方面逐渐解放了自己的生产力，人类的温饱问题不断被解决，人类自我的心智被开发，越来越相信自己的力量。另一方面人类慢慢丧失了对自然的敬畏，丧失了对自己拥有的特殊自然地位的信心，以及丧失了与宇宙和谐统一生存的愿望。正如西方文豪萧伯纳所说，人生有两种悲剧：一种是你没有得到你心里想要的东西，另一种是得到了。当科学帮助人类解决了温饱问题以后，人类忽然发现内心的空虚和无意义，开始怀念那个被人类自己推翻的宇宙的信仰，那个一直保护着人类脆弱内心的母体，然而，人类再也无法回去，如何填补生活意义的真空，成了现代故事中最大的问题。

最后，我们再来讨论达尔文研究的影响，他在《物种起源》中的发现和洞见，不仅让人类更确定了那个由上帝治理的，人类具有特殊地位的宇宙是虚构出来的，而且还让人类认识到，人自身也只不过是与其他动物一样的，偶然在进化过程中获取竞争优势的动物而已。人类在一瞬间获得了关于自身文明和力量的自信，又在这个过程中认识到了自身的无意义。人类认识到自己作为物种，有很大可能进化的终点就是被淘汰。从这个角度来说，达尔文的思想既解放了人类也贬低了人类，人类一方面认识到自身是地球物种进化的顶峰，是自然进化中最为复杂的生物进化的终结；另一方面人类也是一种并不高于其他

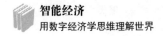

物种的生物体,人类文明发展至今依赖的是自然的力量,并不存在任何更大的意义,而按照物理学的研究,甚至连宇宙本身最后也会走向热死亡的状态——这让人类完全陷入了对人生意义的恐慌之中。

总结一下,由于人类文明的发展和成就,人们从神创造的世界当中脱离了出来,获得了前所未有的改造自然的力量和信心。与此同时,由于世界不再是神创造的,人类丧失了某种精神的高贵内涵,宇宙也脱离了某种更大的意义和语境,人类并非宇宙的中心,而宇宙也并不是为人类设计。相反,按照进化论的说法,一切都在不断演化,人类的一切都是在偶然的自然选择中得到的,也必然在自然选择中被淘汰,这让人类陷入了思想的空虚之中,也是整个现代故事中最大的悖论。

无意识的自我

我们讨论了现代文明的悖论,也就是人文主义包含的内在悖论以后,我们看到现代文明一直让我们认为人类自己就是意义的本源,自由意志也是我们与生俱来的能力。我们不需要依赖外部的神祇去指导人类前进的方向,因此,我们获得了改造自然的信心和力量。然而,我们在科学研究的道路上,发现了我们并不像想象中那样拥有自由意志,而且更可怕的是,这种无意识的自我自从人类出现就带有了,而且也验证了人性中带有无意识的基因编码,使得人们做出来的行为大多数是非理性的。

带给人类当头棒喝的是伟大的奥地利心理学家、精神分析学家、

现代文明的悖论
第五章

哲学家西格蒙德·弗洛伊德。他用达尔文的视角探讨了人类的心理，用非常有力、切实的证据证明了无意识的力量。他的结论是无意识决定了人类的行为和意志，这让人类开始怀疑自由意志的存在。一方面，心理分析学通过揭示梦、性幻想和精神病理学之间的关系，发现了符号和心理学之间的相关性，让人们意识到自我，超我和本我组成的人类心理结构，以及无意识的力量是如何影响人们的决策的。另一方面，这也给了人们当头棒喝，因为他的工作揭示了在人类理性主义的光辉之下，还有一种巨大的、潜在的、挥之不去的非理性力量的存在。这种力量比人类的有意识的自由意志要强大得多，人类的自由意志成了虚弱和脆弱的自我辩解。而相对应的，人类非道德的、内在的、反复无常的动物性才是决定人类行为的最重要因素。而那些人类高贵的品质，如理性、道德及宗教情感，只不过是人类在社会发展过程中培养的用于与他人生存竞争的概念和幻觉而已。人类发现人格和自身的自由几乎是一种自欺欺人的想法，更准确地说，在弗洛伊德看来，所有现代文明的人类，都时刻遭受到内心的自我分裂、外界的压迫，以及不断异化的自我的痛苦。

关于这种无意识对人类天性的影响，后来的学者也做了更深入的探究，这里我们介绍几位著名学者的研究成果。

首先是实验心理学家和认知科学家斯蒂芬·平克在《白板》一书中的理论，他揭示了人类在现代化过程中并非是完全理性的。斯蒂芬·平克主张通过脑科学、遗传科学和认知心理学去解读人类行为中的非理性因素，同时承认自己的非理性并不是一件令人羞耻的事情，当我们知道自己并非完全理性以后，我们才会变得更加谦卑和虚心，而不是陷入对自我和自由意志的无限膨胀之中。他还总结道，弗洛伊德所说，随着科学研究的发展，人类因为天生的自恋而受到了三次羞辱。第一次羞辱是哥白尼的日心说革命，让人类意识到地球并不是宇宙中心。第二次羞辱是达尔文的进化论，让人们意识到人并不是神专门创造出来掌管世界万物的。第三次羞辱就是心理学、脑神经科学、遗传性等研究告诉人们人类不是理性的、不是自由的，也不是天生平等的，相反，人生而不平等、不自由，也并不具备完全的自由意志。

然后我们看一下著名学者理查德·道金斯在《自私的基因》中介绍的理论，这本书并不是介绍人类有多自私的，而是告诉人们进化的单位并不是个体而是基因，个体只不过是基因的运载工具而已。打个比方，我们是车，而开车的是基因。基因创造了我们的肉体和心灵，保存它们是人类生存的内在动力，人类是基因的生存机器。不管我们做出的行为是自私的还是利他的，我们的目标都是为了让生命体承载的基因能够生存下去。当然，书中也提到了，人类与机器最大的不同就是，人类拥有一定的自我意识，可以自己去思考和决定自己的行为，通过自我教育和社会行为，能够在部分时候与自私的基因对抗，做出更加理性的选择。

最后我们介绍的是美国心理学家保罗·布卢姆的《善恶之源》中的研究，他所提及的问题是婴儿是否有道德。答案是肯定的，婴儿实际上在能够开口说话和行走之前，就有能力判断他人行为的好坏，能够产生与人共鸣的情感，这就是最原始的正义和善恶观念。但是，这也带来了另一方面的坏处，如果这些原始的道德感和善恶观并没有经过理性的内省，有的时候反倒会在成长的过程中带来恶的因素，让人们产生偏执和狭隘的判断。人性中带有这种复杂的让人无法控制的非理性，就好像社会心理学家乔纳森·海特曼在他的著作《象与骑象人》中所做的比方，人类的感性思维就是无意识，如同大象，而人类的理性思维如同骑象人，骑象人只能服务大象和尽可能去控制大象，但是不能决定大象最终的行为，我们的理性力量是有限的。

总结一下，由于弗洛伊德及后来学者关于人类心智和意识的研究，尤其是随着脑科学、遗传学及认知科学的发展，人类发现了无意识的存在及自由意志的可疑之处。人类被迫卷入了与自身本性无休止的斗争之中，科学的发展让人们意识到不仅上帝是人们在人类儿童期对世界天真的自我投射，而且人类的理性也被科学发现并验证了其不靠谱之处，人类的行为很大程度上来源于非理性的兽性的冲动，人类不仅失去了神性，也失去了对人性的完全信赖。科学的思想光辉让人类从神学中解放，也让人类自身的高贵慢慢褪去，露出了其动物性的一面，令人类感到气馁和失望，人们终于意识到，不是自由意志和理性，而是无意识的自我，决定了人类的大多数行为逻辑。

形而上学的终结

讨论了人类思想的无意识的本质以后，我们回到人类哲学思辨之中来。我们看到现代哲学的产生是与"形而上学的终结"联系在一起的，在黑格尔、康德、尼采和海德格尔之后，哲学就已经"死亡"了。不同路径和不同风格的哲学家，都在异口同声地宣扬哲学的终结，海德格尔以思想代替哲学，维特根斯坦以"语言游戏"进行"哲学治疗"，福柯以"知识考古学"指代传统哲学，利奥塔以"微观逻辑"回应"宏大叙事的终结"。我们看到哲学的终结似乎成了哲学的主旋律，当代哲学就好像患病的人，不断地和他人诉说自己有病。我们在这一节就来讨论形而上学的终结问题，以及这个问题带给我们的挑战。

首先我们来分析当代哲学的主流思想,主要有3个基本思想根源,它们奠定了当代人生活的思想基础。第一个思想根源是德国的解释学哲学,代表人物是哲学家海德格尔和伽达默尔,二人是德国现象学和诠释学领域的大师。所谓诠释学,主要的哲学任务就是揭示"在世的存在"的意义,其核心概念是"诠释",哲学使命就是打破封闭,让意义对我们开放。第二个思想根源是分析哲学,以维也纳学派的维特根斯坦和卡尔纳普为代表。所谓分析哲学,就是通过语言分析的方式进行逻辑分析。将哲学的目标划分为不同类型的命题,区分其可以说还是不可说。第三个思想根源是后现代哲学,这个领域的学派思想和代表人物较多,包括尼采提出的"上帝已死"的观念、鲍德里亚提出的超仿真理念及利奥塔提出的后现代状况与元话语的终结等理论。总体来说,后现代哲学的主要目标就是对总体宏大叙事的解构,通过解构各种宏大叙事的命题,力图适应一个文化多元的时代。最大的特点是将思想放置在艺术之中,提出将哲学的概念方法和艺术的感性化进行融合。这3种不同流派的思想都体现出了"哲学的终结"的主题,认为哲学正在宣告自己的终结,传统哲学的真理观念已经过时,取而代之的是意义的多元化和相对化。

然后我们讨论这些思想带来的问题及产生问题的原因。我们看到当代社会进入了全面娱乐及被"舆论拜物教"统治的时代。全民娱乐使得大多数人无法严肃地对待生活,而是以一种娱乐的态度对待事物。"舆论拜物教"指的就是每个人都有自己的主张,大家的主张似乎都有道理,于是,也就没有了高低对错之分。因此,一方面,各种严肃的话题和宏大叙事被消解,大家都以娱乐心态看待事物。另一方面,每个人都不敢自称掌握了真理,达成了多元舆论默契。出现这种

现代文明的悖论
第五章

状况的原因有两点，一方面，当代哲学不再追求真理，真理已经被解构，传统哲学中的本体论和认识论已经失去了其作用。由于我们无法对事物的本质进行认识，因此，没有人再愿意尝试去严肃地面对这些问题。另一方面，我们将语言问题取代了真理问题，使其成为了讨论的核心，因此，主导舆论的变成了擅长表达的明星、主持人及不同类型的文化名人等，他们主导了舆论和媒体，而哲学则无处可归。

最后我们讨论面对这样的现实，哲学存在的意义是什么。正如柏拉图所说，哲学家并不把词而是把物当作研究的起点。因此，我们需要看是否存在只有哲学能回答的问题，借此找到哲学存在的意义。至少有3个方面的问题只有哲学才能回答，第一，当今的时代是所谓大数据的时代，人们对数据有着非常大的信任。但是很多问题并不是依赖数据就能解决的，尤其是涉及道德伦理和对真理性问题的判断时。因此，当代哲学要解决数据的过度使用带来的道德或者真理缺失的问题。第二，当今社会是文化多元主义的时代，甚至还存在有负面影响的宗教激进主义、民族主义、种族主义等思想，这带来的是强烈的情绪和对理性的忽视。因此，哲学需要重新建立对理性的回归，不断通过反思来为人们的理想社会和理性思维开拓路径。第三，我们仍然身处一个不完全安全的世界，我们看到每时每刻都在发生着意外的伤害及冲突。我们在面对这样不确定的世界时，需要得到哲学带来的慰藉。通过建立内心理性而获得安定的内心信仰，这是只有哲学才能解决的问题。

总结一下，我们讨论了当代哲学面临的困境，形而上学的终结是哲学发生转向以后的结果。我们分析了影响当代思想的3种基本哲学，以及它们带来的问题。通过对这些知识的梳理，我们理解了当代哲学必不可缺的原因，梳理了当代哲学主要需要完成的目标和解决的问题。当然，我们也不得不承认，哲学的缺席和终结是现状，我们需要找到独树一帜的哲学来完成新时代哲学应承担的使命，而这也是笔者的核心工作内容之一。

科学范式的转移

> 绝大多数历史著作都关心过程和时间的发展。在原则上，发展和变化不一定在哲学中起深刻的作用，但在实践中，我要坚持哲学家对稳定静态科学的观点，也包括对理论结构和理论确认等问题的观点，只要有发展变化，就会得到富有成效的改变。
>
> ——库恩

在充分讨论了现代哲学的进程以后，我们理解了随着尼采、康德及黑格尔等哲学家对形而上学问题的解决思路的发展，西方思想抛弃了形而上学的问题，开始向相对主义发展。思想家们认为人类的经验主要按照未意识到的原则和心智所建构，我们关于世界的认识不可能是完全客观有效的，而且我们每个人所秉持的原则也不是绝对的真理。不同时代的文化和不同的地理生长环境也会培养出不同的精神气质，因此，无论是哲学还是宗教，都失去了绝对意义的精神领袖地位，人类开始把目光放在科学上。科学随着工业革命的发展一次又一次改变了世界，影响了自然的存在和规律，一直到今天大多数人都对科学将无限提高人类的认知水平、健康水平及改善未来生存的说法抱有强大的乐观心态。而事实上，科学本身也一直面临着危机，尤其是量子物理和相对论的发展使得科学的绝对真理也受到了怀疑，我们在这里要探讨的就是科学本身的危机，以及过度信仰科学给人类带来的思想上的疑惑。

牛顿宇宙的衰落

如果说宗教和形而上学的哲学在过去几千年之间不断衰落以至于丧失了对人类思想和文明的控制力，那么科学则在工业革命后成了新的哲学和宗教。科学向所有人证明了自己拥有关于世界的所有知识，并有能力去挑战自然和宗教的权威，以至于无论是宗教还是哲学，都试图在科学中找到能够自圆其说的生存空间，但是让人意想不到的是，随着科学的发展，科学自身所构建的宇宙和世界却受到了极大的挑战和质疑。

最开始的危机来源于古典的笛卡儿—牛顿宇宙论被打破，随着普朗克的量子论和爱因斯坦的广义相对论的研究成果的发布，以及后来波尔的对应原理、薛定谔的波动力学、海森堡的矩阵力学的研究取得进展，经典物理中用确定性的科学理解世界的范式受到了极大的挑战，绝对的时间和空间概念不再存在，严格因果论被质疑，甚至对自然进行客观的观察这样一个科学的基本立足点都受到了怀疑。物理学家们观察到了原子内部的运动规律，认为物理学的基础已经受到了根本性的动摇。原来基于牛顿定律的牢不可破的绝对的世界观被发现只是真实世界的某个部分，而我们所能感受到的空间维度从简单的三维空间发展到了多达十一维度的相对空间,时间则成为能够以不同速率进行运动的非绝对的对象。

这里我们提到了量子理论的一些基本概念,因此做一个简单量子理论介绍。19世纪末,经典力学、经典电动力学和经典热力学三大体系构成了牢不可破的经典物理学大厦。所有物理学家都认为自然现象都能被当时的物理学所揭示,而实际上经典物理学建立于微积分的基础之上,认为一切自然的过程都是连续不断的,能够无限切分,但是量子力学的研究则颠覆了这一基本认知。这里我们只提两位学者的贡献,一位是德国物理学家、量子力学的创始人马克思·普朗克,另一位是德国物理学家海森堡。普朗克是旧量子论的代表人物,海森堡是新量子论的代表学者。

作为旧量子论的奠基者之一,普朗克发现能量的传输不是连续的,而是有一个最小的单位,这个单位就是量子。他在论文《论正常光谱汇总的能量分布》中提出了能力分布的量子化概念。这个理论从根本上改变了人类对原子和亚原子的认识,正如爱因斯坦的相对论改变了人类对时间和空间的认识。后来的学者继续发现,亚原子现象表现出基本上不明确的性质,人们既可以将其作为粒子也可以将其作为波进行观察。正因为如此,粒子的位置和动量不可能同时准确测量,这就是海德堡的测不准原理。他在论文《论量子理论运动学与力学的物理内涵》中阐述了这一原理,并通过一系列实验验证了这一原理,即一个微观粒子的某些物理量(如位置和动量,或方位角与动量矩,还有时间和能量等),不可能同时具有确定的数值,其中一个量越确定,另一个量的不确定程度就越高。

现代文明的悖论
第五章

测不准原理及后来的科学家的一系列研究表明,即使我们掌握了亚原子(或者电子)的初始状态,拥有足够强大的计算工具,考虑到了所有外部因素的影响,也不可能预测电子的下一个位置,更加令科学家们感到无能为力的是,观测行为本身也会影响我们的观测结果。著名的奥地利物理学家薛定谔在 1935 年提出了一个思想实验,就是著名的"薛定谔的猫"的实验,他指出应用量子力学的哥本哈根诠释于宏观物体会产生的问题,以及这些问题和我们的常识之间会产生巨大的悖论。简单来说,这个思想实验就是把一只猫、一个装有氰化氢气体的玻璃烧瓶和放射性物质放进封闭的盒子里。当盒子内的监控器侦测到衰变粒子时,就会打破烧瓶,杀死这只猫。根据量子力学的哥本哈根诠释,在实验进行一段时间后,猫会处于又活又死的叠加态。但是,若实验者观察盒子内部,他会观察到一只活猫或一只死猫,而不是同时处于活状态与死状态的猫。也就是说在量子力学来看,这个猫处于生存与死亡的叠加态,而真实世界中,这种现象是不可能发生的。我们采取不同的观测方式,会观测到不同的结果。

总结一下,以测不准原理为代表的量子力学的成果极大地削弱了牛顿力学所建构的严格的宇宙世界,而且科学观察和解释都再也无法被认为是客观的了。实体的概念被概率所取代,粒子之间的关系不再是严格的机械论因果关系,而是概率上的存在,正因为如此,科学的危机也就出现了,人们在科学发展的过程中逐渐对绝对客观的科学丧失了信心。

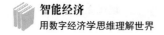

确定性的终结

随着以量子物理为代表的新物理学发生重大革命,一方面,人们认为思想的进步让人类进一步抛弃了错误的想法并收获新的技术成就;另一方面,量子力学的革命也让人类开始在不同的领域采取一种更加自由和开放的价值观。如果说笛卡儿和牛顿时期构建的是基于还原论的思想土壤,而到了相对论和量子论时期则构建的是基于概率论和系统论的思想土壤,这也就意味着确定性逐渐在科学的主流中迎来了终结。接下来我们讨论这种量子力学带来的确定性终结的现象和本质,以及这种不确定性带来的哲学影响。

这种确定性的终结首先体现在物理学上,牛顿在《自然哲学的数学原理》中不仅提出了一整套基于机械论的理解自然哲学的概念,更重要的是将复杂的世界用一套简单的可以被理解的数学体系解释了出来。在量子论和相对论的世界中,目前并没有产生任何一套可以达到同样广度和高度的理论体系,也就是说虽然科学界认可了量子论和相对论的成果,但是并没有产生关于如何用这些成果解释物理世界的共识。理论之间充满了概念的矛盾和悖论,而且这些悖论目前都没有得到很好的解决(关于量子力学和相对论之间的矛盾的部分内容我们之前有提过)。而且,牛顿物理虽然被证明并不是世界的真相,然而却是能被大众直观理解的一套世界观,即使是普通人也可以在客观实在中体验到它的存在。而相对论和量子力学则难以被普通人所理解,因为在直觉上这些原理都很难体现,无论是相对论所涉及的完全的空间和相对的时间概念,还是量子论中所囊括的关于亚原子实体的不连续性以及现象在被观察的时候才能明确其状态的原理。从微观层面和宏观层面来说，新的物理理论带给大众的是不理解和不可感知的迷雾，再加上科学界的不统一，这使得科学本身受到了质疑。

这种不确定性还体现在了混沌思想在宏观世界的应用上。上文我们所提到的海森堡提出的量子力学中的测不准原理，证明了不可能在准确测量粒子位置的同时，又准确测量其动量，对于其位置知道得越多，对于其动量就知道得越少（反过来也一样）。这个原理应用到宏观世界，则成了混沌系统理论。科学家们发现宏观世界的一些系统如果在其初始位置和动量的测量方面发生极其微小的变化，会导致其长期运动规律产生巨大的变化。例如，气象的变化中的蝴蝶效应、计算机中的生命和进化，以及生命系统中的信息处理行为和股票市场等都是混沌系统。这些混沌系统的存在，使得科学界意识到微观量子力学的规律在很大程度上可以应用于对宏观物理世界的解释，但是解释的结果令人沮丧，就是不确定性的存在。当然，混沌系统的发现及深藏于其中的复杂原理的应用，对后面我们讨论互联网也有非常重要的价值，在这里我们暂且不做讨论。

接下来我们讨论这种不确定性和量子力学之间的关联。我们看到量子力学与经典力学的最大差异在于其3个主要特征：非因果性、非直观性、非个体性。正是这3个特征带来了其不确定性的内在逻辑的形成，以及不确定性的世界观的形成。下面我们对这3个特征进行介绍。

首先我们讨论非因果性特征，从本质上来说，量子力学是原子过程的统计理论，由海森堡所设想的量子理论就是基于统计学的，而薛定谔所构建的波动力学与矩阵力学在形式上的等效为波函数的统计开辟了道路，因此，波动力学也是统计性的。物理学家波恩在1926年处理电子及其碰撞问题后，对外宣称"从现在的量子力学观点来看，单体的碰撞情况没有因果数量关系来确定其结果，我个人倾向于放弃原子世界的决定论"。在海森堡发表不确定性原理以后，他得出的结论是"由于所有的经验都服从于量子力学的规律……量子力学确定了这样的事实：因果关系已经失效"。海森堡将因果律失效的结论推广到了所有理论，甚至可以用于人类的自由意志与行动，这一点也与休谟的经验主义哲学的内涵相得益彰。

因果律失效的结论对哲学和世界观产生了巨大的影响，使得非理性主义思想的影响变大。具体表现为以下观点：人们将因果原理当作供给的主要目标，认为机械论和决定论的因果假说已经失去了意义。生命哲学取代了物理哲学成了最重要的研究对象，因为生命哲学认为世间万物是不可解析的，而物理学家们对现代技术和工业化负有不可推卸的责任，正是他们的贡献使得人与自然产生了异化。

第二个量子力学的特征是非直观性特征，如海森堡在创立矩阵力学时就放弃了采用直观形象的原则模型进行研究，而薛定谔建立的波动力学在尝试了许久之后，也放弃了用单个粒子的行为去描述，而是用粒子或者系统的统计集合的方式去研究。虽然后来的物理学者们尝试用直观的方式对量子力学的世界进行建模，而事实上量子力学的底层逻辑是非直观的，需要抽象出来去理解。这也带来了以概率的思维去理解世界的思想浪潮，人们放弃了对具体形象的想象及决定论的思维，而以不确定性的概率思维去理解不直观的量子世界。

第三个量子力学的特征是非个体性的特征，也就是对系统和总体的观测。正如薛定谔所说,"粒子不是一个个可以辨认的个体,从完全意义上来说不再有独立的个体"。量子统计力学通过对复杂系统的各种可能状态的新规则进行推理,得到了量子力学的基本原则。所谓量子统计规则和经典统计力学规则的差异在于:旧的统计规则假定粒子可以分辨,而新规则强调了粒子不可分辨,从而具备了整体的意义和逻辑。正因为这个特质,使得复杂性科学的一系列概念得以被学者们所认知,也使得整体论的思想逐渐成为还原论之后最重要的方法论。

总结一下,我们讨论了量子力学中的不确定性原理如何在宏观世界里体现为混沌系统的存在,以及这种不确定性产生的缘由和逻辑。更进一步讨论了这种不确定性在思想层面给人类带来的巨大冲击,科学并不只是带来了乐观和积极,还带来了思想的异化和人类与生俱来的孤独。这也是现代文明所塑造出来的人类思想存在那么多内在的精神分裂和逻辑悖论的原因,人类被自然所抛弃以后,只能走向不确定性的深渊之中,并继续向前探索。通过讨论量子力学的 3 个主要特征,我们对这种不确定性思维的底层逻辑进行了分析,理解了量子力学带给我们的就是这种非因果、不直观,以及非个体性的复杂的、充满不确定性的世界。

科学范式的变化

下面我们来讨论科学范式的变化,这个概念来自美国物理学家和科学哲学家托马斯·库恩,在他的代表著作《科学革命的结构》中,他对当代的科学思想进行了深入的讨论。他认为科学不是关于新知识的线性积累进步,而是周期性的革命,也被称为范式转移。在这本书

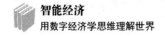

当中,有两个特别重要的思想,第一个是对科学革命概念演变历史的研究,库恩将历史研究和分析研究融为一体,为我们展示了一种全新的科学革命的概念。第二个是关于范式的概念,这是科学哲学历史上最具创见性的,也是最具争议的概念之一。我们在这个部分就要讨论科学革命和范式的内在逻辑。理解了科学范式的转移,也就理解了牛顿力学向量子力学的范式转移为什么会影响到人们世界观的变化。

首先我们来讨论科学革命的概念,我们看看库恩是如何理解科学革命的。实际上第一次将革命的概念引入到科学中的是哲学家康德,他在著作《纯粹理性批判》中提到了两次革命性事件,第一次革命是数学实践不再依托于人们熟知的巴比伦和埃及的数学技术,而是转向希腊的"从假设到证明"模式,是方法论的革命。第二次革命指的就是康德在《纯粹理性批判》中既证明了一种先天知识的可能性,也为作为经验对象之综合的自然提供了形而上学的基础,是哲学认知论的革命。而库恩思想的革命性则是与其历史性特征无法分开的,正如库恩自己所说,"发现了历史,也发现了我的第一次科学革命,以后寻求最好的解读方式也往往成了寻求另一次这一类的革命事件。要认识并理解哲学事件,只有对过时的文本恢复过时的读法"。因此,只有在库恩历史研究的视野中,在他自己体悟出来的"亚里士多德经历"的格式塔变换中,才能体会到那种观念和意义上的突变带来的震撼。也只有在他的科学革命的结构分析中,科学革命才具备科学的内涵,才能成为学术研究的主题。

然后我们讨论库恩提出来的范式的概念。库恩是在两种不同意义上对这个概念进行使用的,第一种意义是将范式作为科学共同体所从事的高度收敛的常规科学活动的精神定向工具。范式作为已有的科学

现代文明的悖论
第五章

成就，能够将坚定的拥护者聚集在一起，形成了科学共同体的整合机制。也就是说，在没有形成统一范式之前，科学的世界会呈现出学派林立的情况。例如，18世纪前半叶电学研究的领域，有多少重要的电学实验室，几乎就有多少关于电的本质的观点。只有在出现占据统治地位的范式时，各种对立学派才会消失，科学才能取得进步。另外，范式的确定使得常规科学活动获得了精神定向工具，也就是说科学共同体在进行严格模拟范式的解密活动的前提，就是范式得以确定。只有确定了范式以后，人们才会系统地对科学范式的所有细节进行研究，而现代社会赖以生存的教育体系才能够建立。第二种意义是将范式作为共同体认识和理解世界的工具。事实上，科学共同体的每个成员并不是一开始就被赋予了一个相同的世界，而是被赋予了一种认知未知世界的工具和方式，是因为同样的认知工具和认知方式导致了他们对世界的共识。在范式的指导下，通过寻找具有相似性的常规性科学活动，整个科学世界就被链接起来了。

最后我们讨论库恩研究的方法论和哲学影响，这是他取得成就及引发人们关注的重要表征，我们将其影响总结为3个方面。

第一个就是库恩在历史和哲学之间的跨界。库恩自己也曾经发表演说，认为自己是以科学史工作者的身份进行研究，而哲学只是他个人的业余爱好，实际上他是理论物理学的博士。当然，他自己也说："在一定程度上我既搞科学，也搞科学哲学，我当然要考虑二者之间的关系，但我也承认它们并不是一回事，我陷入了一种二重性。"由于哲学家研究的目标是明确地概括及找到事物的本质，而历史学研究的是对过去发生的特殊事件的描述，因此，他也陷入了科学哲学与科学史的二象性的身份悖论，在其研究中也经常将两种身份中的不同术

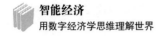

语混合使用。

第二个就是库恩在科学哲学研究中的理论贡献和突破,他认为以往逻辑经验主义的科学哲学存在巨大的缺陷。例如,在以往的科学哲学中,科学往往重视理论而忽视了过程,而且人们往往以科学对自然进行判决的方式进行描述,而忽略了其中以观察和实验数据作为中介的方式等。因此,造成了一种线性的和累积的历史,也使得历史事件和人物选择及评价取决于与现代科学的关联和对现代科学的贡献,其中的科学家的发明和贡献看起来也彼此孤立、毫无关联。事实上,这也是我们在学习以往的历史尤其是科学史时的感受。而库恩则认为我们应该注重科学的历史整体性,更应该注重用当时人们的观点来理解科学。这种方式的研究能让科学历史和科学哲学获得新的整体上的意义和价值。

第三个就是库恩继承了康德哲学的遗产,也就是概念相对主义。康德的理论哲学中的认识论的内涵是任何知识都是形式和内容所构成的,而知识的客观性和必然性来自知识的形式,知识的形式则是由心灵或认识主体贡献的。也就是说,心灵贡献的知识的形式是先天的和不变的,而且这种形式构成了知识的存在条件,从而是先验的。正因为这样的理解,产生了任何知识都拥有概念框架的哲学思考,而每一个概念框架都有其缺陷,因此,就产生了概念相对主义。库恩在研究中很显然就将范式作为概念框架来研究,因此,将科学理解为社会性的活动和概念框架下支配的活动,从而为当代的科学知识社会学提供了重要的研究范本。

总结一下,我们讨论了库恩《科学革命的结构》一书中的重要概念，以及他在研究过程中的思想和方法论。我们能够从中深刻地理解到如何用跨学科的思想和哲学的理念解决一个看似长期拥有固定概念框架的学科所存在的问题。如果我们需要在某个领域获得突破，就必须同时拥有看到本质，以及整合多学科思考框架的能力，而科学进步的范式变革也成为我们理解科学世界的重要方式。

第六章　智能时代沉思录

💡 源于哲学的反思

　　实际上每一个人都是这样产生的,他的存在和发展都建立在动物有机体的功能和这种功能与周围自然进程的关系的基础之上。他的生命感情至少有一部分是建立在这种功能之上的,他的印象受到感官和感官对外部世界的意向的限制。我们认为人的丰富表象及其变化、人的意志的强度及其方向都依赖于人的神经系统的变化。人的意志冲动使肌纤维变短,因此,外在的作用受到有机体各个部分的关系变化的制约,人的意志行动的持续结果只能存在于物质世界的变化形式之中。

——威廉·狄尔泰

　　在回顾了如此多的关于人类思想、哲学及宗教的发展课题以后,我们终于可以回到现实当中,来讨论一下关于互联网的话题。不过期望轻松愉悦地进行理解的读者可能又要失望了,因为我们的讨论先从信息时代的人类的思想命题开始。由于人类在与自然的关系处理中,无论是哲学、宗教还是科学,都没有给人类重要的信心,甚至让人类产生了无所适从的卑微感。那么我们何不用技术创造一个完全只属于人类统治的国度呢？于是互联网出现了，人工智能出现了，区块链技术出现了。这样的现实让人类能够理直气壮地说，现在我们亲手创造了一个完全不同于自然空间的宇宙，真正作为创世神去管理这个世界，总该拥有了不容置疑的话语权和自信了吧，甚至我们正在创造和人类一样拥有智能和意识的生物体，这曾经也是伟大的自然才能实现的创举。

然而，实际情况却不容乐观，创造了虚拟空间的人类，不仅发现自己完全无法控制这个空间的规则和规律，而且还发现连最基本的问题，即人类是什么，都遭到了质疑和挑战。由于人类以虚拟身份生活在赛博空间，以及人工智能不断挑战图灵定律，作为生物体的人类的概念早就不存在了。计算机技术和虚拟现实技术让人类无法定位自身的存在，这导致了新一轮的文化和心理上的冲击。本章我们就要讨论生活在信息时代的人类的思想命题，从哲学人类学、人生哲学及生命哲学 3 个维度去讨论新时代我们所面临的关于人类本质和人性的思考。

哲学人类学探究

首先我们来了解一门学科——哲学人类学，也叫人类学哲学。这门学科的主要研究范畴是人类形而上学和现象学及人类关系。我们要理解人类内涵的变化，就需要从哲学人类学的学科角度去研究。通过哲学人类学的思考，我们能够理解人类文化与身份认同的变化，以及我们生活在虚拟空间（也就是逐渐由技术所主导的人类文明）以后，人类学意义上的哲学分析样式。

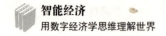

最早从人类学视野去讨论哲学问题的是早期西方基督教的神学家与哲学家，被罗马天主教会称为"希波的奥斯丁"的奥古斯丁。奥古斯丁最有名的著作《忏悔录》被称为西方历史上首部自传，且他在死后被天主教封为圣人和教会圣师。奥古斯丁最重要的贡献就是利用新柏拉图思想为基督教做了充分的哲学论证，创建了"三一论""恩典观"等与基督教相关的基本哲学理念。他在《三位一体论》中主要介绍的就是神的三位一体与人的统一性的问题，将神的三位格与人的三方面做比较。他得到的结论是人类是身体和灵魂的统一，而灵魂有记忆、理智和意志 3 种功能，这三者也是统一的，这样的观念代表了传统的中世纪学说中关于人类的理念。

到了古典哲学阶段，对这个话题影响最大的就是康德，他出版的最后一部著作是《实用人类学》，虽然当时的人根本没有意识到这本他用 20 年写出的著作会有什么影响，但实际上这是第一本系统地定义人类学的哲学书籍。他认为存在两种人类学，一种是生理观点（自然的、体质的）的人类学，另一种是实用观点的（文化的）人类学。他认为"生理学的人类知识研究的是自然从人身上产生的东西。而实用的人类知识研究的是人作为自由行动的生物由自身做出的东西，或能够和应该做出的东西"，实用的人类学就是文化意义上的人类学，以及在这个基础上衍生出来的哲学层面的人类学的观念，这样人类学就从研究自然生物的角度得到了美学和哲学层面的拓展。

随着时间的推移，到了第一次世界大战前后，在德国魏玛文化的背景下，哲学人类学已经转变为一门哲学学科，与认识论、伦理学、形而上学、美学等其他传统学科相竞争。这门学科试图统一不同的方式来理解人类作为他们的社会环境的生物和他们自己的价值观的创造者的行为，因此，这个阶段产生了独立的人类哲学家，其中的代表有马克思·舍勒、赫尔穆特·普莱斯纳和阿尔诺德·盖伦，这3位都是在德国出生的、在哲学人类学领域最有建树的哲学家，也被认为是哲学人类学领域的3个代表人物，这里我们主要介绍前两位的工作。

舍勒曾经被著名的哲学大师海德格尔评价为"现代哲学最重要的力量"，他也被认为是现代哲学人类学的奠基人。他认为所有哲学课题的出发点就是"人是什么，以及人在现实存在中的地位"，人之所以为人，是因为其本质是寻神者。当其开始超越静止的自身存在追求上帝，他就是人，也就是说人的概念是"宗教的人"的概念。他认为人类并没有发展到脱离动物世界，人过去是，现在是，并永远是动物。在舍勒的概念里，动物和人实际上构成严格的连续统一，随意地将人和动物分开属于一种理智的妄为。人的人性在于其超越性，即超越动物本能的部分。虽然由于舍勒的突然离世，他没有来得及对人的理念进行更为全面和系统的研究，但是我们可以看到人类的概念从宗教性和动物性两个角度受到了关注。

最后我们关注的是普莱斯纳。与舍勒不同的是，普莱斯纳并没有追问人有没有超时间的本质。在他的著作《有机体与人类学的发展阶段》中，他系统地提出了人类学的观念，并关注了两个主导问题：第一，生命现象与无生命现象如何区别；第二，生命现象是如何组织的，他在人类学中提出的最重要的概念就是"定位"，也就是讨论人类的限度问题。他认为不同的定位组织方式决定了植物、动物和人类的差异，不同于动物和植物，他认为"一个活着的人是一个身体，不仅内在于他的身体，还同时作为特定视角外在于他的身体，他是内外兼具的"。也就是说，人类生活在三重世界里，一个外部世界、一个内部

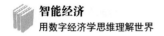

世界和一个文化共享的世界，因为生命所具有的双向性，所以，这三个世界既从外部视角也从内部视角显现出来。

总结一下，通过对哲学人类学的思想学习，我们建立了一个关于人类学的哲学理念，也就是我们既要从生物角度理解人类，也要从意识和灵魂角度理解人类，最重要的还要从文化角度理解人类。人类只有同时具备了三重属性，才能称为完整的哲学层面的人类，这为我们理解智能时代的人类获得和文明趋势，提供了一个基本的逻辑建构和思想基础。

人生哲学的探索

在讨论了人类哲学以后，我们理解了人类生活在三重世界里，尤其是生存在一个文化共享的世界里。不同时代的文化对人的精神世界有不同的构建，毫无疑问，现代工业文明构建的是以消费主义和纵欲主义为导向的世俗化世界。那么，我们怎么来理解我们精神世界的生活呢？如何认识不同时代的精神生活的内在变化逻辑？这时我们就需要了解一下人生哲学的范畴了。人生哲学就是研究人生的目的、意义和价值的哲学，也就是我们日常所说的"思考人生"的学问。从中国古代的孔子、老子到古希腊的柏拉图、伊壁鸠鲁、斯多葛学派，都提出了不同的人生哲学。我们今天要讨论的是如何以精神生活为核心理念对人生哲学进行构建，现代社会的人们比任何时候都繁忙和富裕，但也常常感到灵魂无处安放的失落、困惑及不安，我们需要去探索这种不安的源头，以及找到精神生活的依靠。

这里我们主要介绍德国哲学家鲁多夫·奥伊肯的贡献,他是我们上文提及的哲学家舍勒的老师,也是德国最重要的文化哲学家之一。正如德国哲学家费迪南·费尔蒙所评价的,"奥伊肯代表了精神生活的一种以文化新教派为方向的新唯心主义的理论"。奥伊肯将自己的哲学称为精神生活哲学,是人生哲学的重要分支,他认为哲学不应该以抽象概念为中心,应该以生活或者生命为中心进行研究。精神生活是人类生活的高级阶段,本质上包括现实的理想和目的,而人生最大的目标就是将个人的精神与隐藏在人类历史过程中的精神生活系统和统摄的宇宙的精神统一起来。这种统一就是超越自身,超越此时此地,达成中国古代哲人所说的"天人合一"的状态,或者是现代心理学家所说的"心流"的状态。下面我们探讨奥伊肯关于人生哲学的历史演变的理论,他将已有的人生哲学分为新旧两大体系,并对不同体系的局限性进行分析。通过对这些已有人生哲学的分析,他指出了这些体系不能为人们带来精神生活的升华,并基于此提出了自己的人生哲学。下面我们来介绍他对已有人生哲学的梳理,从而为读者带来关于哲学和人生之间关系的思考。

首先我们介绍奥伊肯所谓的旧体系的人生哲学,旧体系包括宗教体系和内在观念论体系,旧体系提供的是无形的世界,也就是提供一个虚构的想象的世界认同。宗教体系的代表就是西方的基督教,它通过原罪和救赎的理念,来为当时的人们提供一种积极创造和自我决定的力量,将人生转化为无休止的修行和自我反思,从而为信仰基督教的民众提供生活的动力。但是,它的缺陷在于它是通过建立一种超自然秩序来给予人信仰和希冀,通过彻底否定自我和现实来追求生命的意义。因此,宗教体系的人生哲学往往展现的是纯粹内在的精神世界,带给人们的往往是等待、希望及事实上的忍耐,因此,它对大多数人来说无法有现实的指导意义。

另一种旧体系的人生哲学就是内在观念论体系,这个体系主要将人生问题置于思想之中,试图从中归纳出生活的感性经验。思想成为全部生活的意义,理念支持和控制全部的生活,从而控制了人生的全部状态。例如,中国的儒家思想和老庄思想在很大程度上就是内在观念论体系,前者通过将思想注入知识分子和精英基层,形成了中国社会长达数千年的社会结构,以及古代全部精神生活的核心支柱。正因为儒家的存在,才有了数千年的稳定的中华文明的存在,也使得中国在晚清能够开眼看世界。老庄思想则成了中国古代道家及文人谈玄论道的思想根源。魏晋时期的文人就因为信奉道家的思想而选择了自我放逐和纵情山水,这都是内在观念论体系的影响。不过这个内在观念论体系也有其局限性,正如奥伊肯所说,这种思想声称自己为一种自然实在之外的全部实在,以其自诩的统治权扰乱了生活平衡。也就是说,纯粹的内在观念体系会在很大程度上挑战人们的原始本能,在物质丰富的现代世界里,有形的存在更具有吸引力。

然后我们来介绍奥伊肯提到的新体系的人生哲学。相对于旧体系,新体系最大的不同在于将人类生活置于感性经验的领域。限于篇幅,我们在这里只进行简单介绍。

新体系包括自然主义体系、社会主义体系和个体主义体系,新体系将人类生活置于感性经验的领域。所谓自然主义体系,就是否认精神生活的独立性,并且认为后者不过是自然属性的附属物,并且只能依附于感性存在。自然主义将生存斗争作为人生最重要的意义,认为人类或者精神都没有自然以外的意义，这使得其存在巨大缺陷，即忽视了人类对自然的思考和控制。所谓社会主义体系，就是以社会整体为核心，认为人首先是社会的成员，个体完全置身于社会生活中，因此，个体的所有活动和努力都必须为特定的社会文化做出贡献。实际上这提倡了一种功利性的生活，让人们去追求权势和享乐。我们看到当今大多数人都秉持这样的人生哲学，从而每个人都被束缚在表面的生活里，所有深度的思考都被压制，而人类的高贵和尊严消失得无影无踪。

最后一种新体系的人生哲学就是个人主义体系，这也是现在流行的一种人生哲学。在这种人生哲学中，人们希望将心灵从所有外在客观关系中解放出来而获得独立，成为主观或者个体的存在。个体主义体系的本质在于导向独立生活与自我意识，其所认识的精神性总是与感性结合在一起。美国嬉皮士一代的年轻人及嘻哈等流行文化的推崇者，就是这种哲学的信奉者。他们忽视共同秩序并追求个体在友谊或者爱情方面的自由关系，从而实现了个人主义的精神自由。很显然，这样的人生哲学的局限性在于，他们往往会与当下的道德伦理有严重的冲突，从而容易使个人生活陷入困境。

总结一下，我们讨论了奥伊肯关于人生哲学的新旧体系分类，以及每种人生哲学的内涵和局限。很显然，不同时代的社会生活导致了不一样的人生哲学。我们身处的时代和奥伊肯的时代都处于剧烈变化期，面临着旧有的人生哲学崩溃而新的人生哲学尚未形成的问题，物质主义的盛行导致了生活意义的丧失，因此，我们需要通过追求人的精神内在的生命力来寻找困境的出路。现代人的生活意义的普遍缺失正好证明人类本性中存在着精神生命力，每个个体都需要找到属于自己的人生哲学。

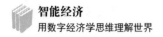

生命哲学的意义

在讨论了人生以后,我们来讨论关于生命的哲学话题,毫无疑问,如何面对和理解生命,是我们面对现代社会时的诸多困扰之一。事实上,西方生命哲学是对 19 世纪中期的以黑格尔为代表的自然主义或者唯物主义的一种反抗,生命哲学家们认为黑格尔的绝对理性主义及唯物主义中的因果决定论是对人类个性、人格及自由的否定。因此,他们选择从生命的角度去探讨宇宙和人生,用意志、情感、体验等概念来充实理性的作用,这对后来的存在主义学者胡塞尔、海德格尔等人有着非常重大的影响。本节我们就来探讨生命哲学产生的背景和意义,尤其是两位生命哲学代表人物——狄尔泰、齐美尔的思考和贡献,来看他们分别是从什么角度及用什么样的方法论来研究生命哲学的。

首先我们讨论的是德国哲学家威廉·狄尔泰,他是生命哲学的创始人,是西方哲学史上承前启后、继往开来的大师级人物。在哲学史上,他获得了多项桂冠,被称为"19世纪下半叶最重要的思想家"及"人文学科领域里的牛顿"。狄尔泰最大的成就就是创建了精神科学这门学科,他认为无论何种哲学理论,都不能脱离生命泛泛而谈,唯有通过生命对历史和文化的体验,才能从不同的生活环境中体验到不同的价值观和思想观,乃至宇宙观。在这门学科中,他研究的主要对象就是人,以及人的精神。他认为,人只有通过对不同生活的体验,才能理解历史和社会现实存在的各种联系。所以,他努力提倡精神科学研究者在对哲学进行研究时,必定要从人的行为和习惯出发,解读每个人对于其周围的世界的意义。

狄尔泰主张，哲学应当对生活发挥它理应发挥的作用，应当干预时代的生活。他认为"哲学的任务是：使我们关于世界的日常信念成为系统而彻底的认识论批判的主题。这种批判必须扩展到各门自然科学之中，扩展到心理学和历史学之中，扩展到我们对社会的认识之中，此外，这种批判必须解答以下的问题：我们对现实的认识在多大程度上依赖于思想。最后，这种批判还必须扩展到我们关于生活本身的意识之中——在一切先验的东西黯然失色之后，生活本身就成了我们的理想和评价的源泉"。

因此，狄尔泰尝试用精神科学来解释生命的同一性问题，也就是人的社会生活和内在生活的全部内容。因此，这门学科不仅涉及自然学科的主题，也涉及哲学、文学和宗教等人文学科，还涉及心理学、历史学和人类学等社会学科，他的生命哲学体系就构建于这种庞大而繁杂的精神科学的建立过程中。在研究过程中，他使用最多的方法论就是心理学和诠释学，前者奠定了他分析精神内在的基础，而诠释学则帮助他建立科学的思想体系来理解精神内在的变化。

然后我们讨论德国哲学家格奥尔格·齐美尔，他创建了形式社会学，对后来的社会学者影响巨大，法兰克福学派的霍克海默、德国哲学家与社会学家哈伯玛斯等人都受到了他的影响。因此，他的生命哲学研究是从对现代性进行批判的社会学研究的角度开始的，他认为对现代性的批判不只是对社会文化、社会制度和生存环境进行批判，更根本的是指向人本身的转变，更准确地说是人的生命感觉的转变。因此，他重点通过对现代境遇中人的欲望、心灵、精神气质和生存样态的揭示，探讨现代人遭遇的生命困境问题。他揭示出现代社会的深层矛盾："我们正经历着一个历时久远的斗争的新阶段——不是充满生

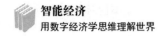

命的当代形式反对毫无生命的旧形式的斗争,而是生命反对本身形式和形式原则的斗争。"

在齐美尔看来,生命的每一个目标都是生命的一次完全性冲击和展现方式,它不为任何形式所羁绊,进而知识不能通过一切逻辑和推理的方法得以把握,只能从直觉来把握事物内在的真理。这就是说,只有生命才能理解生命。旧形而上学的根本问题是纯粹用理智的手段来处理生命,这就使它无法把握生命的本质,无法满足现代生命的要求。齐美尔认为生命是现代性的标志,也是现代性问题解答的基础。"生命的意义是什么?它纯粹作为生命的价值是什么?只有这第一个问题解决了,才能对知识和道德、自我和理性、艺术和上帝、幸福和痛苦进行探索。它的答案决定一切。"简单来说,齐美尔认为生命哲学的研究基础在于对现代性问题的批判,因为现代性的问题在一定程度上体现为对生命的束缚。现代性困境的解脱并不在于齐美尔具体指出了什么样的道路,而在于齐美尔对生命哲学的态度。当精神能够回归到自身,并沉淀到生命的无限深度中去把持自我、界定他人,现代性的种种观点和看法也许会得到一种自洽。

总结一下,我们讨论了两位生命哲学的重要代表人物狄尔泰和齐美尔对生命哲学研究的观点和看法,前者通过心理学和诠释学的方法论建立了精神科学的学科,通过科学的方式梳理人的内在精神生活来建立正确的生命观念。后者通过对现代性的批判来研究生命哲学,他将社会的问题总结为个人的问题,认为现代性困境的解脱在于每个个体的自我界定和自我解脱,从而使整个社会达到真正的自由的状态。

智能时代的启蒙

> 如果世间真的有这么一种状态：心灵十分充实与宁静，既不怀念过去，也不奢望将来，放任时光流逝而紧紧掌握现在，不论它持续的长短，都不留下前后接续的痕迹，无匮乏之感也无享受之感，不快乐也不忧愁，既无所求也无所惧，仅仅感受到自己的存在。单单这一感受就足以充实我们的整个心灵；只要这种状态继续存在，处于这种状态的人就可以说自己得到了幸福——不是残缺的、贫乏的和相对的幸福，而是圆满的、充实的，使心灵没有空虚和欠缺之感的幸福。
>
> ——卢梭

前文我们讨论过，随着时间的流逝，人类文明进入了现代社会，而人类的思想也出现了现代性的转变。无论是科学、哲学或是宗教，都失去了对文明信仰和权威的绝对统治力。人们开始从思考关于世界本质的宏大命题转向思考人类自身，将人本身作为哲学的最主要命题，也就是寻找所谓生存的意义。正因为人们对生存意义的追寻，才导致了存在主义和虚无主义哲学的诞生，也导致了人们后来对虚拟世界的探索。这一节我们就来讨论现代人的精神危机，以及存在主义与虚无主义带给我们的启示，然后来寻找解决精神危机的哲学思考。只有弄清楚这些内容，才能理解后来互联网技术发展出来的自由精神的土壤来源于哪里，也才能发现互联网上普遍存在的无意义的虚无主义

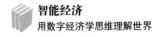

精神来源于哪里。科技和社会的高速进步，不仅带来丰富的物质生活，还有越来越严重的精神危机，因此，在这个时代我们尤其需要启蒙，需要独立思考的能力。

现代的精神危机

下面我们来介绍现代人面临的精神危机，首先讨论虚无主义的影响。所谓虚无主义，就是怀疑主义的极端表现，虚无主义认为世界、生命及人类的存在都没有意义，也并不存在需要去理解和解释的价值。我们看到的很多后现代艺术与文化中都存在着这种虚无主义的思想，如达达主义、解构主义及朋克运动等。我们看到现在很多人沉迷于网络的原因之一，就是很多人在生活中没有能力和动机去寻找意义，他们选择了将现实生活彻底放弃，从而进入了虚拟网络的世界。本节我们就要探讨虚无主义的源头所在——存在主义思想，正如海德格尔所说，虚无主义就是将存在缩减到纯粹价值以后产生的，因此，弄清楚存在主义中包含的虚无主义思想根源，才能弄清楚虚无主义的本质。

首先，我们来讨论丹麦哲学家克尔凯郭尔的观点，他被称为"存在哲学之父"。他在《致死的疾病》一书中提出来的"人生三绝望"，让我们可以从中看到他是如何理解现代精神危机的内涵的。第一种绝望是"不知道有自我"，指的是一个人在世界上奋斗许久但不知道目标是什么。大多数人为了他人的期望和想法去塑造自己的人生，但是克尔凯郭尔认为这是一种不知道自我的表现，这些人在庸碌中度过了人生，最后发现毫无意义，这就是"不知道有自我"的绝望。第二种绝望是"不愿意有自我",即有的人发现了自我以后选择了逃避,因为独立面对自己不是一件容易的事情。有了自我就应该做出选择,而做出选择则意味着承担责任,很多人不愿意面对责任,就选择逃避责任,这就是"不愿意有自我"的绝望。第三种绝望是"不能够有自我",这种绝望是一个人在选择了自我以后,由于能力有限及生命的未知性,常常无法坚持到终点。这样的情况使得这些选择了自我的人往往还不如逃避了选择和责任的人生活得好,这就是"不能够有自我"的绝望。

我们可以看到,这三种绝望实际上是充斥了现代社会的每个个体的,其原因就在于现代社会是一个异化每个个体的社会。对于现代人来说,我们每天会获得巨量的信息,无论是关于当代世界的实事、历史的发展,还是其他文化的生存方式,对于我们来说通过电脑或者手机都能够轻易地获取。然而,这带来的结果就是信息的爆炸导致逻辑思辨的思想和确定性的答案越来越少。虽然从文艺复兴以来,思想家们都在推动着社会追求独立和个人主义,但结果却出现了两面性:一方面,现代个人获取了物质层面和信息层面相当程度的自由;另一方面,现代个人的命运被商品化、消费社会和国家政治所主宰。个体不仅丧失了原本意义上的、自然意义上的神性,在人类社会中也成为了毫无特别之处的微尘,这就是存在主义所讨论的如何生存这一问题的价值所在。

我们可以从后来的存在主义大师海德格尔、萨特和加缪的著作中看到现代人的思想困境和普遍的精神危机:痛苦与死亡,孤独与忧虑,空虚与无助,绝对观念的崩塌和无所适从的荒谬,人们的精神生活在某种程度上是极度痛苦和异化的。克尔凯郭尔告诉我们自由选择的必要性及自由的价值，但是正因为选择给未来带来了不确定性，才使得每个个体都面临着他人和社会的重压。人类天生的不可穷尽的欲望与自身能力的有限之间出现了巨大的矛盾，人只要生活就会处于危险、恐惧、厌倦和无常的矛盾之中。而过往的哲学历史中那种必要性及人类的伟大之处已经被解构了，事物的存在只是因为它们存在，而并没有某种更加高尚或者深邃的理由。尼采宣布"上帝死了"，而人类在失去上帝以后的宇宙中并没有获得神的权力，反而只能依靠自己，这也使人类陷入了被社会所裹挟的异化过程之中——这就是每个人生存的困境所在，也是现代精神的危机所在。

最后我们讨论一下基于存在主义的虚无主义精神的内涵和原因，如果说存在主义中还有乐观积极的成分在，那么虚无主义则是一种完全否定意义的精神。正如马克思所说，在这样的思想里，"以往的一切社会形式和国家形式，一切传统观念，都被当作不合理的东西扔到垃圾堆里去了。到现在为止，世界所遵循的只是一些成见，过去的一切只值得怜悯和鄙视。只是现在阳光才照射出来，从今以后，迷信、非正义、特权和压迫，必将为永恒的真理，为永恒的正义，为基于自然的平等和不可剥夺的人权所取代"。一方面，由于受到极端理性主义的影响，人们开始对以往的道德、宗教和政治等激进地一概否定，因此，产生了虚无主义的精神内涵；另一方面，由于历史主义的兴起，人们通过对历史中的文学、诗歌和艺术的推崇，来实现对现代文明的理性批判，即对现代文明普遍性的质疑和反思，这也带来了虚无主义的精神内涵。

总结一下，本节讨论了现代人的精神危机，尤其是虚无主义的精神危机。一方面，存在主义哲学为虚无主义提供了思想根源和土壤；

另一方面，无论是极端理性主义还是历史主义，都暗含了虚无主义的意味。我们看到，无论是什么样的思想，在被过度解读后就会产生负面的效果。而我们真正要做的就是真正弄清楚这些思想的本质，并在其中选择出理性乐观的部分。

存在主义的启示

前文我们讨论了现代精神的危机，本节我们来更系统地梳理一下存在主义哲学，尤其是存在主义哲学中关于自由和人性的论述。我们通过对存在主义思想的理论论述，来真正理解人的本质，以及自由的价值。只有在理解这些概念的前提下，我们才能理解存在主义的精神内涵，以及互联网精神的内涵。

首先，我们来看存在主义哲学产生的背景和学术脉络，存在主义哲学起源于对主体性哲学的明确反对。笛卡儿通过"我思故我在"的逻辑将"我思"作为哲学的支点开启了主体哲学，然后经过经验论和唯理论的争执，由康德通过先验哲学将自我重新建构，让主体性哲学构架建立起来。然而，这个构架是有缝隙的，胡塞尔通过对康德"先验自我"的有限性地批判，通过现象学还原出纯粹自我，从而走向了"主体性的凯旋"。也就是说，胡塞尔认为哲学应该专注于构成世界基础的先验主体的研究，应"回到事物本身"，也就是回到对"现象"的研究。他认为，本质和现象并不是二元对立的。

德国哲学家海德格尔对传统形而上学做了进一步的批判，他认为传统形而上学只关心"存在者"而不关心"存在"，能够追问存在的只有人，人的存在是与世界一体化的。因此，海德格尔认为哲学的任务是追问存在，回答的问题是存在问题，并认为这也是哲学的根本问题。如果不关心存在只关心存在者，哲学就成了物理学。于是，海德格尔在《存在与时间》一书中主要讨论人，并通过"此在"的概念替代人来研究人与存在的关系。他认为，人之所以为人，就是因为他从出生开始就对存在有所领会，对自己是谁有所领会，对世界是怎样的有所领会，人是不同于其他事物的存在，人是通过超越自己而获得真正的存在。

另一位存在主义思想大师萨特的观点则介于胡塞尔和海德格尔之间，他认为胡塞尔通过现象学以还原的方式作为哲学起点仍然蕴含着主客对立的二元意识，应该把"反思前的反思"作为哲学的出发点，也就是排除了一切虚无。胡塞尔通过现象学的悬置离开了对世界本质的探讨，而萨特则是回到这个世界来讨论世界本体论的问题。在萨特看来，人是唯一能提问并能做出回答的物种，人就是"自为""意识"和"虚无"的产物，"虚无"的存在就是人的自由。人的存在与物体的存在不同，物体是被动的、消极的、没有自由的，不能由自己造就自己，因此是"本质先于存在"；而人一开始来到这个世界就是"虚无"，人可以通过自己的意愿和行动造就自身，所以，是"存在先于本质"。正因为如此，人要通过不断自我超越，自我否定，来解释自身与世界的意义，从而获得真正的自由。

在我们理解了存在主义思想的脉络以后，我们就可以理解为什么说存在主义是互联网思想的基本土壤。因为互联网思想反映的就是对每个个体的尊重。网络中的每个个体之间并不存在权力的大小差异，而互联网的产生也基于这种对非金字塔的关系中的人的自由精神的探索。在互联网上,"存在先于本质"的理念得到彻底的贯彻,因为每个人都不在意网络个体的本质是什么(性别、身份或者社会权利),而更在意他的具体行为和选择。一个人在进入网络世界之前,他的身份在网络生活中毫无意义,也没有受到任何预先规定,只有他在网络中存在并产生了具体的行为以后,才会逐渐构建属于个人的存在和身份。按照哲学家萨特的说法,所谓存在先于本质,就是指人类是在存在之后才有意向成为一定的状态,人类创造了人类自身。

这里我们从三个角度来理解这种自由的概念,第一个角度是自由是"纯粹的意识",萨特认为自我意识的自由不仅在于能够否定自己的过去,而且在于能够肯定现在的我而不是将来的我,这是每个人追求自由的最基本的要素。第二个角度是自由是"自为的存在",简单来说,就是人对所处环境的认识和对未来的认识相结合以后,能够产生主动去自由行动的意向。第三个角度是"自由就是自己控制自己",这是指每个个体的选择决定了自己的未来,人的自由就在于能够自己选择自己的行动。总结一下,存在主义的自由就是一种为了解决现实的客观性和存在的主观性的矛盾的观念,一方面,要以自我存在为中心;另一方面,要意识到客观世界的限制。按照萨特的说法,"你就是你的生活",这也是存在主义所说的自由的基本精神,而这种精神,在互联网上能够被较为彻底地贯彻,而在现实中则毫无疑问是受阻的。

总结一下,我们讨论了存在主义思想的内涵,尤其是它关于自由理念的探索和讨论,我们认识到存在主义是以每个个体的存在为前提的哲学。我们认为"存在先于本质",每个人的自由选择决定了这个个体是什么。绝对自由则是存在主义者最重要的人生目标,这样的人生目标由于在客观上受到现实的束缚，因此是无法实现的。与其对应的，在互联网上这一思想被较为彻底地体现出来了。认识到自由是人类的本性之后，我们才能讨论为什么现实社会中有那么多不符合人性的部分，以及现代文明对我们思想异化的根源所在，这也是存在主义对我们最大的启示。

哲学的启蒙精神

自从 1794 年康德提出并回答什么是启蒙的问题以后，西方哲学在接下来的两百多年间不断直接或者间接地面对启蒙问题。正如福柯所说，启蒙问题是现代哲学历经两个世纪、以不同的形式一直在重复的问题。我们需要研究哲学与启蒙的关系，一方面，正如康德所说，我们尚处于未成年状态，因此，需要通过启蒙对人类当下未能自觉、自为的生存状态进行超越。另一方面，我们需要为当代哲学找到其启蒙角度的意义和价值，启蒙意味着光明对黑暗的驱赶，也意味着帮助"洞穴"中的"囚徒"解除禁锢，从而为人类奠定通往未来的思想通道。接下来，我们对启蒙的本质、哲学与启蒙的关系及启蒙与现代性之间的关系进行深入探讨。

首先我们来看康德所定义的启蒙：启蒙运动就是人类脱离自己所加之于自己的不成熟状态。这句话有两层含义，第一层含义是尽管人类经过了数千年的文化和思想教育，但是至今为止人类还是处于未成年的生存状态，在思想层面上仍然是非常浅薄及遵从本性的。第二层含义是人类的未成年状态并不是出于自然的原因或者人类的本性，而是因为人类缺乏运用理智去自我反省的勇气。简单来说，康德所定义的未成年的状态就是"不经别人的引导，就对运用自己的理智无能为力"的一种人类生存状态。我们看到当代社会仍然存在这样的现象，大多数人并没有运用自己的理智思考人生的真实本质。那么人类为什么没有勇气去运用自己的理智呢？正如康德所说："懒惰和怯懦乃是何以有如此大量的人，当大自然早已把他们从外界的引导之下释放以后，却仍然终身处于不成熟状态之中，以及别人何以那么轻而易举地以他们的保护人自居的原因所在。"我们看到之前被热议中国成年人所处的"巨婴"状态，也就是这样的未被启蒙的依赖他人的状态。

怎么解决这个问题呢？康德认为自由就是启蒙的最高价值，"启蒙运动除了自由以外并不需要任何别的东西，而且还确定是一切可以称为自由的东西之中最无害的东西，那就是在一切事情上都有公开运用自己理性的自由。"也就是说，康德认为只有公开运用理性的自由，而不是盲目地相信权威才能实现启蒙。这也是康德将批判作为自身哲学核心的原因。通过哲学自由的理性批判，能够消除一切未经反省的偏见和无知，这就是人类通向自由和解放的根本途径，也是康德认为哲学的启蒙精神最为集中的表现。

然后我们来讨论哲学启蒙的内涵和意义，先理解名词意义上的启蒙。从狭义层面上，启蒙特指的是 18 世纪启蒙运动所代表的哲学启蒙精神。启蒙运动相信知识可以解决人类实存的基本问题，人类从此展开在思潮、知识及媒体上的启蒙，进而开启了现代化和现代性的发展历程。从广义层面来说，它所指的是传统形而上学所代表的对哲学的本性和功能的理解方式。哲学的启蒙精神包括至少三种原则，第一种是绝对性原则，就是将超感性的逻辑概念世界作为绝对实在和最高本体。第二种是终极性原则，超感性的逻辑概念世界代表着终极真理，是支配人们全部事项和生活的最高权威。第三种是非历史性原则，认为逻辑概念世界作为"永恒在场"的"本真存在"，是非时间、非语境的，构成在历史变动中的人与世界的不变根源。因此，哲学用这种绝对的、终极的、非历史的先验本质世界为根据，肩负起了启蒙人们摆脱非理性的未成年时代的终极使命。因此，哲学往往蕴含了一种历史或者"治疗"意味，能够为当下的现代性精神危机带来新的解决路径。

最后我们讨论哲学启蒙精神受到的一些批判，也就是所谓对启蒙的质疑。正如美国学者奥斯本所说，"质疑启蒙正是启蒙的一个方面，而并不必然是敌视启蒙的行为"，因此，当代哲学中的"反启蒙"也是通过一种批判启蒙的方式延续和深化哲学的启蒙精神，主要体现在两个方面：第一，为了消除传统哲学启蒙观的教条和独断，拯救思想的生机和个性；第二，为了消除这种独断，拯救人的自由个性，推动人与人之间的自由交往。传统启蒙的哲学观企图成为超级学科，因此，拥有启蒙的绝对话语权，这导致了福柯所谓"总体性话语的压迫"，德里达称之为"形而上学的暴力"。这就意味着，主体性原则的初衷本来是把人从宗教神学的思想统治之中解放出来，但由于它把主体放在过于重要的位置，从而导致了人的抽象化。因此，对现代性的批判与消解意味着重启人的关于主体和理性的认知边界，从而让人们获得丰富的内涵和生活，以及更多元的价值和意义。正如法国哲学家弗朗索瓦·利奥塔所说："后现代性已不是一个新时代，它是对现代性所要求的某些特点的重写，首先是对建立以科学技术解放全人类计划的企图的合法性的重写。"因此，在科技高速发展的智能时代，要做的就是对现代性曾经的启蒙进行再次启蒙，从而实现人们更大程度的自由和解放。

总结一下，我们讨论了启蒙的本质，以及哲学与启蒙之间的关系，理解了以形而上学为代表的哲学体系是如何对人类理性进行启蒙的。与此同时，我们也关注了对启蒙的批判，其核心就是对哲学主体性所带来的"形而上学的暴力"的批判，而后现代是对这种主体性问题的反思和解构。我们需要理解的是，这并不意味着哲学已经无法启蒙，而是需要建构新的哲学概念来帮助我们启蒙。我们在智识上仍然处于未成年的阶段，仍然需要对理性主义的信仰，来面对科技和社会发展带来的现代性的精神危机。

国家权力的诞生

> 人人相互为战的这种战争状态，还可能产生一种结果，那就是没有任何事情是不公道的。在这儿不会存在是和非，以及公正与不公正的观念。缺乏共同权力的地方也就没有法律，没有法律的地方也就无所谓公不公正。
>
> ——霍布斯

在讨论了人类群体在思想上的种种困境以后，我们注意到了无论是科学，还是宗教抑或是哲学，都没有为人类的总体幸福带来真理和指引作用。进一步来看，我们关注到为什么人类在科学越来越发达的现在会逐渐将时间放在虚拟的网络生活之中。现实生活中的解决方案难道已经难以为继了吗？我们就不能在现实社会中建立人类大同的共同体吗？这里就要涉及政治哲学的范畴了，也就是关于国家和政府如何产生，以及人类是如何建立社会契约的问题。这一节我们就讨论政治哲学中的基本命题，以及人类在这个领域遇到的困境，只有理解了这些问题，我们才能理解为什么人类试图利用科技在虚拟世界创造一个乌托邦，才能理解互联网时代的个体价值的意义追寻为什么无法在现实中实现，这一切都是因为现实的困境从个体层面似乎是无法被突破的。

人性的深渊

要讨论政治哲学命题，就不得不讨论一本在政治哲学上影响最大的著作，即17世纪的英国政治哲学家霍布斯的名作——《利维坦》。这本书被认为是现代政治哲学的奠基之作，书中讨论的人性论、社会契约论及国家的本质等思想在西方政治历史上产生了深远的影响，对我们理解国家的诞生和人类的人性之间的关系有着非常大的帮助，让我们来了解一下这本书的内容，并基于这个内容理解西方式国家是如何产生的。

首先要理解这本书的标题，所谓利维坦，是《圣经》中的一个大海怪的名字，在希伯来语中有"扭曲""旋涡"的含义，在天主教中是与七宗罪中的"嫉妒"相对应的恶魔，霍布斯在这本书中将国家比喻为利维坦。这里我们可以理解为，霍布斯是将国家比喻为意志与人造物的结合并用利维坦当作其形象，更具体地说，霍布斯在书中把利维坦比喻为"人造的神"。如何理解这个概念呢？我们需要从中世纪的经院哲学中得到答案。在很长一段时间内，上帝被认为是理性的代表，而发展到近代，上帝在某些教派看来是意志的代表物。也就是说，当人们意识到有限理性以后，就认为上帝的意志代表了一切，而人类是无法用个人理性去讨论的，因此，霍布斯所谓的利维坦，也就成了意志的代表物。霍布斯认为利维坦国家就是由人造的神，是按照主权者的意志行动的"上帝"，而不是由理性驱动的，它对其中人民的精神和物质有着绝对的权力，而生活在其中的个体，只能相信和遵从它的意志，这就是霍布斯所理解的国家。

既然这样，为什么霍布斯会赞美这样的国家呢？听起来这样的国家是蛮不讲理和为所欲为的。答案是人性。霍布斯认为，国家既不来源于传统，也不来源于上帝，而是由人类自我创造的。创造的基础就是人性，而对于人性的悲观使得霍布斯认为国家的存在几乎是必然的。通过霍布斯的描述，我们可以从三个角度去理解人性，第一，在自然状态下，人的本质就是一种有欲望并追求欲望的生物，而人的真正美德就是怎么样最有效率地去追求和实现个人的欲望。第二，人与人之间是平等的，这里指的是上帝在创造人类的时候就给了人类利己的天性，以及给了人类杀死侵犯自己利益的人的能力，从而导致自然状态下每个人都有可能因为侵犯或者威胁了他人的利益而受到死亡的威胁。第三，霍布斯认为，人类会因为三个基本的动机互相残杀，包括追求利益，追求安全及个人的名誉。因此，如果人与人之间有利益冲突，人为了保命和生存，也会拼个你死我活。这里我们需要注意的是，霍布斯并没有对这一人性进行道德批判，而是认为人们利己的做法无可厚非。因为自然状态下的人类就是秉持了这样的天性，只不过霍布斯认为在这样的状态下，人类根本无法过上像现在这样稳定和安全的生活。每个人都会视他人为自己的敌人，人类会因此生活得非常悲惨。好在人类还拥有理性，所以，人类通过理智产生了自然定律和社会契约。

最后我们讨论当代哲学家米歇尔·福柯关于霍布斯《利维坦》的

分析,与同代人不同,福柯没有选择将语言放在哲学研究的核心,而是选择将权力放在哲学研究的核心。在福柯之前,政治哲学家都假定权力是有本质的。德国社会理论家马克斯·韦伯的非常有影响力的观点是,国家权力是"对合理使用武力的垄断"。英国哲学家和最早论述国家权力的理论家霍布斯认为,权力的本质是国家主权,最好的和最纯粹的权力是在一国之君这个位置上施行的,也就是利维坦的概念,而福柯则认为权力运作的基本形式会随着我们摆脱权力束缚方式的变化而变化。我们在这里看福柯对利维坦中主权概念的讨论。

从霍布斯的描述中,我们看到主权由两种机制构成,一种权力机制是代表机制,主权者是通过制定社会契约,成为全体民众生命权利的代表,从而获得至高无上的权力,福柯称这种权力方式为契约—压迫模式。另一种权力机制是战争机制。在这种权力机制中,主权者通过战争来确定自己的权力,福柯称之为战争—压迫模式。而利维坦中提到的"人与人之间的战争"则是这两种权力机制结合的基础。福柯认为,"所有人与所有人的战争"是特殊的战争,"是一场平等的战争,它在平等中诞生,并在平等原则下展开"。也就是说,一方面,这次战争在平等原则下展开,所以,不存在胜利者和失败者。另一方面,由于双方都知道彼此力量相差无几,因此战争不会真的展开,而是会通过理性计算,让渡自己的战争权力给主权者,从而达成了契约和共识,真正保障了双方的生命权利。因此,就形成了国家产生的基本条件。

总结一下,本节主要讨论的是霍布斯《利维坦》中关于人性的部分,理解了人类天性自利,会因为利益的追逐和个人安全等考虑而产生杀戮和不信任,因此,国家的诞生就是基于人类的利己欲望。我们讨论了福柯对于霍布斯《利维坦》的分析,了解到主权是如何形成的,主权观念代表了契约和战争两种模式的权力机制在国家形成过程中的内涵。只有了解了这一点,才能对现代社会中的国家的产生有深刻理解,才能知道基于民族国家的解决方案实际上是为了应对人性而不得不催生的文明机制。

社会的契约

在讨论了人类的本性以后,我们理解到人类的自然状态——也就是在没有任何社会规范和法律的情况下,人性会因为自利导致每个个体的安全都受到威胁。那么,人类通过什么方式去解决这个问题呢?答案是通过建立国家。正如霍布斯所说:"在国家这个伟大的力量诞生之前,也就是说在自然状态之中,人一直处在恐惧和战争当中,而且这种战争是所有人对所有人的战争。"因此,国家的产生不可避免,接下来我们来看一下国家产生的基本逻辑和特点。

首先我们来看国家产生的过程:第一,人们需要遵从国家的权威,不能改变国家的形式;第二,我们要放弃每个个体的权力,并把这个权力让渡给国家;第三,我们要服从国家的管理,国家有权制定规则和做出任何有利于保护民众的事情;第四,所有人的权力要一起上交给国家,这样才能产生现代意义上的国家的概念。到这里,我们可以深刻地理解霍布斯的利维坦是如何定义的了,它体现了国家是一个人造的代表所有人意志的神,对于每个人来说,国家就像一个大海怪一样拥有至高的权力和力量,因为它是我们所有意志的总和。值得注意的是,这个社会契约并不是我们与国家所签订的,而是我们互相之间签订的,正因为如此,社会契约是无法撤销的,而公民对国家的责任和义务也是无法撤销的。

虽然自然状态下的人类处于一场"所有人对所有人的战争"之中，但是人类与其他动物不同之处是存在理智。因此，在正常情况下，每个人都不会去毁灭自我，而且由于每个人都害怕死亡，以及想保全自我，因此，人类理智催生了社会契约。也就是人们认为，每个人需要放下个体在自然状态下的权力，如杀死任何一个与自己利益冲突或者威胁自己安全的个体的权力，并将这些权力让渡给某个组织来维系所有人的安全，这个举动就是签订社会契约的过程。而当所有人都将自己的权力转交给某个共同体以后，国家也就产生了。简单来说，就是霍布斯认为人类为了谋求个体的最大利益，减少自然状态下的相互冲突带来的威胁，通过自己的理性构建出了一套社会契约，甘愿出让自己的权力，服从国家的统治而守护自身的利益。

然后我们梳理一下霍布斯的契约国家论的基本逻辑，它的实质是描述自然状态下个体如何通过契约建立一个人为的政治共同体。这一理论包含三个环节：契约的订立、共同权力的建立和统一人格的构成。霍布斯所谓的人为国家，其目标就是克服上文所说的自然状态下的人性困境。不过，理性契约结构的形成，需要借助共同权力才能保障义务的有效性，因此，需要通过契约作为国家的基础来建立强制权力。简单来说，同一人格的构成是霍布斯契约国家论的主旨，订立契约是形成统一人格的道路。而绝对权力是国家统一体构成的表现或必然结果，也是通过契约建立统一体的根本保证。只有理解了这个基本逻辑，才能理解霍布斯的契约论的本质，也才能理解现代政治学中以国家为代表的共同体的根本性质和内在矛盾。

最后，我们讨论一下霍布斯的国家理论为什么会被认为是政治哲学历史上伟大的创举。只从他发现了人性的自利性这一点显然不足以得出这个结论，这里我们需要从霍布斯强调的现代国家的特点来理解，主要有三个方面：第一，现代国家是单一的主权实体，也就是现代国家拥有唯一的最高权威，而不是像古代国家那样呈现多头管理的局面；第二，现代国家在一个确定的范围内可以合法使用暴力，也就是暴力的使用需要通过法律实施，而不是像古代的国家那样充满了暴力的滥用；第三，现代国家拥有专业的、理性的官僚队伍来治理国家。所谓专业就是责任制，就是每个官僚的治理行为都意味着责任。所谓理性，就是要求国家的法律的制定对所有人是一视同仁的，而不是为特定的利益集团服务的。正是这三个特点，使得现代国家与古代国家有着明显的差别，现代国家的建立不是为了王室的荣耀或者贵族的特权，也不是为了宗教的发展，它是建立于每个人的个人权力之上的。

总结一下，本节我们讨论了社会契约及现代国家的产生，理解了这一点以后，我们就能理解现代国家产生的基础，也能理解这个基础的产生是基于人类的自利天性。而霍布斯对现代国家的定义让我们理解了正因为社会契约的签订，我们让渡了个体的权力，才使得个人的权利得到了保障，而现代国家的特点也使得它拥有了与以往国家不一样的根源与合法性。

乌托邦的造梦者

上文我们从政治哲学角度讨论了国家的产生，实际上政治哲学的主题就是国家，而国家的形式也寄托了人类对现实社会的理想，著名古希腊哲学家柏拉图的《理想国》就是这一政治哲学思想的代表。然而，现实却是随着人们将权力逐步让渡给国家，国家的性质也发生了变化，人们生而拥有了一个国家的属性，在享受权力的同时也承受了国家对个人权利的侵蚀。著名政治哲学家、哈佛大学教授罗伯特·诺齐克在不朽的名著《无政府，国家与乌托邦》一书中有着关于国家起源的思想，从中我们可以看到现代国家与乌托邦理想之间的差异，也能理解人们在现实中塑造所谓乌托邦时遇到的困境（值得提醒的是，由于历史发展的原因，在书中提及的政治哲学相关理念和思想都限制在西方国家的范畴内）。

首先，我们看到西方现代国家建立之后，关于国家的哲学课题最核心的矛盾在于国家带给人们秩序的同时，也剥夺了个人的自由。西方社会的民族国家的建立，对个人的权利造成了非常大的压榨。因此，思想家们开始研究如何限制国家权力。这就产生了两种主权理论的对立：一种主张国家掌管所有的权力，为人民制定所有生活和生产的方案，极端的例子为"二战"时的法西斯国家及之后产生的各种形态的极权体制；另一种主张国家主权不过是人民主权的外在表现，要以人民为主去限制国家权力，极端的例子为福利国家的出现，人民福利高歌猛进，而国家则彻底沦为福利的机器。实际上，这种情况也会导致国家权力的极端膨胀。

然后，我们看到这种矛盾催生了两种完全不同的思想脉络，一种是以保守主义思想为主，强调国家对市场和社会的干预，著名经济学家凯恩斯和萨缪尔森就属于这个流派。另一种以自由主义思想为主，代表人物为哈耶克和诺齐克。可以看到的是，两种思想背后最重要的矛盾在于平等和自由之间的矛盾。如果过分追求平等，国家的权力就会被放大，就会干涉社会的运行和经济资源的分配。反之，如果过分追求自由，则国家的权力会被限制，需要市场经济去调节社会资源的分配。那么，诺齐克是怎么看待国家的权力和起源的呢？这就要从一个最基本的论点——人的权利说起，诺齐克认为，人的权利是最重要的，个体的权利大于其他。

启蒙运动以来，关于个人权利的论述有很多，无论是卢梭、孟德斯鸠，还是其他启蒙运动的思想家，都认为自由的价值高于一切。诺齐克则从政治哲学的角度去研究，认为个人权利的优先级比其他任何人与任何群体都重要得多，也比国家的权力更加重要。他的理论是，人类的道德法则允许我们通过建立国家来保护自身的安全，但是这个国家是一个"最低限度的国家"。在那里，人们可以自行其是，各自为政，由"看不见的手"来发挥调节作用，人们不必担心被侵犯到个人权利。诺齐克通过所谓"理性重建"或者叫"逻辑重建"的方式，进行了一场从自然状态到保护性社团，然后发展为最低限度国家的思想实验。诺齐克通过这个思想证明了国家的起源的道德基础就在于尊重个人权利，而这个过程中最重要的核心就是国家对个人权利的保护。

事实上，我们可以看到对个人权利的保护与国家权力的扩散之间的矛盾是不可调和的。就如上文所说，西方国家概念的产生伴随着自由和平等两个主要的思想。自由代表对个人权利的捍卫和对专制统治的反对，而平等则代表着政治和社会资源分配是否平等，每个人都应有共同的机会去获取社会的资源。而随着资本主义的发展，尤其是科技的产生导致的财富增长和随之而来的分配不均，整个西方社会开始变得不再平等，这也是为什么近年来西方社会出现了明显的保守主义和反全球化的思想浪潮的原因。从这个角度来说，西方社会中关于民族国家的乌托邦理想，遭遇到了前所未有的困境：强调自由的市场经济，遭遇到了因财富分配不均导致整个社会动荡的问题，典型状况如美国社会强调福利社会和平等供给，这导致了市场发展缓慢，以及人们参与商业的积极性不高；又如过去几年欧洲的社会和经济状况。因此，乌托邦的政治理想，到现在为止都没有在现实中获得完美的解决方案，反而导致了支持平等和支持自由的人群之间严重的分裂，以至于西方社会陷入了严重的社会对立和冲突之中。

最后，我们再来看看本节论述的内容。我们认识到，从人性角度考虑，国家的产生是必然的。霍布斯的理论为国家的起源在道德层面提供了理论基础。而国家产生以后，就必然会面对国家权力和个人权利的冲突的问题，也就是自由和平等之间的对立。我们通过介绍诺齐克的理论，认识到这种对立的理想主义的解决方案就是构建一个最小权力的国家，但在现实情况中，这个方案很难实现。国家的权力一旦存在，就会有不断扩大的内生性需求，而随之产生的就是乌托邦的理想与现实之间的差距。人们需要找到更加符合现状的方案，其中建立以技术为代表的新契约的方案就是其中的一种方式，这也是为什么人们会通过以互联网为代表的新技术来寻找新的社会组织形态的原因之一。

第三部分

智能时代的新文明

第七章　现代文明与秩序

现代文明的危机

　　当竭尽天职已不再与精神的和文化的最高价值发生直接联系的时候，或者，从另一方面说，当天职观念已转化为经济冲动，从而也就不再能感受到了的时候，一般来讲，个人也就根本不会再试图找什么理由为之辩护了。

——韦伯

　　在讨论了人类在思想领域所遇见的困境及在现实中遇到的障碍以后，本章我们从文明的角度来探讨为什么现代文明已经走到了关键的节点。我们重点探讨技术演变带来的人性异化现象对人类社会造成的极大的挑战，也就是现代性问题。无论是从每个个体还是从国家政治角度来说，现代文明在过去数百年间带来的收益已经走到了尽头，而以信息科技为代表的人类文明将带来完全不同于过去文明的选择。只有看清了这个历史节点中最有意义和最宏大的叙事命

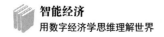

题里的主体所受到的根本性挑战,才能敏锐地观察到人类走向的未来世界的变化的可能性,为我们在最后揭示人类未来文明的走向厘清基本的思想脉络。

文明的进程

在我们讨论文明带来的问题之前,首先要探讨的是文明是如何形成的,当然,我们主要讨论的是现代文明是如何形成的。现代文明之前,如瓦尔特·本雅明所说,"所有关于文明的记录,同时也是关于野蛮的记录"。文中的 Civilization 一词源于拉丁文 "Civilis",有城市化和公民化的含义,文明的发展史就是人们聚集在一起进行分工和合作的一段历史,而这段历史是一个动态演变的过程。文明促进了人类社会的前进,而人类社会的每个选择则让个体主动或者被动地卷入文明的过程中。这里我们来讨论德国著名的社会学家艾伯特·埃利亚斯的名作《文明的进程》,通过这本书一窥数百年间文明演变的内在逻辑。

首先我们从书中要看到的是埃利亚斯对整个西方社会日常生活的各个方面的变化细节的研究。更确切地说,书中研究的重点不是通常意义的不同文明的考古或者宏观的历史叙述,而是在具体的文明过程中人们的行为举止的变化。这个研究角度不仅契合了作者的社会学家的身份,能够从具体的社会研究和调查中获得关于人类文明的真知灼见,而且表达了作者认为文明是长期的演化过程而并不

现代文明与秩序
第七章

存在起点和终点的这层逻辑。正因为如此，我们才能理解为什么我们讨论文明的时候，需要集中讨论的是现代文明的危机，而不是整个文明的危机。

埃利亚斯认为，西方文明在某一历史时期所达到的水准，可以从当时"成人"与儿童在行为举止上的表现差异来判定。儿童的主要特点在于其生理意义上的遗传性，而"成人"则具有了完整的社会意涵，是社会文明的承载者。因此，埃利亚斯把历史上对儿童进行行为规范教育的文字材料当作当时文明程度的指示性标识。他认为作为个人行为举止方式的"文明"，经历了从宫廷礼仪到礼貌，然后到文明的演变过程。这个过程体现的不仅是举止行为从特殊到普遍的传播，还是个人行为举止的明确的"文明化"过程。因此，埃利亚斯将对文明研究的重点放在了就餐行为、谈吐方式、攻击性行为及人们对自然的需要等细节中，通过这些行为来看人的行为是如何受到社会关系的逐步约束，从而实现"文明化"的。

然后我们再来看书中对文明的进程的描述，简单来说，就是描述西方社会自中世纪以后的社会行为的变化，以及这些变化与当时的国家历史演变的背景之间的关系。书中重点梳理了社会习俗的变化和国家政治等宏观命题的发生机制，并通过心理学研究人们对社会行为的心态变化过程，得到了文明的进程的基本逻辑。我们看到这个研究维度是有两条非常明确的主线的，一条是个体行为、性格和心理的微观变迁，另一条是历史及国家变化的宏观进程。我们在理解文明的时候，也只有通过这样的宏观与微观结合的维度，才能发现我们习以为常的行为受到文明和社会影响的原因，也才能理解历史和文化所带来的深层次演化的内在逻辑。简单来说，就是人的行为、性格和心理的变迁这类微观因素，与社会的发展、国家的形成及历史的进程等宏观命题，形成一个相互促进、相互影响的内在机制。

最后，我们从宏观角度去理解文明的进程，埃利亚斯认为社会的发展（或者叫文明的进程）是一个不断流动的动态塑型过程。一方面，文明的发展过程中存在很多偶然性，所以，我们在看历史进程的时候，就会发现人类自诞生以来有很多偶然却不可或缺的因素。另一方面，文明的发展过程中确实有规律，而这些规律是发展过程中所有人的行为、动机和心理总体共同塑造的。由于人性的内在本质变化不大，因此，文明也就拥有了内在规律。比如，个体对安全的需要使其追求国家的存在，而国家的存在也对个体有着反向作用。文明就在这种人类个体的主动塑造和被塑造的过程中实现了，社会秩序与人格秩序相互建构，进而使人类的文明不断演化。

总结一下，我们讨论了埃利亚斯的《文明的进程》一书中的内容，理解了人类行为和宏观历史进程之间的关系。我们知道了文明的形成中人类个体行为和宏观叙事之间的关系，也就理解了我们无时无刻不在塑造文明，为之后我们讨论文明对个体的影响建立了基本的逻辑。正因为这个基本逻辑不仅根植于社会的发展，也根植于每个个体的内心，因此，现代文明的进程所造成的危机，不仅是社会层面的，更是个体精神层面的。

现代文明与秩序
第七章

文明的批判

在讨论了文明的进程以后,我们来观察为什么现代文明不仅带给人类技术和商业上的巨大提升,以及财富和个人欲望的满足,还带来了人性本能的压抑,以及创造了很多原来人类并没有的心理疾病。虽然文明一直被视为人类最重要的成就,也是人类成为万物之灵的最重要的原因,然而遗憾的是,进入现代社会以后,文明带给人类的负面影响却日益增加,这就是为什么现代思想家们开始反思文明的原因。上文介绍的埃利亚斯思想有两大来源:韦伯和弗洛伊德的思想。这两位学者对埃利亚斯的启发也是其通过互动关系的方法对文明进行研究的原因,可以说埃利亚斯的现代性研究在某种意义上就是处在韦伯和弗洛伊德之间的。本节就要介绍弗洛伊德与韦伯对现代性的批判,通过他们的观点来理解现代性的缺陷与问题。

首先来看一下弗洛伊德是怎么理解文明的概念和文明的产生的,这部分观点主要来自他的著作《文明及其缺憾》。弗洛伊德认为文明是人类为了生存而建立的一切规则和取得的所有成就的总和,如法律、国家和城市都属于文明的范畴。而弗洛伊德认为文明的建立有两个主要原因。一个原因是人类出于生存的需要联合在一起来抵抗外在因素的变化带来的风险。由于原始社会的个体面对残酷的自然环境时难以自保,更不用说实现大规模的生产了。在偶然的条件下,人类联合起来形成群体,进而形成了道德伦理和法律等群体生活的规则,至此,文明便随之产生了。另一个原因是关于人类本能和心理层面的,弗洛伊德认为性本能的需求是人类建立文明最核心的动力,性本能衍生、构建了爱情、友谊、家庭和国家的共识等其他内在情感。

接下来我们讨论文明带来的问题，弗洛伊德认为文明的产生是建立在压抑人类本能的基础上的，具体来说就是压抑了人类的性本能和死亡本能。我们前文讨论过，现代文明的形成过程中，最重要的表现就是暴力和破坏行为越来越少，斯蒂芬·平克的《人性中的善良天使》一书对现代文明在这方面的成果大加赞扬。但我们不得不承认的是，人类内心对于暴力行为的追求的本能并没有办法完全消除，因此，就造成了对内心的压抑和破坏。其中性本能的压抑则表现得更加明显，文明推动了一夫一妻制的建立及对家庭伦理的约束，而人类性本能则导致人类对这些约束有相当程度的不适应，更主要的是性本能的能量即力比多受到了文明进程的压抑，导致人类内生性的动力的缺失。

简而言之，弗洛伊德观点的核心思路在于：文明是服务于爱欲的过程，而爱欲需要文明将人类整合在一起，为此文明采取了很多限制力比多的手段，如凭借外部的、社会学的影响。文明使得人类产生了负罪感和道德压力，因此，就可以从人类内部来压抑天生的性欲和攻击性本能，进而将力比多集中到那些可以加强人类彼此之间联系的途径上去。可以说，文明就是建立在对人类本能的约束和放弃的基础之上的，因而，人们在文明化的过程中也丧失了许多追求幸福的能力。

然后，我们来看韦伯的观点，他是现代社会学和公共行政学最重要的创始人之一，他的著作《新教伦理与资本主义精神》奠定了整个资本主义的精神内涵，我们主要关注其关于"现代性诊断"的观点。韦伯认为，现代性最大的问题就在于其本质是形式合理性的建立，而非实质合理性的建立。所谓形式合理性，就是一种事实判断，主要被

现代文明与秩序
第七章

归结为手段、过程的可计算性,集中表现为工具理性。所谓实质合理性,就是一种价值判断,其合理性来自目的本身,集中表现为价值理性。近代以来的历史,就是资本主义通过形式合理性的扩展,从而实现了实质合理性的萎缩。在这个过程中,资本主义通过技术的作用将经济活动、官僚制度及大众文化都联系了起来。

我们来讨论韦伯关于"世界的祛魅"的观点。从传统社会向现代社会的根本变迁,以及这种变迁所带来的现代社会的本质特征及其对人的生存命运所产生的深刻影响,是韦伯所关心的中心问题。"世界的祛魅"即是他在分析和回应这个问题的过程中所形成的最为核心的概念。在韦伯看来,"世界的祛魅"是现代社会的根本特点和必然趋势,它在很大程度上塑造了现代社会的基本面貌,支配着现代人的生存品性和生存处境。

所谓"世界的祛魅",是现代社会的"理性化"过程的结果。这里所说的理性,指的是"工具理性"。在韦伯看来,"现代性"的发展是一个"工具理性"驱逐"价值理性"并逐渐取得主导地位的过程。在"现代性"发轫之初,"价值理性"与"工具理性"之间存在一种相互推动、相互支撑的亲和力,"宗教冲动力"(新教伦理所代表的价值理性)为"经济冲动力"("工具理性")提供"神圣意义"与"终极目的",二者相互依赖,共同为现代价值秩序提供合法性基础。但随着时间的推移,二者的关系导向了一个充满悲剧意味的悖论。工具理性以价值理性为根据,大踏步地征服现世生活,同时也逐渐远离了作为其源动力的价值理性,成为占据统治地位的力量。

我们看到韦伯关于技术本质的判定是其理论的核心之一,即认为技术本质就是形式合理性，也就是认为技术是工具理性的表现。这个观点和亚里士多德将人类获得分为理论、实践和技艺，以及将技艺作为非自由活动典范的观点是一致的。这个观点影响了很多后世的哲学家，如海德格尔、霍克海默及阿多诺等人。海德格尔认为"机械技术是现代技术迄今为止最为显眼的后代"余孽"，而现代技术之本质与现代形而上学的本质是相统一的。"霍克海默和阿多诺则认为理性成为了工具，物质生产活动的目的则成了工具理性思维的附庸。关于技术批判理论，我们之后再讨论，这里只需要知道韦伯的现代性批判的观点影响深远即可。

总结一下，我们分别讨论了韦伯和弗洛伊德对于现代文明的批判，他们的观点不仅对埃利亚斯产生了巨大的影响，也对后来的哲学家们如何看待现代性，以及认知技术的本质产生了深远的影响。我们既要看到现代文明与人类本性之间的冲突和关联，也要看到技术对现代文明和社会的塑造作用，这对我们理解文明带来的益处和危机有很大的帮助。

文明的危机

我们来直面根本性的问题，就是现代文明的破坏性结果是什么，人类社会面临的危机具体在哪些方面。这里我们要从生物学和动物学的角度去研究人性，更具体地说是用现代动物行为学创始人康拉德·洛伦茨的理论来给大家建立一套非哲学层面的人性理论，然后来洞察现代文明的深层危机。

现代文明与秩序
第七章

首先我们来介绍动物行为学及其创始人康拉德·洛伦茨。动物行为学家认为，由于人类是自然选择所进化的物种，因此，他的行为并不会偏离自然的法则和动物的规律，也就是说人类的本性是符合自然的且不存在明确的善或恶的一面。因此，行为动物学认为只有通过理性研究人类的行为所展现的动物本能，才能理解人类行为的科学原理。而康拉德·洛伦茨则是现代动物行为学的创始人，他通过研究动物的本能行为（尤其是鸟类行为）来揭示人类行为的心理本质，并在1973年获得诺贝尔生理学或医学奖。他最大的贡献之一，就是研究市场经济与文明生态灾难之间的内在关系，并定义了人类生态学。他认为人类在文明和技术方面的所有成就带来了人类在社会层面的进步，但是由于生态的反馈机制，这些成就也带来了巨大的破坏性。而我们关注的重点，就在他的论文集《文明人类的八大罪孽》与《人性的退化》中，我们可以看到他的理论中关于人类文明危机的预言几乎都在现实中发生了，而他的思考也为我们研究现代文明的未来方向提供了重要的启示。

现代文明的3种危机类型，包括现代人的心理危机、现代文明带来的文化和道德危机及文明对人类生存空间的破坏和压缩，这3类问题几乎能概括现代文明最核心的要素。

第一类问题是现代人的心理危机，主要表现为现代人普遍焦虑和恐惧、相互之间非常冷漠及内心非常脆弱这3个方面。第一种表现是脆弱引起的情感死亡，现代人越来越不能忍受不快和压力，不停地寻找新的刺激，因此，情感变得越来越不稳定。人们希望在两性感情中极力避免痛苦，以及所有的需求能够快速得到满足，但事实上这使得感情极其脆弱且妨碍了人们追求幸福的目标。第二种表现是人们变得日益冷漠且失去关爱他人的同理心。现代文明带来了城市化及高密度的人群聚集，人们常常会在这样的环境中强调过度理性。人们不再对身边的陌生人展现关爱和表露情感，文明的需求导致人们对自我的要求日益严格，通过压抑自我使得言行符合社会规范，这就导致人类慢慢丧失了在进化过程中形成的独特的共情能力，使得现代社会成为日益冷漠和缺乏关怀的社会。第三种表现就是现代人的普遍焦虑的心理。现代社会的过度竞争带来了现代人的普遍焦虑，而焦虑情绪的本质是恐惧。恐惧不仅导致现代人身体健康程度的下降（亚健康几乎是现代人的通病），而且抑制了人类创造的天性和独处的能力。由于恐惧，人们不敢去从事创造性的工作，只能按部就班地生活，同时人们害怕独处，并因此更加受到孤独的折磨。

第二类问题是现代文明带来的文化和道德危机，因为文化和道德本质上的目的就是克制人的本能冲动，从而形成社会群体行为的平衡，而现代文明破坏了这种平衡。正因为现代文明依赖科学的理论和理性的思想，这让很多传统的看起来不合理的文化、仪式被抛弃。实际上这些看起来复杂冗余的行为却是传统文化的核心，如儒家行为中追求中庸的思想就需要以一系列具体的行为规范来进行加强，而现实是这些行为已经被抛弃了，这就是文化失衡的表现。而道德失衡，则是因为现代人的行为方式发生了蜕变，导致道德的准则受到了干扰，比如不少现代人巨婴化、幼稚化，使得现代社会伦理很难形成，也导致传统道德的标准无法用于衡量现代人。

这就导致了人们在日常生活中，容易被少数舆论所控制，产生从众行为。例如，现代人对时尚的追求，以及对某些特定观念如"有车有房"等想法的认同。每个问题都有标准答案,使得现代人的生活缺乏个性和创造力,特别是由于传播技术的发展,这样的同质化大大增强,人们对用特定的行为来定义自己或者自己归属于某个团体非常热衷,这进一步带来了内心秩序的不平衡。

第三类问题是文明对人类生存空间的破坏和压缩,主要表现为三个层面。第一个层面是资源和环境的危机,现代人按照自己的意愿对自然环境进行大规模的改造,导致自然界产生系统性风险,无论是全球变暖还是大规模的物种灭绝,都是这一危机的表现。第二个层面是审美能力的下降,城市化生活中的重复的大楼及标准化的设施使得现代人逐渐失去了审美能力,毫无个性和美感的生活进一步让人类丧失了对美的感受。第三个层面是文化自信的丧失,这一点不仅体现在现代艺术的课题与范畴逐渐变得无法被公众所接受,变成狭隘范围内的游戏,还体现在人们由于生存空间恶化带来的趋同性丧失了对文化的推崇和尊重。

政治秩序的起源

在统治人类社会的法则中,有一条最明确清晰的法则:如果人们想保持其文明或希望变得更文明的话,那么,他们必须提高并改善处理相互关系的艺术,而这种提高和改善的速度必须和提高地位平等的速度相同。

——亚尔西斯·托克维尔

在讨论了现代文明带给人类的种种危机以后，我们不禁要反思为什么现代文明会发展成如今这样，其对人类本性的压迫难道是一种不得已而为之的选择吗？事实上，要讨论这个问题，就得回答一个根本性问题：人类如何形成了政治秩序？如亚里士多德所说，"人天生是政治动物"，正因为人类群居生活的天性，才形成了社群，而社群的扩大形成了不同的政治制度，现代文明的基础就是以民族、国家为主要形式的现代政治秩序。本节就从政治学角度去探索现代文明和秩序的根源，理解人性在其中的作用，以及在历史浪潮之中作为个体的局限性之所在。唯有我们理解了整个现代性的思想和现实社会架构以后，才能理解后文的讨论，即在技术的催化下，人类文明会有哪些可能发生的演变，对现代性的反抗会在技术元素的催化下诞生哪些完全不同的文明范式。

政治秩序的起源

要讨论政治秩序的起源，就不得不提到这个时代最有影响力的思想家，美国斯坦福大学的政治系教授弗朗西斯·福山。他于 1992 年出版的《历史的终结及最后之人》一书在学术界和思想界引起了巨大讨论，让他成为当代最富有争议的政治学家之一。时隔多年，福山撰写了两本关于政治哲学的著作——《政治秩序的起源》和《政治秩序和政治衰败》，对现代政治体制的起源和发展进行了全面的阐述。我们所讨论的内容的根基，就在于他在这两本书中所提出的关于政治的理论，即所有现代政治都有违背人性的地方，因此，必须取得适当的

现代文明与秩序
第七章

平衡——人性的某些方面不能违背，也不能让人性完全支配体制。

首先，我们要研究的是人的本性，人类的本性是政治动物这一论断早已有之，但是福山将这个理论用现代人类学的成果进行了论证。福山认为，人类是社会性动物，自然的人类社交基于两种基本形式：亲属选择和互利行为。所谓亲属选择，就是基于现代生物进化学的研究，有性繁殖动物会基于彼此共享的基因数量比例而相互照顾及传递资源，也就是会在资源上偏袒有基因关系的亲属。而所谓互利行为，就是指没有亲属关系的个体在长期群居生活中形成的情感，导致了这样的群体更容易发生资源传递。简单来说，就是人类的天性致使人类会因为这两种不同的作用产生资源交换，而在不同的文化及历史时期，这样的行为也是普遍存在的。换言之，人类的集体生活使得人们必须是政治动物，正如亚里士多德所说，如果一个人不归属于任何一个城邦，与政治一点关系都没有，那他不是一个鄙夫，就是一个超人。

福山还提到了其他几个政治起源的要素，我们在这里总结一下。第一，人性中天生有制定规则的偏好，而且通过规则可以减少与他人相处的成本，从而实现了更大规模和更大范围的集体活动。如果脱离了规则，社群或者集体就失去了形成的前提。第二，政治可以约束深藏于人性中的暴力本能，正如史蒂芬·平克在《人性中的善良天使》一书中提到的，约束我们暴力倾向的第一种力量就是利维坦（也就是国家）。前文提到国家垄断了暴力的使用，这也是政治秩序的体现。第三，人类天性中有寻求他人认可的基因，尤其希望在社交活动中受到认可。我们可以看到历史上大多数政治诉求，并不完全是出于物质需求，而是因为要寻求认可。

然后，我们来看国家的形成。这里主要研究的是人类自发互相协作的天性，我们在前文中也提到过，人类进行群居生活的外部原因是对暴力的恐惧及安全的需求，这两个原因是人类形成群体的基本前提。而政治秩序的起源则需要两个要素：第一个是文化的建构，也就是群居生活的人类需要建立规则和制度。这些规则和制度就演变为不同类型的政治制度和文化传统，来帮助社群降低决策成本，以及提升社群的凝聚力，文化上的认同使得人们能够在同一个政治实体下共同协作。第二个是暴力，暴力的因素不仅源于人类的动物天性，也是因为暴力活动是古代社会效率最高、成本最低的手段。因此，人类在暴力活动中有效地实现了群体的扩大及文化的认同，群体便逐步演化成现代的国家。

最后，我们来看福山对合理的政治秩序的理解。除了国家，福山提到了两个其他因素：一个是健全的法制，用以维持国家运转并提升国家的竞争力；另一个是负责任的政府，将公共利益置于自身利益之上。福山以古代中国为例来论述为什么法治不可缺少，他认为中国古代的国家力量太强，而没有法治来约束皇权，导致了现代国家无法产生。然后福山以法国大革命为例，论述了负责任政府的重要性，他认为正是由于在法国大革命前的很多年以内，法国被贵族所统治，而贵族之间为了个体利益不惜损害公共利益，最终导致法国政治制度的崩溃。法治的重要性在于，提供一种全社会成员共同承认的普遍原则和最高权威，而这是现代国家形成的根本基础。

总结一下，本节讨论的是政治思想家福山关于政治秩序起源的理论框架，让我们理解了现代政治秩序起源于人类的本性，而现代国家需要法治和政府的力量才能建构。政治秩序的建立，需要人性、法治和政府三者之间的平衡，只有这样才能实现社会的繁荣和政治秩序的稳定。

政治秩序的变迁

在介绍了政治秩序的起源以后，我们需要关注的问题是在人类漫长的文明历史中，政治秩序是如何演化的，尤其是进入现代文明以后，我们可以看到整个世界的政治秩序与现代化的进程有着明显的差异，比如 20 世纪中期，亚非拉的一系列国家走向了独立，但之后出现了严重的政治秩序不稳定问题，尤其是拉丁美洲出现的所谓中等收入陷阱问题。为什么经济的发展没有带来政治的稳定？政治秩序的演化和现代化之间的关系如何？这里我们需要研究福山的另一部著作——《政治秩序与政治衰败》，以及他的老师萨缪尔·亨廷顿的著作——《变化社会中的政治秩序》中关于政治秩序的演变的理论，理解政治演变的基本逻辑以后，我们就可以理解现代文明所形成的国际政治格局的内部动力所在，也拥有了理解现代社会的基本的理论框架。

首先我们来认识政治到底是什么。从历史发展规律来看，人类从拥有文明以来都处于政治生活之中，正如亚里士多德在《政治学》开篇提到的"人天生是政治动物"。亨廷顿认为，人们必须关心政治的原因，就在于政治可以带来秩序，只有在秩序之下人类的行为才能展开。那么，我们应该怎么建立稳定、有效的政治秩序呢？亨廷顿引入了法国政治学家托克维尔的观点，认为必须提高"处理相互关系的艺术"。这里的矛盾在于，如果政治参与提高的速度太快，那么人们在政治上的相互关系就会更加复杂，而"处理相互关系的艺术"却发展较慢，没有发展出一套切实可行的政治制度，就会出现不稳定。也就是说，在政治秩序的供给与需求中存在差距，就会导致政治秩序的不稳定。

我们来看亨廷顿提出的一个基本理论：不同国家政治的最大区别在于政府的有效程度，而和政治秩序如何组织没有任何关系。我们要知道，相比西方学者所鼓吹的自由民主的那套理论，这个理论的出发点非常务实可靠。因为它将重心放在了政府的核心能力，也就是政治秩序的提供上。亨廷顿进一步阐释了判断政治秩序的3个基本原则：第一，该国所采用的政治体制和政府形式，是否得到多数民众的共识和认同。第二，政府在多大程度上能够建立行之有效的组织机构对国家进行治理。第三，政府有多大能力约束政治冲突，化解内部的不同利益群体的矛盾。只要满足了这三点，亨廷顿就认为这个国家为人民提供了政治秩序。反之，这个国家很有可能迎来的是政治衰败。

从这个角度来说，我们就能够理解亚非拉很多国家政治衰败的原因，不在于这些国家采取了什么样的政治形式，而是政治秩序的能力不匹配，那么为什么在之前这些国家没有这个问题呢？亨廷顿的答案是现代化。现代化带来的剧烈变化使得这些国家的政治格局产生了根本性的变化，在那之前主要是贵族、宗教领袖和官僚上层参与政治，后来随着现代化的深入，整个社会阶层有了根本性变化，从而带来了政治的不稳定。当整个社会日益分化为各个有不同利益诉求的群体，而这个国家没有发展出一套行之有效的政治制度时，就会产生社会的动荡和政治的衰败。换句话说，就是传统社会和现代化完成的社会都趋于稳定，而中间发展过程中则是存在很大风险的，这也是为什么经济发展和政治秩序之间并没有线性关系的原因。

现代文明与秩序
第七章

我们再来思考福山关于政治发展的理论，也就是国家、法治和负责任的政府之间的平衡，实际上也就说明在三个层面的基础能力构成了政治秩序演化的基本因素。福山在《政治秩序与政治衰败》一书中继续论述，政治发展和生物进化类似，以变异和选择这两个原则为互动基础。正是由于相互竞争及和外部环境互动，政治制度的性质会产生变异，某些政治制度会生存下来而其他的则不再满足需求，从而产生政治衰败并消失。政治秩序在演化过程中，最大的外部变量在于经济增长和外部竞争带来的内部社会的变化，新的社会群体拥有了进入政治秩序中表达利益诉求的动力。现代文明国家的核心目标，就是如何通过政治秩序的不断演化，接纳扩大的利益群体，以保持整个现代化过程的稳定秩序。

总结一下，我们在这里讨论了政治秩序的变迁，理解了政治秩序与组织形态之间并无直接关系，而与政治秩序的提供者的能力边界有关系。在社会发展和经济发展过程中，现代国家的重点就在于提升治理能力来满足不同社会群体的利益诉求，提供基于法治基础的政府服务。理解了这一点，我们就理解了现代文明过程中现实的复杂性之所在。当然，这里只是从单个国家这样的个体来理解现代文明和现代社会，我们还需要讨论在文明发展过程中世界秩序的变化问题，尤其是近年来出现的全球化退潮等问题的实质，这样我们就能构建起整套理解现实文明和社会基础的政治理论了。

世界秩序的演化

最后我们来讨论关于世界秩序的问题，为什么关注这个问题？这里可以从两个角度来理解。第一，我们研究现代文明及其历史渊源，需要理解的就是秩序是最高的文明体现形式，而政治秩序则是最重要的现实世界的秩序。第二，我们关注未来文明，就需要理解过去几千年来的世界秩序是如何形成的，理解这个时代的不同地区秩序观之间的冲突的内核。为了理解世界秩序的形成和文明之间的冲突，下面介绍两位重要学者的观点，一位是前文提到的亨廷顿，他在1996年发表的《文明的冲突与世界秩序的重建》成为迄今为止最受争议的国际政治学著作。另一位是美国前任国务卿亨利·基辛格，他在2015年出版的《世界秩序》一书中详细阐述了他对过去400年间世界秩序的观点，为我们理解整个文明的演变提供了重要的思考维度。

  首先我们来介绍亨廷顿的政治学研究的成果和背景。2008年12月24日，亨廷顿与世长辞。哈佛大学经济学教授亨利·罗索夫斯基评价道："正是塞缪尔这样的学者使哈佛大学成为一所伟大的大学，世界各地的人们研究和争论他的观点。我想，他无疑是最近50年最有影响力的政治科学家之一。"而《纽约时报》则认为他的作品塑造了美国人在政治关系、政治法治和全球文化冲突上的观点。《华盛顿邮报》则在2017年发表了一篇《塞缪尔·亨廷顿：特朗普时代的预言家》来说明亨廷顿对政治的预见性。实际上，亨廷顿最大的贡献和特点就在于，一方面，帮助美国人认知政治和全球事物，从而重塑了美国人的观念。另一方面，通过惊人的前瞻性和预见能力，为西方政治指引前进的方向。比如，20世纪60年代，当西方政治学界普遍信奉现代化理论，也就是认为现代化必然会带来民主化时，亨廷顿则指出，对于第三世界国家来说，现代化未必导致民主化，反倒是带来了政治衰败。他认为对一个快速现代化的国家来说，过快的政治参与速度超过

现代文明与秩序
第七章

了政治制度的包容能力，就会导致政治衰败。亨廷顿最大的贡献在于他通过预见和思考政治的逻辑和未来，为西方政治秩序的发展提供了瞭望的望远镜，从而影响了当下的西方政治进程。

亨廷顿的《文明的冲突与世界秩序的重建》一书出版后引发了很大的争议。在书中，亨廷顿认为未来的世界是不同文明之间的竞争，并不会出现一个"一统天下"的文明，而未来世界的格局将由这些文明之间的冲突所决定。我们需要从三个角度去理解这个观点：第一，我们可以看到用文明作为冷战之后的全球政治格局的划分维度，是一个非常有启发性的方法。亨廷顿用文明来概括一个特定群体的思维方式和生活方式，打破了民族国家、贫富不均及东西方冲突等主流思维方式的困境。也就是说，文化认同取代了民族国家等概念成为不同个体之间是否认可对方的基本要素。第二，亨廷顿认为文明的强弱，取决于它所处的核心国家，如中国、日本、印度、俄罗斯、美国和欧盟的德国与法国分别代表了各自文明，而作为对比，伊斯兰文明和拉美文明则缺乏这样强大的核心。这就导致了不同文明的强弱有了明显差异，以及某些特定文明将要获得更强的制定世界秩序规则的能力。第三，文明冲突论决定了不同文明之间需要建立协调机制，而西方文明不能成为所有文明的主导，不同文明的并存才是最大的可能性。亨廷顿认为西方文明一方面在支配着现实的世界秩序，另一方面由于经济与军事实力下降，它的影响力正在不断衰落。

当然，这本书引发了很大的争议，主要原因在于这个理论过度强调了文明的作用。而文明本身不具备国家的功能，也无法做决定或者受到控制。还有学者认为现在世界的主要冲突是内部的协调而非国家之间的冲突，更有甚者认为这个理论使得文明之间的对立情绪变得不可调和。事实上，我们可以认为这是创见性的理论，而并非是能够解释一切理论的通用框架。

接下来，我们来看作为实干家的基辛格在《世界秩序》一书中阐释的理论，这本书中的洞见能够给我们进一步的启发。

在这本书中，基辛格首先介绍了欧洲的世界秩序的形成。自公元476年西罗马帝国灭亡后，西方经历了1000年左右的战争。而在1517年之后的30年战争则是不同国家之间矛盾的最高点，在那之后欧洲各国签署了基于平等的国家条约——《威斯特伐利亚合约》，这也是现代外交和国际关系的基础。这个合约最主要的条款有：第一，不同主权的国家是平等的。第二，不得干涉其他主权国家内政。第三，主权国家之间派驻大使机构。这个条约不仅建立了现代国家的概念，解决了欧洲的很多问题，而且让欧洲统一的可能性几乎断绝了。而后来签订的《维也纳和约》则延续了这个条约的作用，只不过由于大航海的发展，欧洲各国之间的平衡被打破，从而导致了两次世界大战的发生。随着第二次世界大战结束及联合国的建立，新的世界秩序就形成了，不仅吸收了《威斯特伐利亚合约》中的各国平等和主权独立的观念，也更强调各国均势守恒的理念，奠定了现在世界秩序的基础。

我们可以从书中看到基辛格的大历史观所在，也能看到他对现实世界里西方社会逐渐衰落的国际政治影响力和全球冲突的爆发感到忧心忡忡。尤其是对于冷战之后的世界秩序，东西方实际上是有很大的认同差异的。西方国家以心物二元论为基本哲学基础，认为最重要的是通过理性观察和研究世界，从而决定自身的行为决策。而东方国家则强调外部世界是由内在观念所形成的，强调内省和不断的自我优化。这也导致了文化之间的冲突,以及相互的政策不理解。而且基辛格也认为在新的世界秩序中,国家作为国际政治的基本单元,面临了非常大的困难,日益全球化的经济合作与基于民族国家的组织形式并不匹配,从而带来了全球治理的困难,而不同的国家之间也很难取得关于世界秩序的统一共识。

总结一下,我们通过亨廷顿和基辛格关于世界秩序的观察,可以看到文明世界的秩序的建立经历了非常复杂而坎坷的过程,而现实中的政治秩序的统一并不是可以预期的未来。如果以民族国家为基础的世界秩序无法取得统一的认同,我们就需要思考未来世界秩序的建立是否将基于其他的维度。从文明角度来说,是否能建立新的共识就是最核心的要素,因此接下来就要讨论信息文明的建立,以及这股浪潮对现实政治秩序的内在影响。

民族国家与国家理论

民族被想象为一个共同体,因为尽管在每个民族内部都可能存在普遍的不平等与剥削,但民族总是被设想为一种深刻的、平等的同志爱。

——本尼迪克特·安德森

在讨论了现代政治秩序的起源及发展，以及世界秩序的变化以后，我们能理解民族国家是如何形成的了，并理解为什么人类需要稳定的政治秩序。不过，随着全球化的发展，以及信息和技术的流通，民族国家的形式一再受到挑战。过去，国家通过对于传统文化的独占，尤其是通过民族认同的构建和再构建，从而对人们的历史和时间观进行的统治，受到了信息社会带来的自主性的多元认同的挑战。而国家过去设立跨国的组织来确保其在全球范围内统治的模式，也受到了不同民族国家之间的认同融合带来的挑战。准确地说，这是民族国家的权力而非影响力的减小。本节就要讨论民族国家权力的危机，以及信息社会的政治形势与以往的时代的差异，最后讨论全球化退潮的内在原因。理解了这一点，就能理解未来的人类社会，以及信息社会对整个文明的建构的方向。

民族国家的挑战

在这里我们来思考一个问题：什么叫民族国家呢？引用安东尼·吉登斯的概念就是，民族国家存在于其他民族国家的复合体中，乃是一组治理的制度形式，保有对特定边界的领土的行政垄断，并通过法律以及对内和对外的暴力工具的直接控制，以确保其统治。简单来说，民族国家是有疆界的权力载体，需要从它的起源和载体进行分析。我们这里以美国学者本尼迪克特·安德森《想象的共同体》一书中关于国家的观点为基础，来讨论民族国家面临的挑战和危机。

现代文明与秩序
第七章

首先我们来讨论民族国家与民族主义之间的关系，虽然我们现在认为民族的意识早就存在，而实际上民族意识的形成是近代现象而不是古已有之。例如，中国在晚清之前都认为自己是"天下"，而并没有现代国家的概念。民族国家概念首先产生于欧洲，从1648年签订的《威斯特伐利亚合约》开始出现，到18世纪末19世纪初大行其道，以至于到两次世界大战后成为一种全球化浪潮。正如当代欧洲思想家恩斯特·杰勒所说，民族主义不是民族自我意识的觉醒，而是在本不存在民族的地方发明了民族。发明的意思就是通过想象和创造产生，实际上我们上文也提到了，只要关系超过血缘、规模大于村落、复杂程度超过人际网络及其自然延伸的社会组织及其意识形态，都属于想象的构造。也就是说国家也属于"想象的共同体"。安德森认为，三种力量催生了民族意识：资本主义诞生、印刷术普及及本地语言的崛起。正因为这三种力量，才使得民族主义成为不同政府管理国家的工具，成为世界政治的主流。

民族主义自身带有矛盾性，可以总结为三点。第一，民族主义客观上是现代社会所想象和塑造的，但是民族主义者却认为这个观念古已有之，这和现实造成了冲突。第二，民族主义既有普遍性又有特殊性，每个人都认为自己属于某个民族，但是民族本身的概念又是狭隘和独立的。第三，民族和国家的概念有内在冲突，一方面，民族数量很多但是国家数量有限，国家建立后需要解决民族融合和共识的问题。另一方面，民族主义的过度激烈化会导致国家本身的危机，尤其是在单一民族国家。

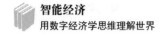

然后我们从全球化的经济浪潮中去看民族国家产生的问题。现在所看到的相互依存的国际金融和货币市场，其实质是通过一套完整的国际金融体系将各国的金融交易链接起来，形成的一个系统性的金融组织。这个全球化的过程是目前实现货币金融稳定和全球贸易的唯一方式，但是实际上却存在不可避免的内生矛盾和问题。

最后我们来讨论全球化犯罪的问题，正是犯罪组织的全球化尤其是技术对整个犯罪过程信息的加密，导致了传统政治秩序的不稳定。更大的风险在于，全球化犯罪是与全球化金融市场相关联的，每年在全球金融系统中产生的大量非法来源的洗钱资金，大大增加了相关执法机构进行追踪的难度。其他的风险在于以下几个方面：第一，跨国犯罪往往规模较大、影响深远，一些拉美或者非洲的小国的政府往往牵涉其中，导致其难以被控制；第二，由于国际政治的复杂性，民族国家之间进行合作以打击犯罪的动力较弱，尤其是在存在对抗的民族国家之间；第三，有些跨国犯罪往往给民族国家带来系统性的经济风险，在现代的国际政治机制中难以应对。

总结一下，我们分析了现代民族国家的产生与民族主义的内在矛盾。我们看到民族国家受到全球化经济、技术发展及跨国犯罪的威胁，尤其是技术的发展导致全球化加速带来的威胁。那么，我们就要考虑在更远的未来，在信息与权力在全球化过程中不断流动的前提下，民族国家的权力是否会受到根本性的威胁，是否有超国家的机构和组织会对整个现代政治机制进行重构，这个就是接下来要讨论的全球治理和超民族国家的问题，也是我们观察现代文明格局的一个重要角度。

国家理论的危机

在讨论了民族国家的危机现象以后，我们需要从现象中观测到本质，尤其是现有的一些趋势中关于民族国家危机的解决方案是否有效。首先要分析民族国家成立的前提，即国家认同，在历史发展过程中所面临的危机。然后观察一些现实的解决方案，如超民族国家的共同体，是否能够应对这样的危机。最后，从深层次理论方面来分析国家这一构架可能面临的风险。

首先，我们从国家的基本成立前提开始分析，即国家就是人民对认同的选择的制度化过程。前文讨论了国家成立的过程，可以看到国家成立的前提就是生活在特定区域的人民对国家和社会的认同，而事实上这种认同正在受到威胁。当地方对国家的认同报以怀疑时，就会主动拒绝整合并以严格的民族或者种族的方式进行自我划分，导致民族国家出现分裂问题。

最后，我们来讨论民族国家制度的外在挑战。很多学者认为民族国家的替代者包括城市国家、贸易联盟及军事和外交联盟等，事实上反映的问题是民族国家在不同权力发展过程中正在发生去中心化的现象，而这是民族国家不得不面临的核心问题。简单来说，就是民族国家要参与国际政治和全球治理课题，因此，更多的扮演角色并非主权实体，而是超国家机制中的成员角色。我们可以理解为，由于全球化进程的不断推进,民族国家并不会消失,而是成为一个更大组织中的一员。在可见的未来,民族国家中的不同共识将会凝聚成不同的超国家组织,从而形成更大的权力网络。这个危机的根源在于,民族国家权力必须依赖这些不同的共识扩张,扩张的过程也就是去中心化的过程。当我们考虑涉及国家形成的基本理论,如制度论、工具论及多元论时,我们可以看到以往的这些理论都理所当然地将民族国家视为主体,而事实上我们可以从更宏观的维度看,就是人们的社会认同会更加复杂,而这些认同将产生许多跨越民族国家的组织,从而带来新的超国家的组织形态。

总结一下,本节讨论了民族国家的发展趋势和危机,事实上我们并不是说国家这样的形式会消失,至少我认为在相当长一段时间内并不会。我们要强调的是新的共识机制的产生将会替代民族国家成为更加宏大的全球治理的机构。简单来说,就是人们会因为新的共识和认同而跨越民族国家的概念,并通过构建新的制度机构来展现这份认同。这种认同有可能是因为民族,有可能是为了解决共同的问题,但是这并不会使得人们轻易地放弃国家的观念,只不过人们的交流是以身份认同为基础,而不是基于国土和历史领域的认同,而当代民族国家所产生的问题也说明了新的共识机制的建立迫在眉睫。

信息社会的崛起

前文讨论的内容是,由于信息技术、全球化等原因,民族国家遇到了巨大的危机。但是我们并不认为民族国家在可预见的时间内

现代文明与秩序
第七章

会很快丧失权威，国家之间的竞争也不会停止，跨国企业之间的竞争也依旧依赖于以国家为根基的保护，也就是说，民族国家将消失无踪这一看法是非常荒谬的。我们要看到的核心在于，民族国家的权力在全球化过程中的角色在发生转变，而在这个转变过程中，一方面，为了更好地实现全球化，民族国家的权力会发生部分的转移；另一方面，民族国家则成了本国人民避免全球化带来的危机的避难所。因此，就产生了内生性的矛盾，也就是越强调民族和共识，越难以在全球化过程中的权力再分配中获得更多的利益，而国际化越顺利，离心力就会越大，民族国家权力的危机就会增强。本节我们就来讨论在当代信息化非常发达的情况下，如何理解和处理这种内生性的矛盾。

  首先我们需要定义这个问题的实质。实际上，我们可以看到权力本身在历史演变过程中的变化轨迹，在西方过去漫长的历史中权力属于国王、宗教及寡头。权力的定义为将少部分人的意志强加于大多数人，并改变其行为和动机的能力。然而，当代社会权力的内涵和外延都发生了巨大的变化，不仅是政治权力发生了变化，而且人们的生活方式与角色分配也有了不同的权力结构。例如，在医院或者学校中，老师和医生也拥有了很大的特权。因此，权力在开放的社会当中产生了巨大的流动，我们把这种流动过程结合民族国家和全球化的过程一起看，也就看到这个问题的实质是开放的经济和社会与相对封闭的社群和共同体之间的内在冲突。社会越来越开放，使得不同的社群和共识得以建立，而民族国家的共识则不可避免地受到了破坏，这就是我们面临的在当代信息化社会的崛起中如何进行

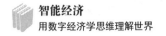

治理的问题的实质所在。

然后我们来看信息化媒体（主要指以互联网为代表的信息技术）是如何改变现实的政治空间的，这里以西方国家为案例去理解。以美国为例，传统媒体的影响力（如电视、报纸等）明显受到了新媒体的冲击，这一冲击在美国总统特朗普的竞选过程当中有较为明显的体现。主流的美国媒体如电视通过集中的报道及电视辩论的方式去影响政治的效果受到了互联网媒体的挑战，尤其是社交媒体的作用在与日俱增。过去数十年的美国总统选举都是以电视作为主要战场，如今社交媒体上所经营的个人形象则成为最重要的因素之一。简单来说，原来美国的政治受到媒体影响的方式是，不得不通过不断在传统媒体上曝光去扩大自己的影响力，而现在新媒体的出现则完成了对个人竞选者的政治人格更加全面的重塑。媒体的主战场从权威被扩散到了个人，公众更关心竞选者的私人形象而非在电视上的表演，这就是过去十几年互联网带来的最大的改变。

最后我们来讨论信息技术的影响范畴。在美国，信息技术影响政治的方式主要有三种：第一，通过不同的媒体，如电视、互联网来构建复杂的传播系统；第二，通过媒体营销，如传统的电视广告及社交网络的广告等塑造政治候选人的个人形象；第三，通过信息技术对民意进行调查，从而获得更加详细的数据来修正参选人的每一次竞选活动。技术不仅改变了媒体的政治角色，也因为和营销的结合而几乎左右了美国政治的进程。最典型的案例是，社交媒体的出现让公众对竞选者的私人行为更加关注，因此，竞选中采取更加娱乐和竞争的方式就不可避免了，而传统的与选民保持疏离和树立过于理性的形象等方式则难免失败。这样的现象不仅出现在美国,在欧洲政坛也出现了。这股风潮的出现毫无疑问是受到了新媒体的影响,旧有的老式精英领袖让这些国家的选民感到没有新的希望,并且落后于时代,而年轻领袖们乐于用新媒体表达自己的政见甚至展现个人的私生活,因此受到了年轻选民的认可,从而形成了这样的风潮。

简单来说,信息化技术,尤其是媒体和通信技术的发展对民族国家权力的威胁,主要可以分为三个方面的挑战:所有权的全球化、技术的高速发展带来的弹性变化及媒体多元化。这在互联网领域的发展过程中体现得尤为明显。互联网技术高度发展,媒体行业的成本在变低,全球化的趋势在增强,而且政府的相关政策往往赶不上技术的变化。换句话说,信息化技术发展的过程同时也是媒体在进行全球化的过程。尤其是媒体多元化使得媒体的权力从主流的传统媒体手中逐渐传递到不同个体的手中,导致整个媒体话语权的变化。民族国家在这个过程当中既面临信息流动失控的风险,也面临丧失和全球科技进行交流和通信的风险。我们可以理解为,媒体技术尤其是互联网相关技术的全球化过程,也是去民族化和国家化并产生新的认同机制的过程。

总结一下,信息社会的出现推动了政治环境的基本要素和格局的变化,不过我们也并不认可新的信息媒介能够完全主导政治格局,我们看到的更多的是整个制度的规则和玩法在变化。主要的趋势在于三个方面:第一,民族国家的共识和认同正在趋于多元化,这种共识正在跨越国家的界限;第二,技术增加了不同群体参与政治和表达意愿的机会,形成了新的政治共识,自古希腊传承的雅典式民主正在技术

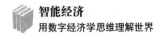

的促进下变为现实；第三，信息技术让精英们的表演从公共领域扩展到了私生活，不仅个人的政治理念会影响其政治前景，个人在私生活上的观点和想法也会影响选民对其的看法。人们开始关注公共事务以外的政治精英们的表现，这种情况加速了政治生态向更加复杂和偶然的方向演化。

第八章　信息时代的文明

信息文明技术观

要了解"数字化生存"的价值和影响,最好的办法就是思考"比特"和"原子"的差异,虽然我们毫无疑问地生活在信息时代,但大多数信息却是以原子的形式散发的……信息高速公路化的含义就是以光速在全球传输没有重量的比特。

——尼古拉·尼葛洛庞帝

前一部分我们讨论了现代文明与秩序危机,从政治秩序和文明发展角度理解了现代文明带来了大量好处的同时,也带来了对人类本性和个体自由的约束。在所有影响文明发展的要素中,信息技术成为当代文明进程中最重要的要素。本部分就来讨论信息文明中的技术、经济和商业等关键要素,通过梳理信息文明的自然史,对整个现代社会的基本技术结构和文明建立较为全面的洞察。只有理解了技术范式的革命,才能找到下一站我们所要到达的未来的边界和方向。尤其值得注意的是,本书内容的核心之一就是信息,信息在自然界不仅是基因传递的核心,如通过决定蛋白质的次序来形成生命结构,也是文明进程中塑造基本环境的要素,如人类或者其他生物通过感知信息来树立对世界的基本观。因此,我们讨论信息技术的范畴,不仅会涉及与信息技术革命相关的信息概念,也会涉及自然历史层面的信息价值。从媒介的历史和作用中讨论信息革命,而不限于技术的范畴。

信息技术革命

首先我们来讨论信息技术革命,这个部分也是读者较为熟悉的部分。我们先从字面上理解革命和技术的内涵。技术革命的概念,实际上有两个不同层面的含义,一个层面指的是人类在文明进程中,由于技术在短期内爆发性的进展和突破,历史进程脱离了稳定和缓慢的通道,从而形成了文明进程中少数的时间间隙,这就是技术革命。信息技术革命的定义,实际上指的是围绕着信息技术而组成的技术范式的革命。具体来说,信息技术包括微电子、计算机、通信技术、互联网等多种技术类型,更广泛的定义中,我们将生物遗传技术也包括在信息技术中:一方面,生物遗传技术中的编码和解码等过程是我们在理解信息概念时不可避免的课题;另一方面,以互联网、人工智能为代表的技术不可避免地与生物遗传技术中的信息传递思想相融合,因此,信息技术的范畴包括生物遗传技术是合理的。

讨论到技术革命,我们不得不联想到人类在历史上著名的两次工业革命。这两次技术革命的共同点在于具有普遍性,即技术的发展导致了人类活动的所有行为都有了新的变化。不过不同于过去两次工业革命,能源技术(蒸汽、电力、石油等)是整个技术的核心,信息技

信息时代的文明
第八章

术革命的核心在于信息技术改变了人们知识生产和信息沟通的方式。也就是说，原有的技术革命的核心在于生产力层面的变化，而当前技术革命的特性在于人类生产活动的基本行为逻辑的变化，其影响更为深远和本质。更进一步说，就是信息技术革命的发展不是单纯地使用现有的技术工具，而是通过技术发展使得生产关系和生产力发生了本质性的变化。例如，互联网技术的不断发展，并不是技术层面的突破，而是人们在不断创造需求，以及满足需求的过程中，实现了技术的不断升级，推动了整个社会文明体系的演化。

从另一个层面理解信息革命，就是信息革命的核心在于人类的心智成为生产力的主导，而在过去的技术革命中，人类的心智只不过是其中一个要素而已。从媒介的角度去理解信息技术、计算机、通信技术、互联网等概念，其本质都是对人类心智的扩大和延伸。这轮技术革命的核心就在于，通过人类心智的创造能力，使得其利用技术不断对文明的不同要素甚至人类自身进行改造，从而从根本上改变整个文明进程。这一点，从过去几十年中互联网技术的发展历程，以及正在发生的人工智能革命中就能看出其逻辑和演变。如果说互联网技术改变了现实人类生活的基本范式，那么人工智能将改变人类生产和生存的基本范式，以及逐步打破人与机器的界限，形成新的智能物种。在更远的未来里，生物科技的发展则会改变人类自身的生存范式，使得新的文明彻底颠覆以往的历史进程。

最后，我们来讨论以往两次工业革命和本次信息革命在影响范畴上的差异。实际上前两次工业革命在发生的时候，其影响范围是相当有限的。例如，第一次工业革命主要发生在英国及几个西欧国家（包括美国和澳洲），并没有影响到其他的文明世界。而第二次工业革命的中心是德国和美国，当时柏林、纽约和波士顿被称为世界的科技工业中心。技术突破往往是在某些特定地域成体系地出现，彼此之间有相互影响和反馈，即产生集群现象。而到了信息革命时代，美国的硅谷则成了新技术的最早的圣地，这一切都展现了技术创新和社会制度的演变之间的内在关系。

除了上述特征，我们把信息革命或者称为IT产业革命的特点总结为三点。第一，迄今为止，信息革命经历了接近两个世纪的发展，仍然在延续并扩展到了其他领域。其他产业无论是交通运输还是航空航天，或者是能源医学，基本上都会高速发展一段时间后就趋于平缓。但是，信息领域的革命则不断给我们惊喜，新兴的技术也不断出现。第二，信息产品的服务和价格不断下降，甚至趋近于免费。一方面，是以计算机为代表的IT设备的不断降价，摩尔定律在IT产业起着重要的作用。另一方面，以免费思想为基础的互联网发展迅速，也为人们带来了更好的服务和体验。第三，IT产业革命的核心在于，将所有的现实问题转化为数学问题，也就是说数学的思维或者称为算法的思维是IT革命的核心。无论是早期的计算机的发展，还是现在人工智能的热潮，其基础都在于数学理论思想的应用。

总结一下，我们主要讨论了信息技术革命的概念和内涵，以及与以往两次工业革命的差异，尤其是讨论了这次信息技术革命实质上是对人类心智及文明范式的彻底颠覆，以及技术革命在发生时的集群特质。理解信息革命的内涵，能为我们预测未来文明的走向奠定基础，因为技术已经不可逆转地成为所有文明要素中最大的变量。接下来就从媒介角度讨论信息革命的影响和演化，来帮助我们理解信息的价值及其影响力的根源。

互联网的隐喻

在讨论了信息革命的特点以后,我们看到在信息技术范式下,不同的技术领域之间大量聚合并演化为更为复杂和高级的技术形态,其中互联网就是最为重要的技术形态之一。这个部分我们就专门来讨论互联网作为信息媒介的特质,以及互联网所体现的媒介情境理论的内涵。

首先来介绍梅罗维茨的《消失的地域》一书中的观点,他结合麦克卢汉的媒介技术决定论和戈夫曼的剧场理论,指出电子媒介是通过改变社会的情境来影响人们的行为方式的。在这个理论中,互联网创造了很多新鲜的媒介情境,具体外在体现为男女性别的融合、成人与儿童界线的模糊及政治人物的祛魅等方面。在书中,他主要从三个方面解读了电子媒介带来的变化:第一个是群体身份的变化,第二个是成年和童年界限的模糊,第三个是权威和平民关系的转变。

在他的观点中最重要的理论思想就是情境理论,他认为人们的每种独特行为都需要一种独特的情境,对于每一种社会情境来说,人们都需要一种明确的界限,因为人们需要始终如一地扮演自己的角色。不同情境的分离使不同行为的分离成为可能,而两种或两种以上不同情境的重叠或混淆则会引起行为的错乱,社会角色就会随之变化,面对混乱的角色特点,人们会感到困惑不解、不知所措。因此,真正不同的行为需要真正不同的情境。而电子媒介的出现则导致了许多旧情境的合并，主要体现在三个方面：第一，电子媒介促成了不同类型的受众群体合并；第二，电子媒介促成了原先的情境顺序和群体的改变；第三，电子媒介使原来的私人情境变为公共情境。简单来说，就是电子媒介重构了受众和社会的关系。

然后我们来看看马克·波斯特关于信息媒介的理论。马克·波斯特是美国加州大学欧文分校历史学系和电影与传播学系教授，批判理论研究所所长。在《信息方式》一书中，波斯特将信息方式划分为三个阶段：面对面的口头媒介交换、印刷书写方式的媒介交换及电子媒介交换（信息模拟阶段）。这三个阶段的媒介价值是不一样的，面对面时是无中心的媒介状态，因为沟通的主体通过语音表达，媒介和主体是融合在一起的。而书写阶段使得文本能够保存，从而促使媒介能够与主体分离。到了电子媒介阶段，则实现了信息的去中心化、分散化和多元化，电子媒介能够让虚构的自我和想象的自我与主体进行分离。简单来说，就是在电子媒介环境中，时空、语言和实体都在分离，由于匿名的效果使得身体在电子空间中被重塑，这也是接下来讨论虚拟空间的理论基础。

最后我们来介绍全球复杂网络研究权威艾伯特·拉斯洛·巴拉巴西关于互联网隐喻的观点，他不仅是美国物理学会院士和欧洲科学院成员，同时也是网络科学尤其是复杂理论的奠基人和创始者。他最重要的贡献就是创造了无标度网络的概念，以及将复杂理论应用在人类行为预测上。他的两本著作《爆发》和《链接：商业、科学和生活的新思维》都是为大众熟知的畅销书。关于他的理论，我们主要从三个角度去解读。第一个角度，巴拉巴西把互联网的核心放在网络研究上，也就是说结构性是互联网最重要的特质，关注网络的生成和演化过程

信息时代的文明
第八章

应该是我们理解互联网的重点。第二个角度,巴拉巴西印证了互联网中马太效应的存在,也让我们有了解释社交网络的增长规律的理论。第三个角度,巴拉巴西印证了长尾模型,这是很多互联网商业模式最重要的理论基础。

总结一下,我们讨论了关于互联网和信息媒介的理论,理解了不同的媒介构建了不同的情境,从而实现了主体和媒介之间的分离。可以将现在的信息技术范式的特征总结为三点,第一,信息技术的主要要素是由处理信息的技术所组成的,而这些技术常常具有普遍性。由于信息是人类活动中不可缺少的一部分,因此,信息技术本身所具备的媒介性质导致其普遍性高于以往任何一次技术范式的转移。第二,信息技术拥有网络化和系统化的特质,这个特质在互联网技术上体现得尤为明显。随着链接数量的扩大,网络的价值随着网络中节点数量的增加而提升。第三,信息技术的包容度较大,且不同技术逐渐聚合成更为复杂的技术。简单来说,就是媒介越发达,我们的意识和行为受到媒介的影响越大,就越能够实现主体和身份的分离。

信息文化伦理

在讨论了互联网以后,我们不得不讨论的一个话题就是信息文化。信息技术对文化带来的冲击是显而易见的,尤其是互联网文化。本节我们就来讨论信息文化的概念和内涵,以及信息技术对文化的双重效应。只有弄清楚了信息对文化的冲击,才能理解信息对人们文明和社会的内在改变的逻辑。技术不仅改变了生产效率,也改变了社会组织,更改变了人们看待外部世界的方式。

首先我们来讨论信息文化的概念的内涵和外延。人们将信息文化定义为：以现代信息技术的广泛应用为基础，以信息产业和知识产业为支柱，以信息和知识生产、分配、传播、交流和使用为内容，通过社会信息化过程引起人类生存方式全面变革而形成的信息时代的文化形态。简单来说，广义的信息文化，包括了信息时代的全部文化。狭义的信息文化，是以计算机技术、通信技术和网络技术为代表形成的文化形态总称。现代信息技术革命的三个技术基础如下：第一，数字革命，也就是把所有经济信息都通过计算机转变为虚拟的数字并进行精确表达和传递；第二，全球通信，使得信息传输容量和传输效率不断迭代和加速，从而使得大量的电信和互联网服务能够为普通大众所使用；第三，计算机成本的下降，由于摩尔定律的作用导致产业成本的不断下降，使得终端设备能够普及普通消费者。因此，信息文化的内涵以技术革命为基础。

信息技术革命还有三个重要的内涵。第一，信息和知识资源作为信息社会的要素，成为信息文明的主要资源。西方信息经济理论提出将信息和劳动力及资本一样，作为社会生产的基本要素。在信息文明时代，由于信息和知识的重要性不断提高，因此，以信息化、网络化和全球化为特征的新的经济范式就产生了。第二，信息文化意味着人类生存方式的革命，从而导致了整个信息观念的变化。正如凯文·凯利所说，通信是社会的基础，是文化的基础，是人文和个人认知的基础，是一切经济系统的基础。通信与文化及社会的关系非常紧密，通信技术改革远远超越了一个产业部门的范畴……在文化、技术和观念上震撼了我们生活的根基。第三，信息文化是信息时代特有的新文化，也是一种不断演变的文化。信息文化最重要的内涵就在于其世界观。信息文化基于数字化生存的方式，用比特而非原子的思想思考世界，这也

信息时代的文明
第八章

是我们在全书开头提出的计算主义思想的基本逻辑之一。

然后我们来讨论信息技术对文化的影响,我们将这种影响概括为"双重效应"。一方面,互联网成为主流文化与非主流文化产生碰撞的地方,多元文化的交流和理解在网络上不断进行。人们在不断接触新文化的同时,也将自己的文化带给了他人,尤其是来自不同民族、不同国家的人通过社交网络的交流,形成了崭新的基于互联网的世界文化的理解。正如互联网宣言中所说,我们正在创造的世界,是一个任何人都可以进入的世界,它没有特权,没有因为种族、经济权利、军事力量或出身而形成偏见,在这个世界中,任何人不管在什么地方都可以表达他的信仰。另一方面,网络文化造成了很多亚文化的蔓延,尤其是带来负面影响的亚文化。这使得如何树立正确的文化理念变得尤为重要,这其中不仅有社会和政府的责任,作为信息技术的发明者也需要研究如何通过技术来帮助人们形成正确的网络文化和网络伦理。例如,数据安全和隐私问题就是我们面临的巨大挑战,Facebook在 2018 年被曝光的数据信息被滥用的问题,就是正确的网络文化和网络伦理尚未形成导致的。

最后我们讨论信息文化与其他类似概念的差异和关联,我们主要讨论三个比较重要的概念。第一,信息文化和网络文化。二者的联系在于都是研究以互联网为代表的社会文化的影响。差异在于信息文化是研究人类社会使用信息技术的文化变迁,网络文化研究的是文化在网络上传播和表达的特质。事实上,网络文化所表达的虚拟实在性、开放性和去中心化正是当代信息文化的主要论题,因此,网络文化在很大程度上就代表了当代的信息文化。第二,信息文化与赛博文化。赛博文化主要讨论的是数字化信息流动的空间,以及文化交往空间的意义。赛博文化中关于生化人、关于未来及赛博朋克的思想,都带有对技术进行反思和重构的部分。而信息文化则包括了这部分内容,并且拥有更加广义的内涵。第三,信息文化与数字化生存。尼葛洛庞帝提出的这个概念可能是我们最早接触的信息化的概念之一,也是对中国互联网发展早期有着重要影响的概念之一。世界的信息化和信息的数字化,就是数字化生存的内涵。而数字化生存还代表着以比特的观念看待世界,可以说,数字化生存就是信息文化的内在精神的核心。

总结一下,我们讨论了信息文化的概念和影响,理解了信息文化的核心就在于信息技术对人类生存方式带来变革后所造成的认知上的变化。一方面,我们生存在信息文化的影响下;另一方面,我们也在不断建构着信息文化。我们还在文中对比了信息文化和其他几个文化的概念,这些概念的内涵与信息文化有着非常紧密的联系,我们需要理解其中的联系与差异,这对我们理解信息技术对文化的影响有着巨大的价值。

信息经济与网络

如果要思考我们这个时代的本质,从一开始就必须意识到我们周围的一切,现在或不久的将来都将连成一体。我们对链接的需求,正是旧系统崩溃、新系统大量出现的原因。

——乔舒亚·雷默

信息时代的文明
第八章

本节我们来讨论与信息经济和网络相关的课题,并讨论因此受到影响的全球化浪潮。如果要问过去二十年间发展最快的经济类型,毫无疑问答案就是信息经济。信息经济不仅包括我们所熟知的网络经济(以互联网为代表的技术产业),也包括与信息化相关的一切产业。然后我们要讨论互联网对我们认知世界的方法论有什么影响,不仅从个人角度去讨论,也会从企业角度去讨论。最后还要讨论一个经常会被忽视的要素,就是信息经济往往是全球化的,我们可以看到大量信息经济的生产、消费与流通等核心流程,都是在全球范围组织起来的。例如,苹果手机的制造,就是全球化的结果。而全球化存在着自身的逻辑和悖论,我们需要理解网络和全球化之间的关系,以及全球化自身的逻辑。通过对信息经济、网络及全球化这几个课题的理解,我们能对信息在经济和社会不同层面的影响有更全面和深刻的理解,并且能够从现实层面洞察信息时代经济和世界的内在运行逻辑。

信息经济的思考

信息经济可以从两个基本的范畴来理解:第一个范畴是宏观意义上的,也就是把将信息经济作为后工业时代经济的范畴,即由于信息革命导致的经济革命,是通过产业信息化和信息产业化两个相互关联的过程不断发展起来的;第二个范畴是微观意义上的,就是学术上的信息经济,主要是微观信息经济学。1970年以前,经济学的体系是在假设信息对称的情况下建立起来的,强调的主要是市场竞争机制和充分信息对称下的效率。从1971年开始,以阿科尔洛、斯彭斯为代表的学者提出了信息经济学,把整个经济学研究范式推进了一大步。下面就从这两个维度去讨论。

首先我们来讨论信息经济与以往经济的最大差异,尤其是与过往工业经济范式的差异。可以看到,信息经济实际上也来源于工业经济的发展,只是在发展过程中体现了不同的特征。工业经济与信息经济的相同之处,就在于二者都依赖于技术这一基础,以及知识和信息都是生产的关键要素。实际上,技术要素在整个人类经济发展的历史上都扮演了最重要的角色,尤其是在工业经济发展过程中,大量的新技术被应用到生产过程中,这才产生了现代文明所需要的大部分要素。生产力的提升及技术的创新并不是经济的主要目标,企业的竞争力和盈利能力的提升才是经济的主要目标。实际上,不论是哪种经济类型,技术只是提升盈利水平或者市场估值的手段。因此,本质的差异并不在于技术要素的投入,而在于经济的范畴和特质。

从经济的范畴来看,信息经济改变了原有的工业经济的区域化特质,真正创造了全球经济。信息经济框架下的企业,尤其是互联网公司,即使再小也在某种意义上具有全球性特质。产生于美国硅谷或者中国中关村的一家小型互联网公司,在风险投资的刺激之下,短短三五年就能成长为一家影响全球的企业。从地理上来看,信息经济范式下的企业不再有那种无法涉及的市场前沿(是否需要涉及主要是考虑到技术基础和投入成本)。更重要的是,信息经济中的竞争和博弈,也从完全封闭的零和博弈逐步转型为正和游戏。而竞争的边界,也由于企业本身能力的扩散和创新的迭代而逐渐模糊。企业竞争的方式从单纯的竞争调整为结盟、开放、协作的生态,这和工业经济范式下的企业有着根本的区别。

信息时代的文明
第八章

然后我们来看信息经济在生产上的特质，主要在于三个方面：批量化定制、灵活制造和适应性技术。需要明确一点，就是工业经济范式转型为信息经济范式是一个循序渐进的过程，因此，在讨论时实际上很多企业已经完成了信息经济转型（或者天生就是信息经济体），而很多企业还正处于这个过程中。所谓批量化定制，就是流水线上生产的产品逐渐转变为按照个人需求所定制的产品，但是依旧按照大批量生产的价格来销售。例如，很多C2B类型的企业诞生，工厂通过收集消费者需求能够快速地进行定制化生产。所谓灵活制造的特质也是为了满足上述需求而实现的，需求量更少的商品在非常短的周期内就能够生产。由于3D打印技术及其他模块化技术的产生，使得库存消化及研发生产周期大为缩短。所谓适应性技术，也就是技术按照上述所说的特征能够为整个商业流程带来实时记录和生产的优势。

最后我们来讨论信息经济学在学术上的一些研究成果。2001年10月10日，瑞典皇家科学院将该年度诺贝尔经济学奖授予美国伯克利加利福尼亚大学经济学教授乔治·阿克洛夫、美国哈佛大学和斯坦福大学经济学教授迈克尔·斯彭斯与美国哥伦比亚大学经济学教授约瑟夫·斯蒂格利茨，以表彰三位美国学者对微观信息经济学（不对称信息市场）理论及其应用所做出的杰出贡献。三位美国经济学家的贡献形成了现代微观信息经济学理论的核心，其实际应用非常广泛，不仅包括传统的农业市场，还包括现代的金融市场。关于三位获奖者提出的所谓"柠檬"（Lemons，二手车在美国被称为"柠檬"）作用力量，西方著名学者、瑞典隆德大学经济学教授安德斯·博里林评论说，许多人之所以本能地不信任二手车经销商，其理论就在于此，因为他们往往比顾客更了解待出售的二手车。基于多个典型案例，他们提出了基于"不对称信息"的信息经济学理论。其中斯蒂格利茨对不对称信息经济学理论的贡献最大,他的信息经济学理论在诸多领域,诸如道德风险、逆向选择、信息甄别、信贷配给、市场效率、组织与财务结构、新古典增长及宏观经济学的微观基础等领域,都改变了经济学家分析研究市场运作的方式。

总结一下,我们讨论了信息经济的范畴和特质。宏观上信息经济是工业经济演化的下一个范式,这样的演化过程在全球以不同步的方式发生,是以工业经济所产生的现代社会为基础的。在生产端,信息经济采用适应性技术帮助企业达到批量化定制和灵活制造的目标。在消费端,企业和消费者形成了特殊的共生关系。企业组织本身也出现了分布式架构的特质。微观上信息经济学是对信息不对称情况下市场机制的研究,改变了经济学家分析市场运作机制的逻辑和方式。

网络时代的特质

下面我们来讨论信息经济时代最重要的技术:网络。我们不仅会讨论互联网经济的各种特质,也会讨论这些特质对我们理解世界的方式产生的影响。我们可以看到互联网时代我们所面临的挑战,以及在这种挑战下我们做出的个人决策的变化逻辑,我们也会讨论网络给企业和商业带来的根本性变化。值得注意的是,我们关注的是以互联网为代表的分布式网络的特质,这种网络的特质是,即使大部分的网络系统被损坏,信息仍然能够找到网络中的新路径,并迅速恢复传播。无论是互联网还是未来的物联网或者区块链的网络技术,都基于分布式网络,而这决定了网络时代的大部分变化的基础。

信息时代的文明
第八章

首先我们讨论互联网时代的主要变化。全球著名思想家乔舒亚·库珀·雷默在 2017 年出版了一本书——《第七感》，副标题是"权力，财富和这个世界的生存法则"，书中讨论了网络时代的主要变化。雷默认为互联网时代最主要的变化有以下六种：第一，网络以前所未有的强度赋予每个人能量，不仅赋能于大企业、大公司，还包括小人物和普通人；第二，网络不断演化，成为越来越复杂的生态系统；第三，网络的力量在控制每个上网的人，而网络核心的逻辑是黑箱的；第四，新的权力阶层正在崛起，他们通过网络获取资源和力量；第五，网络决定了信息传递的方式，也决定了权力布局，与以往传统的地缘政治有很大的差别；第六，网络改变了时间，让我们用更少的时间做更多的事情。

其中起主导作用的主要是两个特性，第一个特性是，在万物互联的情况下，空间和时间被压缩了，从某个角度来说也就延长了人的生命。也就是说，在以往的时代需要用很长时间完成的事情，现在只需要很短的时间就能完成。因此，网络赋予生命的意义在于，能够提升生命的体验和质量。第二个特性是系统的复杂性，这和之前讲的复杂性科学有关联。正因为网络的互联带来了复杂性和进化，而复杂性带来的就是难以预测和不可避免的意外。因此，世界也变得越来越不确定，所以，美国学者塔勒布才写了《黑天鹅》《随机漫步的傻瓜》这样的书籍，指导我们在不确定的世界提升自我的认知。正是网络这样的特点，导致互联网产生了所谓的三难选择，即网络系统虽然可以做到迅速、开放和安全，但是我们最多只能选择其中两个，同时不得不放弃第三个，这就是网络时代对个人最大的挑战。

然后我们来看企业在网络化过程中遇到的挑战，这也是所有去中心化的系统会遇到的，主要在于去中心化的商业无法被理解及难以控制。无法被理解指的是随着商业组织的去中心化发展，没有人能完全说清楚这其中的商业逻辑和复杂结构，因此，当商业流程发生问题的时候，很难追溯到具体环节中。由于网络系统的非连续性，传统的商业测试流程实际上是失效的。正因为如此，我们可以看到网络经济需要处理的问题往往不是技术的门槛或者资源的聚合，而是网络节点之间的沟通效率问题。在开放性的结构下，没有任何一种标准模式能够监测出网络系统中每个节点的问题。我们可以看到去中心化企业往往将满意作为生产的目标，而不是将最优化作为生产目标。也就是说，网络组织架构的企业往往会在利润和缺陷之间做出妥协。

最后我们讨论网络组织及对网络效应的深度思考，我们要知道网络效应并不是在互联网出现以后才有的，而是存在于万事万物的基本逻辑中。首先我们讨论动物世界中的蚂蚁的"网络效应"，斯坦福大学生物学教授曾经发表过一篇名为《连接，运行世界》的文章，他通过 30 年的研究解答了蚂蚁是如何进行组织的。人类在组织管理时超过一定的数量就会遇到管理问题，而蚂蚁作为个体力量很小的生物是如何进行组织的呢？主要依赖的就是网络和连接，蚂蚁通过在移动过程中留下不同的味道及不断触碰头部的触角传递信息，采用类似互联网 TCP 协议算法的方式进行连接，从而形成了不同的网络。这种网络的运行方式，保证了蚂蚁群体的运行效率，而这种运行方式不仅在互联网算法和动物世界中适用，也可以放在思考其他系统事物上。事实上，我们讨论网络的原因就在于所有人都面临着思维方式的升级，其中最重要的一部分就是用网络效应的思维去思考，人的思维因是个体化思维而很难进行组织及产生叠加的效果。事实上，群体智慧的叠加能够

信息时代的文明
第八章

带来超出个体的表现,而人工智能就是基于网络效应进行叠加和使用的。

总结一下,我们可以看到网络组织结构及网络化的特质是信息经济中最为重要的特点,也可以看到正是因为这些特点它才能为信息经济组织提供生产端的灵活性及消费端的共生生态。然后我们讨论了互联网带来的六种基本变化,其中最重要的变化在于时空的压缩和其复杂性的提升,这也是时代变化的最重要的特质。最后我们讨论了网络效应的普适性,其不仅在互联网上存在,在动物界和其他领域也存在。用网络化的思维思考,能够帮助我们理解如何更有效率地相互组织和连接,也能帮助我们理解人工智能的底层逻辑。

信息与全球化浪潮

我们来看信息经济带来的最重要的影响之一:全球化。一方面,过去几十年中全球经济的主旋律就是全球化与信息化并行,凡是融入这个主旋律的经济体都不同程度上实现了经济的阶段性增长,而且我们也关注到信息经济的主要特征就是全球性。所谓全球性,就是指信息经济几乎能够以实时的方式在世界各主要经济体中发挥作用。如果说以往数百年资本主义的发展都在朝着克服地域和时空的目标前进,那么信息经济则是真正让商业实现了全球化的流通。另一方面,我们看到全球化的浪潮正在被逆转,金融危机导致的全球贸易保护主义正在影响这个世界。如果我们把视野放在过去100多年发生的全球化的历史上,就能理解全球化并非无法被逆转。本节我们就来讨论信息与全球化浪潮之间的关系,以及全球化的内在逻辑和悖论,通过一体两面的讨论，来为大家梳理全球化浪潮与信息的内在关系。

首先我们来看全球金融市场与信息经济之间的关系。正是因为信息技术的发展，使得资本在全球整合的金融市场中实现了不间断的运行。虽然这个过程加强了不同国家的汇率及外汇的波动性，降低了国家对货币和财政政策的自主权，但不可否认的是，全球化的趋势几乎是不可阻挡的，商业和贸易的发展也需要跨越民族国家的限制才能获得更多的利润。信息化使得多数国家在解除管制和跨国贸易的自由化上做出了更加大胆的尝试，而这带来的资本流动也将影响每个经济体的未来。在华尔街上的交易不仅会对美国本土市场产生影响，而且会对世界贸易体系中的每个经济体产生影响。正是信息系统和网络的发达，为这样复杂的金融系统提供了最核心和最重要的技术支持。

然后我们来看信息经济与跨国贸易之间的关系。最主要的关系在于贸易结构的改变受到了技术的影响。一方面，运输与通信基础设施的完善，使得跨国贸易的全球化变得非常顺畅便捷；另一方面，信息服务（以知识和科技为核心的商品服务）导致了贸易结构的变化，高技术、低成本的产品使得发展中国家获得了更大的贸易空间。原来的国际贸易中，发达国家几乎垄断了所有高技术含量的产品贸易，而随着信息技术的发展和技术平等化的趋势，发展中国家也拥有了技术含量高的产品（其中以中国为代表）。当代国家贸易的核心竞争力由知识、人力资源及技术水平等要素构成，因此，整个国际贸易的结构在过去几十年中受到了信息化的影响。值得一提的是，由于贸易自由化程度的提高，导致了全球化和区域化同时在发展，全球性的贸易组织和区域性的贸易组织齐头并进，甚至有的国家选择了更为保守的

信息时代的文明
第八章

发展路径，这也是信息化为全球贸易发展带来的反作用。

最后我们来观察知识生产和信息的全球化趋势。工业经济时期的企业的竞争力核心是工业化和流程化的能力，以及内部管理能力。而信息经济时代下知识创造和科技实力才是企业最核心的竞争力。无论是来自硅谷的 Facebook、亚马逊或者 Google，还是来自中国的 BAT、华为等企业，都在知识创造和科技能力上拥有较强的实力。虽然欧美国家仍然掌握着基础性研究的话语权和高端科技的核心创新能力，但是学术系统的全球化及信息技术的全球化使得这种不平等的状况已经发生了很大的改观。尤其是在人工智能和量子计算等关键领域，中国已经在很多方面拥有自身的优势。无论是基础研究还是应用研究，都能看到技术发展的全球化趋势，这种趋势是根植于学术界、企业界及政府的支持上的，因此不可能实现完全平等，但是已经促成了未来经济趋势的内在结构的进一步演化。尤其是跨国公司和跨国组织获得了更大的空间及更强的竞争力，代表各自的国家在全球化的进程中发挥着作用。

以上讨论的都是全球化带来的正面效应，但事实上在全球化的进程中也产生了输家。回顾19世纪下半叶的第一次经济全球化的历史，全球化并没有带来世界的全面繁荣和进步，反倒是带来了两次世界大战。直到20世纪中期之后，经济全球化才重新复苏，中间有半个世纪的停滞和倒退。为什么全球化浪潮会产生这样的停滞呢？原因就在于全球化不仅带来了资本和收益，也带来了收益分配问题，从而导致

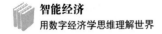

全球化过程中产生了赢家和输家。罗德里克教授在所撰写的《全球化的悖论》一书中的提道：国际贸易带来了赢家和输家，所以就产生了政治和社会动荡，从而影响了全球化的进程。在全球化的过程中，有的产品是资本密集型的，有的产品是劳动力充裕型的，而不同国家在这两方面优势也不同。

因此，资本充裕的国家出口资本密集型产品，而劳动力充裕的国家出口劳动密集型产品。这样就导致，一个国家相对充裕的生产要素的所有者会获益更多，而相对稀缺的那些生产要素的所有者就会受到损害。例如，中国的劳动力充裕使得出口劳动力密集型产品的企业和个人受益，因此，亿万人摆脱了贫困。而在美国受益的主要是高科技和金融企业，因此，美国的制造业和蓝领阶层受到了冲击。质疑全球化的浪潮正在产生，而信息的作用在于加快和提升了这个浪潮的速度和影响，尤其是由于知识和信息的传递加速带来的对政治和社会的影响。

总结一下，我们从信息角度讨论了全球化对世界的影响，一方面，全球化带来了正向的信息、知识和资本等要素的流通；另一方面，由于全球化竞争带来的收益分配问题，不同国家的优势和经济要素不一致，使得不同国家受益的群体不一样，从而引起了反对全球化的浪潮。理解了这个逻辑，就能理解我们身处的形势和挑战，贸易不仅带来了赢家和输家，也带来了收益分配问题和因此产生的全球政治经济格局的变化。

信息时代的文明
第八章

💡 信息文明与媒介

如果把海德格尔关于本体论的文字转换过来，他似乎在告诉我们，技术构成了一种新的文化系统，这个文化系统把整个社会世界作为一种可控制的客体……人和社会的工具化是无法逃脱的命定，唯一解脱的希望就是唤醒一种新的理性精神，但这太抽象了，对于新的技术实践几乎不能提供什么有价值的信息。

——冈特·绍伊博尔德

本节我们讨论信息文明与媒介的课题，如果说语言构建了人类文明最初的心智状态，确定了人类沟通的基本样式，那么媒介的演化则逐渐改变了人类对世界的认知和相互之间交流的方式。回顾历史长河，语言的形成促使不同文化谱系的民族开始成长，而印刷技术带来的书写的普及开启了人类知识传播的大门，让贵族和精英垄断的知识权力开始扩散。进入 20 世纪以后，电影、收音机和电视构成了大众媒体的核心，不仅重构了人们生活和交流的方式，也让知识分子对大众媒体开始警惕和批判。到了 20 世纪末期则发生了巨大的技术转变，人类已知的几乎所有媒介模式通过超文本技术被整合到一个互动的网络之中，人类同时在单一媒介上获得书写、语言及视听的媒介能力。我们已经讨论过媒介是一种隐喻的概念，而这种隐喻影响了当下的人类文化发展路径。本部分我们就来讨论媒介的变迁，以及互联网媒介对文化转变的作用和影响。

媒介思想家

在西方哲学史上，有关技术作为人类存在方式和本质的哲学讨论，最初起源于古希腊神话中普罗米修斯的"盗火"的传说。正是因为他的行为才使得人们拥有了包括媒介技术在内的所有工具技术，从而实现了人类存在方式的重新构建。如果要讨论媒介，不得不提到两位著名的媒介领域的思想家，第一位是马歇尔·麦克卢汉，还有一位是尼尔·波兹曼。本节主要讨论他们关于大众媒介的一些理论框架，以帮助读者理顺媒介的发展与人类文化活动之间的关系，基于这样的理论，读者也就能理解为什么媒介会彻底改变未来文明的范式，构建完全不同于当下的社会形态。

首先我们来讨论马歇尔·麦克卢汉和他的媒介理论，他是被认为与牛顿、达尔文及爱因斯坦同样伟大的思想家，也是电子时代的代言人和革命思想的先知。他所提出的"媒介即信息"及"地球村"的概念对传播学的影响巨大（当时还没有我们现在的媒体环境）。"媒介即信息"的关键在于把媒介本身作为关注重点，认为媒介改变了人们认知世界、感受世界和影响世界的方式，而媒介传递的内容信息则相对次要。媒介被认为是人类意识的技术延伸，而"地球村"的框架则是麦克卢汉和学者鲍尔斯共同提出的理解信息技术的框架。他们认为当下的人们生活在两种截然不同的感知空间中，一种空间是视觉空间（主要是带有西方世界特质的线性定量的感知模式），另一种空间是声学空间（东方的整体化和定性化的感知模式），

信息时代的文明
第八章

而媒介技术的发展则推动着整个媒介向着声学空间发展。媒介的力量将地球上各种人联系起来,形成了类似村落的概念。麦克卢汉的理论影响力非常大,甚至有后来学者将大众媒体的传播体系称为"麦克卢汉星系"。

然后我们来看尼尔·波兹曼的理论,他是著名的媒介文化研究者和批评家,担任过纽约大学文化传播系主任,也是提出媒介生态学的先驱学者。他的三部曲《娱乐至死》《童年的消逝》《技术垄断》都是国内传媒学研究者的必读书籍。在《娱乐至死》一书中,他对电视文化的影响进行了研究,认为媒介技术带来的信息泛滥和泛自由化会让人类的感官体验凌驾于理性思考之上。他认为以电视为主的信息媒介使得当时的文化变得庸俗、碎片化以至于失去了生命力,而这个思考对当下生活在互联网时代的我们也有深刻的意义。

他还提出的一个观点是"媒介即隐喻",就是认为媒介是通过某些符号来对人们的感知、体验、想象和理解等行为进行暗示。人们和媒介的关系在于媒介通过隐喻的方式让我们对世界进行分类、排序及不同方式的构建。这个观点比麦克卢汉的观点更加有洞察力的地方在于,他不仅强调了媒介的重要性,也揭示了媒介看似中立实际上是在有选择地表达传播者的态度、思想和观点。媒介影响世界的方式并不旗帜鲜明,而是通过隐喻的方式不知不觉地改变了世界和人的行为。

基于媒介即隐喻的观点,波兹曼也提出了"媒介即认识论"的命题,这个观点直截了当地指出,媒介化的社会中人们的思想观念已经不是来自客观的现实世界,而是来自人们周围的媒介世界。人们往往认为媒介的世界就是客观的世界,而事实上媒介自身有意或者无意地改变了人们的意识和社会结构，影响着人们的世界观、人生观及道德观。这个观点对后来的传媒学者影响很大，如美国著名传媒学者格伯纳提出了培养理论，认为"大众传播通过象征性事物的选择、加工、记录和传达活动，向人们提供关于外部世界及其变化的信息，用以作为社会成员认识、判断、行为的基础"。也就是说，大众媒体通过潜移默化的影响来起到说服的作用。还有英国传媒学者斯图亚特·霍尔的观点也受到了波兹曼的影响，他被称为"当代文化研究之父"，提出过"编码译码"理论，认为大众传媒"对人们施加影响，为人们提供娱乐，起到教导和说服作用，从而造成非常复杂的感性上、认识上、情感上和意识形态上及行为上的后果"。

最后我们来讨论尼尔·波兹曼提出的关于媒介与社会控制的信息理论，也就是通过信息的方式去理解媒介。他认为媒介不是纯粹的信道，而是具有编码和控制功能的对象，也就是说媒介不仅传播信息，而且对信息进行重构。通过对知识和智慧的比较，波兹曼得到了一个递进的结论：信息经过一阶处理得到知识，对知识进行二阶处理得到智慧。因此，波兹曼的信息概念扩展了信息的内容，即无论是否进入通信活动，任何关于世界的陈述都进入了信息的范畴。因此，按照波兹曼的观点，媒介信息控制的关键点就在于媒介的信息结构，由于不同的媒介具有不同的信息结构，而不同的信息结构导致不同的媒介偏好，从而在基础上控制着信息流。为了应对信息革命对文化的冲击，社会对媒介信息进行控制，以避免社会陷入混乱。信息时代最大的挑战之一就是信息的社会控制机制崩溃，也就是媒介信息失控。

总结一下，本节我们主要讨论了两位重要的大众传媒学者麦克卢汉和波兹曼关于媒介的观点，一位认为"媒介即信息"，另一位认为

信息时代的文明
第八章

"媒介即隐喻",前者创造了"麦克卢汉星系",让我们理解了大众传媒的重要性。后者则给予我们警示,帮助我们理解媒介实际上是有选择和倾向性的,我们要注意这种倾向性对人们行为的负面影响及对社会带来的潜移默化的引导作用,我们需要利用媒介信息控制的理论对不同信息结构的媒体进行控制。

信息媒介观

要理解技术的本质,就要看到所有技术的演变过程实际上也类似于生物进化的过程。媒介演化的过程与生物进化的过程既有相似之处也有不同之处,要理解这个过程中的复杂机制和不同场景下媒介的影响,需要非常深刻的认知。因此,本节我们就从媒介角度来讨论信息,尤其是关于媒介演化的理论及未来的发展路径。在梳理媒介的理论时,我们也会将其与信息技术发展的文明演化过程联系起来,帮助读者弄清楚信息发展的本质。

首先我们要理解的重点在于,信息技术并不开始于现在,而是开始于文明开端之中。人类在文明过程中发明了很多信息技术,最早可以追溯到文字的发明。例如,古埃及人发明了象形文字,这是一种格式化的视觉技术。而腓尼基人则发明了拼音字母表,使得文字表达从简单的形象衍生到了更复杂的语言逻辑中。更进一步,古希腊人基于字母表的内容,发明了最早的书写方式。信息技术在这个时期的影响力,丝毫不亚于当今的信息技术。原因在于当时的信息技术造成了知识的垄断,因此,才会使得少数精英阶层获得了世界的解释权和整个文明社会的主导权,这也是欧洲中世纪形成的原因。直到文艺复兴时代印刷术得以发明，才使得知识的垄断结束，从而产生了近代社会。这就是我们理解信息技术的第一个维度，这是一个贯穿人类历史的进程，而所谓技术革命则是因为这个进程在近代以来的加速导致了技术爆炸，从而更为彻底地改变了文明的发展速度和路径。

然后我们需要理解信息技术的影响，这里还是以印刷技术的发展为例来说明。15世纪中叶古腾堡发明了金属活字印刷技术，使得宗教改革成为可能，从而引发了一系列文明历史上的重大事件。通过可靠的信息传播使得知识得到普及，从而使得科学革命得以发生。通过印刷技术的发展，使得哥伦布拥有了新世界航海的地图，从而开启了大航海时代。更重要的是，正是由于印刷技术的发展，公共教育成了必然（公众有识字的需求），从而进一步推动了民众智识的提升。如果说古代文明社会中最重要的信息技术就是文字的发明，那么现代科学的发明基础就是印刷机。因为印刷机的存在使得知识可以被检验和讨论，从而具备了更强的传播特性。如果不是因为信息得以保存，那么科学实验也就无法得以记录和对比，科学技术也就无从谈起。我们常听的那句培根的名言"知识就是力量"，在信息技术的发展过程中得到了极大的验证。欧洲历史进程中的各种僧侣、祭司，还有其他宗教人员，主要就是通过知识的垄断即文字技术的垄断获得了权力。而在印刷机发明以后，知识成为了大众文化产品，从而大大拓展了文明的边界，改变了原有的文明权力的格局。

这里我们补充一下所谓信息技术的决定论的观念，可以从两个角度去理解：一个是硬决定论，另一个是软决定论。所谓硬决定论，我们用语言的发明举例，即信息技术最重要的发明就是抽象语言的演化，没有语言也就没有人类，语言使得人类能够直立行走及能够传递

信息时代的文明
第八章

信息形成共识，这就是硬决定论的思想。软决定论指的是信息技术对社会的影响是非因果的、间接的，而不是必然的关系。这里我们用印刷术和大航海之间的关系举例，虽然这是历史上的事实，但并不能说明这是一个必要条件，即信息技术发明是文明发展的充分条件而非必要条件，也并不会一定产生必然的结果，即认为文明发展史存在偶然性。在这里我们更倾向于用后一种角度去观察信息技术，因为我们所看到的信息技术也更多产生于偶然之间的发明而非刻意规划的结果，从这个角度能更加灵活地理解技术的本质。

最后我们结合上一节讨论的麦克卢汉的媒介理论，来讨论媒介与人类的互动关系。首先讨论的是麦克卢汉媒介技术本体论的观点，他认为媒介技术的存在性和本质性都是由媒介和人类社会发生的关系的功能和价值所决定的。因此，可以得到结论"媒介是人的延伸"及"人是媒介的延伸"。"媒介延伸论"的内涵可以从三个方面去理解，第一层含义是，麦克卢汉认为媒介对人体的器官系统进行了延伸，人类凭借技术实现了身体的延伸。人类在机械化时代实现了自身在空间中的延伸，在电子技术的帮助下实现了神经系统的延伸，而现在人工智能的技术正在帮助人类意识和大脑进行技术延伸。第二层含义是，媒介对器官的功能的替代性延伸，也就是人类过去所做的事情很大程度上被技术替代了。例如，武器替代了拳头，以及住宅和衣服替代了人体自然的温度调节机制等。第三层含义是，"媒介是人的延伸"是一种以人为本的技术哲学，认为任何一种技术只要是实现了身体、思想和存在的延伸就是媒介，而媒介的本质就在于对人的器官、感官或者功能的强化或者放大。人与技术的本质是在相互依存、相互建构的过程中逐步确定的，因此，认识技术尤其是媒介技术的过程，也就是

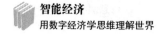

认识人类的过程。

总结一下,本节讨论了信息技术的媒介观,从媒介角度理解技术演化的路径。我们既要了解信息技术并非是现代才发生的新现象,而是从文字发明时期就开始的技术过程,也要看到信息技术的影响实际上是带有偶然性的,但是其影响巨大且深远。从这两个角度我们更能理解技术发展的实质,以及文明进程中信息的重要性。最后深入讨论了麦克卢汉"媒介是人的延伸"的观点,理解了媒介的本质及媒介哲学以人为本的理念,从更宏观的角度探讨了媒介的普适性。

虚拟的世界

本节末尾我们专门来讨论一下互联网媒介的发展历史及其对社会的影响,虽然互联网到今天已经发展得较为成熟了,但是基于社会学和传播学角度对互联网的理解并没有产生非常体系的研究成果。互联网和以往媒体最大的区别在于促进了虚拟社群的建立及其与实际社会的分离,进而促成个体与"现实"的分开。这样的趋势在当今社会越发明显,无论是在美国还是日本,都出现了不出门而依赖网络生活的族群。这里我们来讨论这样的虚拟世界是如何形成的,以及如何理解互联网嵌入人类生活的社会体系中所带来的社会关系和人类生活方式的转变。

首先来看互联网早期形成的历史。在欧洲和美国同时有两个完全不同的类似互联网的信息网络计划。一个是法国电信推出的 Minitel,被认为是万维网出现前世界上最成功的线上服务之一。在该服务早期，用户可以享受网络购物、搜索引擎、预订火车票等一系列在互联网发展很长一段时间以后才能享有的服务。直到 2012 年，法国电信才将这个服务退役，不过这个服务很有争议，因为有相当一部分学者认为它阻碍了法国互联网的发展。还有一个就是美国的 ARPANET，也就是万维网的前身，是由美国国防高等研究计划署开放的世界第一个实际运营的数据包交换网络，是全球互联网的鼻祖。

这两个服务从功能上有着惊人的相似性，但是有着两点根本上的不同：第一，ARPANET 是基于全球视野的美国发明，是由企业、高校和军方共同参与的项目，而 Minitel 则是法国政府发明的内部系统，并不能连接到外部世界；第二，ARPANET 承担的是横跨国界与文化的乌托邦幻想，而 Minitel 只是来源于政府高级技术官僚，用于服务本国工业和人民。这就导致了完全不同的发展前景，而我们也看到互动、沟通才是互联网的基本思想和社会土壤。

互联网产生早期，既有军事背景和政府性质，也有学术和企业背景。尤其是大学对互联网的发展起到了很重要的作用，斯坦福大学、麻省理工学院及哈佛大学都是在早期建立互联网节点的机构。互联网在其他国家的发展，也依赖于这种以大学为基础的传播过程（俄罗斯、西班牙及中国早期都有大量的大学参与互联网建设）。这种方式不仅使得互联网在传播过程中能够跨越使用者的技术门槛（毕竟早期的网络非常不好用），而且由于大学中的年轻人对新兴事物有浓厚的学习兴趣，互联网能够非常快地通过这些毕业生被带入社会主流中。

然后我们来讨论关于互联网所构成的虚拟世界的研究方法。自互联网延伸到人类生活世界以来，关于它的哲学研究也不断有新的成果。目前互联网哲学主要就是从互联网的技术思辨的角度进行研究的。具体来说有两个基本的逻辑:"可能性"的逻辑和"实在性"的逻辑。所谓"可能性"的逻辑,就是从技术提供的角度,强调虚拟技术的创造性本质,探讨互联网可能形成的新世界,因此,得到的通常结论就是互联网开启了复杂的网络世界的通道,从而使得人类进入了更加不确定的世界。所谓"实在性"的逻辑,就是认为互联网将通过不断重构和演变,成为具备自我进化能力的技术范式。无论是哪一种技术思辨的逻辑,都是从技术提供的角度出发,在技术可能的视角下形而上地理解虚拟世界,因此,讨论的重点在于其技术可能性。这也是目前海外大部分学者关于互联网的技术未来的研究重点,更倾向于对未来学或者技术本质的思考。

事实上,还存在另一种研究互联网的方法论,就是从社会文化的哲学观点进行研究。如果说对虚拟世界的形而上学的思辨带来的是关于未来的思考,那么将互联网放在社会文化系统中进行研究则更具备现实意义。所谓社会哲学,就是社会科学的哲学,通过研究社会关系或者人类群体的生活方式,为人类关系提供一套行为准则来符合现实中的伦理和价值观念。因此,可以将虚拟世界作为社会结构的一个部分去看待,那么虚拟世界研究的核心问题就是如何形成关于虚拟世界的行为准则,并以此为基础形成关于虚拟世界的伦理和价值观念。这样,就将虚拟世界变成了技术作用下的一个人类交流和互动的世界。因此,我们的研究就可以延展到以下课题:第一,虚拟世界在世界体系中的位置,即虚拟世界和现实世界的边界问题;第二,虚拟世界的本体论,也就是研究人以虚拟方式存在或者以实体方式存在的差异,二者不是简单的线性关系,而是以不同身份进行生活和存在的主体的共生关系;第三,虚拟世界的认识论,也就是研究虚拟世界是否会影响人类社会的基本运行逻辑,如何建立虚拟世界的世界观。

总结一下,我们讨论了以互联网为代表的虚拟世界的哲学研究范畴和方法,从技术思辨的角度和社会文化的角度去思考是目前最重要的两种方式。前者带来的是基于技术的未来想象和形而上学的研究,后者带来的是对虚拟世界和现实世界关系的思考,以及和社会文化的互动,这两种思路都能够帮助我们更全面地理解虚拟世界的本质。

第九章 信息时代的思想

信息文明时空观

  现代人的原型，如我们这里所看到的，是被掷入现代城市交通旋涡中的行人，孤零零地对抗庞大、快捷而致命的质量与能量凝聚物。快速发展的街道与大道交通不知时空限制为何物，外溢到每个都市空间中，将自身的速度加于每个人的时间之上，将整个现代环境改造成不断移动的混乱状况。

——大卫·哈维

  本节我们来讨论信息文明的时空观问题，不仅是因为从物理学意义上来说这两个概念对我们理解世界有着最基本、最核心的意义，而且从社会发展的角度来说我们也能深刻感觉到时空的观念的变化体现了文明的进程的变化。工业革命之后最大的进步在于人们通过规定工作的时间和场景促使了城市化的发生及劳工生活的改善，而未来在可预见的时间内数字城市和虚拟世界又要重构我们关于时间的观念。本节我们主要关注的就是这种技术、社会及时空之间的复杂互动，以及这种演变对真实文明的意义。只有弄清楚了时空观念的本质，才能理解人类文明和世界观是如何被人类不断实践并重新塑造的。

孤独的城市

城市作为当代人类活动的中心，是工业革命产生的最重要的成果之一。我们先要讨论工业革命的城市化演变和进程，然后来看这样的城市空间所造成的问题和挑战。可以将城市空间理解为特定的社会关系网络所组建的共同体，因此，可以从社会文化的角度去理解城市。我们需要理解为什么工业城市会带给我们文化上的困惑和迷茫，以及这种大都市的非人性部分和家园感缺失背后的逻辑是什么样的，这样我们才会对城市生活，以及自身的处境有更加明确和现实的认知。

首先来观察城市的演变，可以看到工业化以来任何一个国家的现代化进程都伴随着大量的城市化。城市化的过程不仅改变了原有的社会形态，城市之间的联系也在不断增长，使得城市群或者巨型城市正在不断形成，这是现代人最主要的生活空间。如果把城市当作空间上的点，就能看见不同的节点生成的网络拥有着区别于单个城市的属性。随着竞争的日益激烈，尤其是金融和地产投资的大规模增长，现代城市也形成了完全不同于以往城市的网络型结构，深深地影响着经济的生态。这里我们从三个角度来看待城市对社会演变的影响：城市的商业化、城市工业空间及巨型城市的形成。这里我们重点观察技术对社会的影响。

在城市的演变进程中，商业区的形成十分重要，从人类文明发展的角度看，商业区不仅仅是完成城市贸易和商品交换的集中区域，更是一个以信息为基础的价值生产复合体。在商业区里不仅会产生交易，而且有很多企业会在商业区找到合适的供应商来完成外部资源的整合。这里可以看到两个现象：第一，城市化让很多活动能够在某个特定场景下集中完成，从而推动了城市中心的形成；第二，城市化让企业的成本降低，不再需要投资大量的实体地产，因此，也推动了城市的流动。这两种看似完全不同的现象在城市演化的进程中同时发生着，这说明城市的功能性和网络性同时发挥着作用。城市的功能性提供了复杂的服务体系，从而最大化人口的聚集效应，而城市的网络性则受到了其他城市的影响，导致城市实现了更大程度上的聚集和局部的流动。这种集中和分散过程的实质，其实就是货币与信息流动的过程。

在理解了工业化城市是如何形成以后，我们来看英国著名社会学家和城市研究学者大卫·哈维关于城市空间的批判，他认为现代城市存在严重的空间冲突，城市空间的不平等导致了严重的现实问题。主要体现在三个方面，第一，城市空间并不只是被动的人类活动的容器，而是特定社会关系的载体。以法国巴黎的改造为例，哈维认为城市空间塑造了一种具体化和神圣化的道德距离，并通过这种道德距离将不同的人群隔离开。第二，工业革命产生的城市存在对空间的剥夺，尤其是公共空间的不公平导致了这种剥夺的加重。哈维仍然以巴黎举例，在巴黎存在穷人咖啡馆和富人咖啡馆，他认为不同的选择代表了不同的文化及暗含的歧视。第三，现代城市带来了空间的异化，城市空间的魅力和价值在于它既表达了空间的物质性，也表达了空间的社会性。也就是说，城市空间是"关系和意义的集合"，是功能和社会属性的表征。但是城市空间带来了一种疏离感，城市的存在使得人们

信息时代的思想
第九章

在一种不稳定、不确定及迅速扩张的空间范围内对现在、过去和未来的意义进行追问。城市过快的生活节奏,带来的就是人们对空间和时间不同的体验,造成了个人在城市时空中无法避免的孤独感。

最后,我们来讨论哈维的城市空间批判理论带给我们的启示,尤其是在帮助我们理解现代城市方面。哈维提出城市就是资本主义的结果,而资本主义的历史就是一种历史地理学。因此,城市空间的问题不仅是现实问题,也是我们理解资本主义城市化进程中的空间不平等问题的关键所在。随着全球化和城市化的日益加速,这样的问题会越来越多,而资本对利益的追求导致的关于城市空间塑造的问题更需要引起我们的重视。一方面,资本通过城市这样的空间结构,塑造了一个劳动力、商品和金钱资本相关联的特殊空间。另一方面,资本的过度积累导致了资本对空间的开拓,造成了社会不平等问题的扩大。正如哈维所说,新空间关系乃是从国家、金融资本和土地利益的结盟中创造出来的。我们需要关注这种不平等关系扩大带来的社会冲突和文化冲突,避免城市完全被资本的游戏规则所主导,这样会导致由居住分区、空间剥夺及空间异化所构成的社会矛盾越来越严重,这是需要我们警醒的地方。

总结一下,我们可以看到文明的商业及工业化区域的形成过程都有赖于城市的发展,而越来越多的巨型城市的建立使得全球化的链接越来越紧密,同时也造成了资源的区域化的集中趋势。城市造成的问题的本质在于城市是由资本所塑造和构建的,因此,会带来居住分区、空间剥夺及空间异化等问题。这是我们在城市化进程中需要时刻关注的问题,也是在理解我们的生存环境时必须思考的维度。

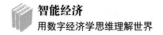

流动的空间

在讨论了城市空间以后,我们重新来认识一下我们的文明是如何构建的。从哲学角度来说是运动或者变化塑造了世界,而从社会学角度来理解,流动性是构建文明社会的基本要求。现代文明的社会生活是由资本的流动、信息的流动、技术的流动及人力的流动来构成的,正是这些流动性的存在才促使文明中的不同要素在某个特定的空间中聚合,从而形成了当下的社会文明的现状。如果我们把时间比作文明的长河,那么空间就是河中的每一段构成当下文明的全部要素。因此,用流动性的空间的概念来理解文明的演变是一个非常重要的角度,而数字城市是信息文明中流动空间概念的集中体现。在这里主要用这个理念理解数字城市是如何构建的,尤其是虚拟空间和真实空间是如何形成人类在信息时代的存在方式的这一问题值得我们深入思考。这里我们主要从三个方面去解读:技术文明角度、网络社会角度及社会结构角度。

首先,从技术文明角度来理解数字城市的概念,正如上文所说,城市是工业革命后人类集体智慧和技术成果的集中体现,是人们逐渐从野蛮状态进化到文明状态的地方,而数字城市则可以理解为"物质城市在信息世界的反映和升华"。数字城市是由信息时代的多种技术融合产生的,本质上是信息化、数字化、虚拟化、网络化和智能化的物质城市的映射。因此,一方面,数字城市是真实存在的客观城市,对物质城市起到连接和融合的作用。另一方面,数字城市不再具有地理空间感,而是构建于信息比特的世界。

信息时代的思想
第九章

因此，可以将数字城市空间理解为城市空间的延伸，它改变和重构了传统城市生活的存在方式，创造了全新的互动场域和连接的节点，从而使得整个社会和文明的创造模式正在发生变化。事实上，数字城市是一种基于计算机系统的网络信息空间，但是又由于其是真实物质城市的虚拟化表征，因此，它也支持有意识、有目的的针对特定场景的还原，并且更加细节化和具体化。其中参与的主体也不再是广义的网民，而是有更强烈的参与感的市民。也就是说在数字城市的特殊场景下，空间的均衡和不均衡，活力的集聚与分散，动力的生成与消解都在不断发生着，使得数字城市拥有着更加复杂的社会内涵。当然，正是信息时代的城市化运动及城市人口对信息服务的需求，才催生了数字城市这一特殊的网络空间，这是复杂社会和经济成果所塑造的事实。

然后我们从网络社会的构建，即数字城市产生的社会学和人类学意义上来理解数字城市的特质。第一，数字城市所构建的虚拟城市，与以往工业社会中所构建城市的最大不同在于，它是通过虚拟实践获取意义的空间。而虚拟实践正在代替物质实践，扩大了社会活力和创造力，也扩大了人类活动的范畴和对象。第二，我们看到城市的公共空间的概念正在被挑战，数字城市是没有明显疆界和范围的公共空间，传统城市的边界在数字城市中被消解。一方面，数字城市创造了更加开放和自由的公共空间；另一方面，数字城市占有了人们现实中的私人空间的时间，以及所有的行为也受到了网络空间拥有者的监控，这也是大数据产生的原因。第三，数字空间的集体记忆和个体想象正在发生断裂，由于在网络社会中形成的主体是社区性的社会，而不是个人为主的社会。因此，数字城市整合出来的往往是集体记忆，

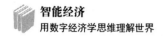

也就是说网民通常是通过共同参与和经验分享建立起认同感。但是与此同时,个体想象又在数字城市中难以生存,也就是说数字城市的虚拟社区中有一种转变和塑造的能量,个体在不同的社区中会被集体认同带到和个体想象不同的方向,因此,参与者在社区中往往是被伪装的自我。例如,社交网站或者社交媒体上的自我,往往与真实的自我差异较大,是被集体同化的自我表达。

最后我们从社会结构角度理解空间,依然从城市这个角度讨论。事实上城市不仅是人们居住的场所,也是人们发生社会活动的场所。德国哲学家海德格尔所构建的"属人空间"的概念揭示了空间的社会性,他认为本真性的空间是天、地、神、人的"四重场域"的有机结合。而我们也提到了,哈维认为空间是关系和意义的结合。因此,流动的社会空间虽然能够根据利益最大化原则支配着所有要素的流动,但是其流动会受到不同节点中不同利益相关方的博弈和策略的影响。

不同思想浪潮和阶层的人们会去主导整个网络的利益分配结构(即使没有利益冲突,也有政治或者经济思想流派间的差异),然后,这些思想会从政治及经济领域的精英的理念中转化为主流的观点,从而影响整个社会的走向。当然,这个过程也不完全受到精英的引导,社会组织的结构及历史的进程也会影响精英对群体的领导力,以及精英之间的配合机制。简单来说,不同领域的精英是从宏观文明的角度去考虑不同的社会演化路径,而大众则从地域、文化及民族国家的角度考虑个人的幸福,二者直接的协作与博弈构建了权力和财富的分配机制。

总结一下,我们从三个角度去理解数字空间(尤其是数字城市),

信息时代的思想
第九章

包括技术文明角度、网络社会角度及社会结构角度。简单理解，空间就是某个文明的主要要素流动所形成的聚合，而这个聚合过程就是我们要探索的文明演化的路径。无论是数字城市还是现实城市，都代表着集体和个体的需求、权利和责任，数字城市相比现实城市更具备空间的流动性，我们需要理解数字城市带来的影响和它的本质，才能充分实现集体记忆和个体想象的良性互动，才能逐渐形成一种超越虚拟现实的共同认同，这是我们在信息时代的生活中需要探索的领域。

虚拟的时间

在深入讨论了关于信息文明下的空间概念以后，我们来讨论时间。虽然每个人似乎都拥有时间的概念，但真正理解时间的内涵确实非常有难度。时间是自然科学与社会科学中最复杂的概念之一，同时技术带来的时间概念的转变也是文明范式演化的重要成果。整个文明的过程中时间与社会的演变、技术的发展有着密不可分的关系。这里我们从三个角度来讨论信息文明下的时间概念：历史维度、虚拟的维度及哲学的维度。

首先来看时间的历史概念，这里要提到英国数学家、宇宙学家和科学史家吉拉尔德·詹姆斯·惠特罗的理论贡献，他撰写了《时间的自然哲学》《时间的本质》《历史中的时间》等多部专著来论述关于时间的理论，他在1966年成为时间研究国际学会的首任主席。在《历史中的时间》一书中，他完整阐述了人类在文明进程中对时间认识的变化过程，不仅考察了时间测量方式的变化，也讨论了时间概念是如何影响历史本身的。随着文明的演化，当代社会的时间主要由时钟时间所支配，这也是工业文明的时间观念。从某个角度来说，现代性就是时钟时间对空间和社会的建构，日常生活中的重复，以及时间的普遍性和同质化的生活模式就是这种时间观念所带来的结果。这种时间观念是由工业资本主义和民族国家所主导的，追求极致的效率是这种时间观念的理念核心。

事实上，时间本身是不具备客观性的，而是出于人们理解外部世界的需要而存在的，也就是说离开了人的参与，时间的概念就失去了意义。从自然界看，时间表现为一个连续事件的先后顺序，而大自然中存在的大量周期现象，也让人们逐渐形成了朴素的时间观念。从认识主体上看，人们需要用时间来理解事物和产生记忆，也就是说，观察事物发生的先后顺序所留下的记忆痕迹，给了人们时间存在的错觉。正如海德格尔所说，确实有过人不曾存在的时间，但严格来讲，我们不能说，有过人不曾存在的时间。也就是说，因为人的存在，时间的观念才有了意义。人类在实践中创造了时间概念，时间概念又塑造了人们对世界的认识和自我的框架。如果我们从信息的角度理解时间的话，时间就是人处理信息过程中用于比较、衡量外界变化进程时的最具备普遍意义的方式和尺度。

然后我们来从虚拟的维度讨论信息文明社会中时间观念的转变，这里的概念核心是时间的转化。正因为信息技术的发展及虚拟生活方式的存在，时间的观念正在被重新建构。我们主要从两个方面来解读，一方面，随着信息技术的发展，我们可以看到全球性的无时间差异的各类信息。即时性不仅成为新闻传播行业的首要逻辑，也成为我们体验当下生活的方式。互联网技术下生产的信息流媒体和社交媒体正在

信息时代的思想
第九章

一刻不停地同步着全球的信息，形成了巨大的同步性信息空间。更特殊的一点在于，由于虚拟网络的互动性，每个人可以按照自己的选择聚合在不同的信息圈中，从而对信息本身产生了巨大的影响，这从过去几年间全球的政治和经济转变过程中社交网络的应用上可以看出端倪。另一方面，互联网创造了一个时间概念逐渐模糊的空间，互联网里的时间似乎是没有开始也没有终结的，失去了时间的指向性。我们可以从虚拟游戏世界中所构建的时间概念看到，在虚拟的互动空间中，玩家几乎没有现实的时间观念。而且正因为互动的虚拟时间里拥有完全不同的平行世界，电子技术根据参与者的需求及生产者的逻辑提供了一个既永恒又短暂的时间文化。说到永恒，是因为在互动空间中的所有形象和事件是不可磨灭的；说到短暂，是因为这样的空间大多数是随着服务的停止而消失的。这就是未来的信息文明社会的时间概念内涵，历史将会终结，而时间也逐渐失去了边界。

最后，我们从哲学思辨的角度讨论一下时间，这里主要介绍康德和海德格尔的观点。最早讨论时间概念的是亚里士多德，他认为时间是前后相继运动的数，将时间视为从属于运动范畴的抽象概念。康德在休谟怀疑主义思想的影响下，扭转了传统哲学中关于物理世界时间的观念。一方面，康德认为时间并非客观存在的，认为纯粹的物理世界中没有时间。另一方面，发生在时间之内的经验又在不断变化，时间本身却不会因为经验内容发生变化。因此，时间抽离出经验之外，成了独立的概念，并且相对于经验有了决定性，简单来说就是康德认为时间不是概念而是直观，"直观是个体的表象，概念则是普遍的表现"，因此，时间是个体的而不是普遍存在的。

海德格尔在《存在于时间》中指出，时间的观念从亚里士多德开始，并在黑格尔哲学中被极端化。"时间就其本质而言，是纯粹的自身感触……时间作为纯粹的自身感触就形象地体现为主体性的本质存在结构"。所谓自身感触时间，就是不依赖任何经验对象产生，也就是说纯粹想象力就是纯粹时间。海德格尔认为康德并没有理解时间的本质，还用"存在的整体性"代替了康德的先验主体性来说明时间的重要性。海德格尔认为，存在就是时间，时间是时间性的。一方面，海德格尔认同康德的没有人就没有时间的观念；另一方面，海德格尔认为正因为人的存在，过去、未来和现在都是时间性的展开结构。也就是说人有过去、未来和现在这样的观念和统一的感受，因此，人的世界观就产生于这样的统一的时间性的观念上。简单来说，时间概念来自每个人的本真，而不是普遍的意义，但正因为如此，时间就因为每个人的存在而获得了不同的内涵。

  总结一下，信息文明下的时空观是一种正在发生演变的时空观，我们要理解在文明的演化过程中时间和空间都是与当下的整个物质环境发生互动以后产生的概念。如果说原有文明进程就是随着时间的进步，人类逐渐把控空间的历程，那么未来的信息文明进程就是在流动的空间中，人们逐渐失去固定的时间观念的文明进程。最后讨论了时间的哲学概念，理解了时间的非客观性的存在，也验证了我们之前讨论的课题。时间因为人的存在才具备意义，因此，人们构建现实的生活和文明的形态的历程，影响了人们的时间观念和认识世界的方式。

信息时代的思想
第九章

💡 信息与技术哲学

单向度的人即所谓的丧失否定、批判和超越等能力的人。这样的人不仅不再有能力去追求新的生活,甚至也不再有能力去想象与现实生活不同的另一种生活。

——赫伯特·马尔库塞

在讨论了信息文明的时空观以后,我们看到了传媒技术将世界变为一个巨大的村庄,而互联网技术则将这个世界连接起来,成了一个包罗万象的"万花筒"。这个世界也并不是乌托邦式的,而是有着城市、村庄和贫民窟的多元世界。这个世界中的不同空间是相互流动的,既相互依存也互相影响。在这个部分我们来讨论信息技术的发展是如何影响现实中的政治和社会的,以及技术哲学尤其是技术批判的思想是怎样的。在前文中我们讨论了政治的溯源,而这个部分我们则关注技术对政治空间的重塑问题,包括对人们的技术观念的影响,以及技术对社会控制度的影响等。理解了这个部分,就能为接下来讨论整个文明将如何由技术主导未来演变奠定基础,也为我们后面讨论未来技术文明将带来的影响提供了新的思考维度。需要理解的是,技术带来的不仅仅是便利的生活,而是人们生活方式和观念的变化。因此,对技术的反思和批判就尤为必要,所以,这里我们需要介绍不同的技术哲学及批判理论。

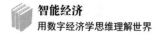

技术的反思

工业革命以来,技术给人类带来了无数的福祉,因此人类对技术的顶礼膜拜也从未停止。事实上,对技术的反思从工业革命以来就从来没有间断过。例如,法国著名学者卢梭曾经发表了一篇文章专门论述科技进步必然会带来人类天然的平等的毁灭、道德的沦陷和灵魂的"越发腐败"。而关于技术批判的众多观点中,比较有名的就是法兰克福学派的两位著名德国学者马尔库塞和哈贝马斯提出的技术批判理论,本节我们主要讨论这二位的观点,后面还会对技术批判理论进行研究和探讨。

首先我们讨论马尔库塞的观点。马尔库塞的哲学思想深受黑格尔、胡塞尔、海德格尔和弗洛伊德的影响,同时也受到马克思早期著作(特别是《1844年经济学哲学手稿》中的异化论)的很大影响。在他的名著《单向度的人》中,他提出了关于技术批判的观点。他认为现代工业社会技术进步给人提供的自由条件越多,给人的种种限制也就越多,这种社会造就了只有物质生活,没有精神生活,没有创造性的麻木不仁的单面人。他试图在弗洛伊德文明理论的基础上,建立一种理性的文明和非理性的爱欲相一致的新的乌托邦,实现"非压抑升华"。这本书的副标题是"发达工业社会意识形态研究",在马尔库塞看来,发达工业社会意识形态的发展,能够逐步压制各种试图颠覆现存秩序的反对意见和力量,彻底消解了大众心中批判现实和超越现实的否定向度,以至于整个社会变成铁板一般的单向度社会,个人成了认同并维护现实的单向度个人,而造成这个结果的首要原因就是技术。

信息时代的思想
第九章

  所谓单向度，指的是不同人的生活都在不断地同化：都去看同样的电影，去同样的旅游景点欣赏风景，也拥有差不多的品牌和饮食偏好，而这一切和个人身份无关。其中，起到很大作用的是大众传媒技术，借助现代传媒技术，一切文化样式都在转变为可以流通的消费品，文化生活成了单纯的物质享受，彻底的世俗化使得人们互相的认同感增强，从而不去反思和批判现实存在的问题。简单来说，马尔库塞认为现代技术造就了社会的单向度，因此，人性中本有的否定的思想和行为向度被技术合理性压抑了，人变成了只有肯定向度的单向度的人。事实上，人性的哲学应该是矛盾的、双向度的思维模式，一方面，人通过创造符合人性的生活方式来实践自己的能力；另一方面，人们需要否定这种能力来追求更好的生活。因此，对技术的单向度思想虽然在短期内是和谐美好的，但是从长期来看会影响人们对更好生活的创造能力。

  然后，我们来讨论哈贝马斯的科学技术批判理论。尤尔根·哈贝马斯是当代德国最重要的哲学家、社会学家之一，曾任海德堡大学教授、法兰克福大学教授、法兰克福大学社会研究所所长及马克斯普朗克学会生活世界研究所所长。他继承和发展了康德哲学，致力于重建"启蒙"传统，视现代性为"尚未完成之工程"，提出了著名的沟通理性的理论，对后现代主义思潮进行了深刻的对话及有力的批判。哈贝马斯提出的科学技术批判理论是对西方现代社会合理化问题的深度把握，超越了工具理性批判、意识形态批判而走向了批判的解释学，为我们理解现代社会的"科学技术异化"提供了一种非常好的思维方式。哈贝马斯认为技术的发展导致了两个基本现象：科学技术的政治化和民主政治的科技化。

所谓科学技术的政治化，就是科技为政治提供了重要的工具，如哈贝马斯认为"二战"后科技的研发和转化的起点都来自国家政治行为。以美国为例，它在科学技术方面的成就使得其能够成为战后最重要的超级大国，而很多我们看到的信息技术都来源于美国政府和军方的支持。所谓民主政治的科技化，指的是一方面民主政治对科技进步发挥了重要作用，另一方面科技通过提升社会生产效率和降低工人劳动强度等措施，使得人们可以更加方便地参与政治。但事实上，哈贝马斯认为这种平民化和大众化实际上是"非政治化"的过程，科学技术遮蔽了政治参与的本质，从而使得整个民主政治显得非常娱乐化。

哈贝马斯担心的其实就是西方现代社会的"非政治化"现象，由于科技极大地提升了现代社会的生产力，丰富了日常生活内容，而且引导了大众去参与科学技术和科学研发工作。因此，许多人都认为提高自身生活水平和工作效率是个人自由和幸福的关键，从而带来的就是"政治空壳化"的现象。现代西方国家通过科技建构了一种长期的政治合法性基础，通过干预和补偿的方式使得整个社会资源的分配更加有效。事实上，这样的效果正在被质疑，我们之前也提到过，全球化带来的分配问题越来越严重，导致了保守主义和民族主义在西方国家的抬头。因此，单纯依赖科学技术为资产阶级形态的政治基础合法性提供辩护并不是那么成功，当然试图通过这样的方式进行政治建构也需要更长时间的观察。无论是"科学技术的异化"还是"非政治化"的现象，其本质都是基于"技术统治论"的观点，这是我们思考技术带来的负面效果时的一个重要维度。

总结一下，我们讨论了马尔库塞和哈贝马斯关于技术批判的思想，前者认为技术使得现代人成为"单向度的人"，人们的批判和否

信息时代的思想
第九章

定的思维逐渐丧失，同时也丧失了对更加长远理想社会的追求动力。后者认为科技技术的批判实质是"技术统治论"，西方现代国家通过科技正在建构新的政治秩序和统治合法性，我们可以看到其成果甚微。我们需要意识到技术的力量和本质，也要通过对技术的反思来理解人类文明的其他领域。

信息的权力

之前我们讨论了一个观点——媒介是人的延伸，而信息技术加强了人的权力尤其是掌握技术组织的权力。随着21世纪越来越多的人使用以互联网为代表的信息技术，技术的权力演变正在发生并影响着每个人的生活。我们需要理解在当代社会中，信息技术到底扮演了怎样的角色，尤其是在人们的生活实践过程中是否增强了某些特定组织的权力，以及对每个人的信息权力边界的影响等。这些问题都是我们观察信息技术的政治影响力的重要维度，也是我们观察未来文明中政治和技术的融合的重要方法。

首先我们来讨论当代最著名的社会学家曼纽尔·卡斯特尔的巨著《信息时代：经济、社会与文化》，他在书中通过大量的素材论证了信息技术带来的不仅是经济的变革，还有社会组织结构、权力关系及技术生态的根本性重构。在《千年的终结》这本书中，他深度探索了2000年之前最后的1/4世纪里技术的具体影响，尤其是宏观上的社会变迁，如信息化、全球化、网络化、认同的建构、父权家长制与民族国家的危机等。卡斯特尔认为技术正在构建一个新的历史图景，这样的未来对我们现有的生活和未来后代子孙的生活会造成根本性的影响。由于信息技术的发展导致了全球信息网络的形成,资本、劳动力和信息在网络中不断汇集和交换,从而实现了权力的重构。政治家们开始通过技术的方式去掌握人们对经济、政治和社会的舆论及行为,更可怕的是,随着遗传技术的发展,技术也开始逐步通过更广义范围的物联网来掌控普通民众的生活。

然后我们来讨论2001年"9·11"事件后美国的大规模监控事件,即在美国受到恐怖袭击以后,美国针对国内及国际的大规模监控行为。美国政府不仅通过行政命令使得国家持续处于紧急状态中,并通过数个国家安全法案,如《爱国者法案》《精确法案》和《国外情报监控法案》,来构建一个巨大的情报监视数据库网络。这些行为明显超越了《美国宪法》和《权利法案》所允许的程度,也让美国政府受到诸如"已经成为警察国家"这样的批评。这里最著名的就是被国家安全局合约外包商员工爱德华·斯诺登在2013年向英国《卫报》和美国《华盛顿邮报》公开的"棱镜计划"。"棱镜计划"让人们意识到美国政府如何通过不合法的方式对各国民众的电子邮件、Facebook账户和视频进行监控,如何悄悄获取了数以百万计的美国人的通话记录,如何通过向多家互联网公司施压来获取本该保密的用户数字信息。正因为信息技术在这个计划中得到了大规模使用,因此美国公民开始讨论美国民主和公民自由之间的制度失衡,以及开始了对公民自由如何不被掌握新数据处理技术的情报机构所侵犯的讨论。

美国"棱镜计划"的暴露让人们不得不想起英国著名左翼作家、新闻记者和社会评论家乔治·奥威尔在他的小说《一九八四》中所构建的以技术为基础的极权主义统治。在这本书中,奥威尔勾勒了一幅极权主义国家的全息图景,用辛辣的笔触讽刺了泯灭人性的极权主义

信息时代的思想
第九章

社会和权力追逐者,而小说中对极权主义政权的预言在之后的数十年中也不断被验证,该书被称为世界文坛讽喻小说的经典著作。小说中虚构了"大洋国"这个极权主义社会,而匿名的权力在这个社会中以老大哥的个人形象出现,老大哥用不同的方式来滥用自己的权力:第一,用无时不在的电幕来监控每个人的所有言行举止;第二,创造"新话"这种人工官方语言,来实现控制和消灭思想的目的,由于这种语言是"世界上唯一会逐年减少词汇的语言",因此,人们的思想都会发生改变和受到控制;第三,不断树立外部敌人让人们集中攻击,将所有的罪恶和破坏活动都算在某些特定敌人身上。这本书不仅唤起了当时人们对极权主义国家的联想,时至今日也让人们意识到信息技术对网络的控制实际上并不比小说中出现的电幕监控少,这和美国在"9·11"事件后的大规模监控有着很大的相似性。

最后我们来讨论信息技术和权力之间的关系。政府机构通过网络技术的帮助,不仅改变了传统的公共行政机构的组织生态,而且挑战了原有的保护公民自由和隐私的原则。因此,人们会关注到信息技术使用与政治权力之间的关系。不过我们要深刻地认识到,权力并非一个特殊的独立物品,而是基于参与者之间的约束而存在的,这种约束由于技术的发展变得越来越强大。信息技术不仅增加了政府的力量,也增强了被统治者的力量,政府收集越来越多的信息的同时人们也在产生越来越多的信息,从而使得新的权力平衡得以建立。极端的悲观主义者认为技术会让网络成为现代政治家们的理想工具,能够对决策过程和生存过程进行更加理性的分析,从而使得人们失去了自由思考的权力。而极端的乐观主义者则认为技术将带来世界的平等,权力将实现乌托邦式的扩散。这两种想法显然都忽略了信息技术在扩散的时候并不会

明显倾向于哪一方,而是会在动态的变化中去适应权力的特性。

总结一下,我们讨论了信息与权力的问题,从曼纽尔·卡斯特尔关于信息权力的研究到乔治·奥威尔关于"老大哥"的思考,反思了信息技术对现代权力的影响。我们分析了美国应用信息技术进行"棱镜计划"所带来的巨大风险和舆论上的压力,也反思了这种计划给公民自由带来的风险。最后,我们讨论了技术带来的并不是权力的倾斜,而是权力的再次平衡,因为信息技术对执政者和公民都拥有同样的效率,这样的平衡并不会在短时间内被打破。更重要的是,我们要观察的是技术本身在发展中的趋势和自我意识的生成,而不是只关心技术和人类文明之间的互动。

技术的哲学

在讨论了技术对社会及政治的影响以后,我们来系统地讨论一下与当代技术哲学相关的问题,从这个角度可以更加直观地看到技术革命对人们思想的影响,以及人们对技术的认知的内在矛盾之处。这里我们主要讨论两个观点:技术决定论和社会建构论。因为这两个理论是目前主导人们技术认知的主体思想。

我们先介绍技术哲学的基本分类,最传统的分类是将其分为工程学传统和人文主义传统两种。美国著名当代技术哲学家卡尔·米切姆在著作《技术哲学概论》中提出了这个分类方法。工程学传统的技术哲学主要是研究技术本质及认识论和方法论,认为技术是社会发展创新出来的物质工具,是人类器官功能的延伸。简单来说,就是将技术

信息时代的思想
第九章

看作人类在参与自然改造和创造活动中获得的经验，工程技术哲学所代表的就是一种乐观主义的技术论倾向。而人文主义传统的技术哲学观点则强调技术的人文价值和社会意义，对技术抱有强烈的批判态度，人文主义传统的技术哲学对技术在社会中的过度使用让人产生异化提出了批判。这个领域最著名的学者就是存在主义哲学大师海德格尔，他在技术存在主义的现象学框架下进行思考，认为技术将人置于危险的境地，技术是现代社会制度对人实施控制的工具。还有一些人文主义传统的技术哲学观点认为，技术将成为一种意识形态，从物质到精神对人类社会和文明进行控制。

然后我们来看技术决定论的观点，这类观点认为技术是自发的独立于人的意图的现象。技术拥有自己的意识和动力，能够偏离人类的初衷去进行建构。下面来看两位重要的学者的观点，一位是法国著名学者雅克·埃吕尔，另一位是美国著名技术哲学理论家兰登·温纳。前者认为技术发展有其内在的逻辑和规律，在它的发展过程中逐渐摆脱了社会的控制，并通过对人类思想观念和思维方式的影响，使得人们依赖于技术而难以控制技术。简单来说，就是技术拥有自主性。兰登·温纳则持有更加温和的技术决定论观点，他系统地阐述了技术不仅是一种政治现象，还形成了一种政治生活。他的研究不仅揭示了技术的失控，而且还提倡人们正视技术变革带来的影响，探讨技术控制的可能性，如何通过政治形式（协商会议、科学信息站等）来探索技术的民主控制。

然后我们来看社会建构论的观点。如果说技术决定论强调的是技术的自然属性、技术规则和技术价值对社会环境的影响，那么社会建构论强调的是技术的社会属性，技术价值的社会赋予，即社会属性对技术的自然属性的制约和引导作用。这一派学者认为，技术从来不是自我发展的，而是以人的行动为先决条件，这其中也分为激进的社会决定论和温和的社会建构论。社会建构论提供了一种对技术的史学、社会学和哲学的融会贯通的理解，开辟了技术研究的新视角。激进的社会建构论夸大了社会偶然性因素，对技术的解释范围过于狭窄，贬低了技术对社会影响的评价。当然，我们也不得不看到社会建构论者往往会忽视一点，即技术即使在人的参与过程中也会发生意料之外的冗余结果，从而常常脱离人们的意图和利益。因此，我们看到历史进程中技术的发展往往有和建构论观点不一致的情况出现。

总结一下，我们讨论了技术哲学的基本分类，这两种分类实际上就代表了两种对技术的基本态度：乐观积极的工程学传统和悲观消极的人文主义传统。前者的代表就是社会建构论，后者的代表就是技术决定论。技术真实的演变过程是一个高度悖反的现象：一方面技术产生于人的生产和创造活动，带给现代文明进步的动力；另一方面技术常常会导致意料之外的结果，仿佛带有强烈的自我意识。这就是技术哲学所讨论和关注的课题，理解了这两个基本论调，才能理解技术哲学背后学者们的深邃思考。

信息技术伦理学

人工智能研究的目标不应当是建立漫无方向的智能，而是建立有益的智能。

——阿西洛马人工智能原则

信息时代的思想
第九章

在讨论了与技术哲学相关的现象和理论以后,我们来聚焦一个非常有意思的问题:信息技术对人类道德伦理的影响。随着信息技术的发展,技术的影响力不再止于经济和科技领域,更是扩大到了社会及道德的层面。尤其随着人工智能和人工生命的发展,机器不仅将专属于人类的工作逐渐接手,还引发了人类文明历史上不曾出现过的伦理道德问题。美国西部时间 2018 年 3 月 18 日,全球著名共享出行服务商 Uber 的自动驾驶汽车在美国亚利桑那州坦佩市撞死了一名横穿马路的 49 岁妇女,这个事件是全球首例自动驾驶汽车致死案例。事故发生以后,Uber 立即停止了在凤凰城、匹兹堡、旧金山及多伦多四地的自动驾驶汽车的道路测试活动,这个案例也引发了全球范围内对以自动驾驶技术为代表的人工智能的道德伦理观念的讨论。

本节我们主要讨论信息技术(尤其是人工智能相关的技术)带来的基本矛盾。一方面,从技术诞生开始,人类依赖着技术的力量不断攫取与自然进行抗争的能力,并获得了其他生物不曾获得的自由。人类逐步进入智能时代,而生产力的提高也为人类带来了更大程度上的解放,以及整个文明范式的演变。另一方面,我们逐步意识到,人工智能为我们带来关于人的本质问题的困惑,以及一系列社会和道德伦理方面的问题,尤其是智能机器人带来的伦理风险。本节就来讨论以人工智能为代表的智能技术的实质,以及人工智能带给我们的伦理学的挑战,并在这个基础上为大家介绍计算机伦理学的研究和人类思考技术伦理问题的基本逻辑。

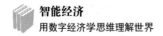

智能时代价值观

随着信息技术的发展,几乎人类的所有活动领域都不可避免地与科技联系了起来。这些领域包括人类互相间的通信、金融交易的市场、商品的生产和配送及更大范围的服务,以及医疗、军事和科学文化相关的领域。人类社会活动的各个方面都在全球范围内以技术为纽带交织在一起,尤其是移动互联网和人工智能的发展,使得人类生产和生活的相当一部分已经被信息技术所支撑和取代,而与此同时就引发了大量的和技术有关的伦理道德问题。本节就来讨论如何认识人工智能,以及人工智能带来的正面和负面的影响,以此帮助大家梳理智能时代的基本技术范式,以及我们应该如何培养出智能时代的价值观。

首先我们来看人工智能带来的价值问题。先要理解什么是人工智能,实际上这一轮以深度学习为代表的人工智能和我们想象中的那种拥有自主意识的人工智能没有任何关系。事实上,我们不应该把 AI 理解为 Artificial Intelligence(人工智能),而应该理解为 Augmented Intelligence(增强智能)。IBM 提出,人工智能是认知计算和系统的一个理论基础,但是认知计算和系统要比人工智能的范围更广。认知计算与系统具有理解、推理和学习的能力,而且它建立在大数据分析的专业和能力之上。但是认知计算不会取代人类,也不会取代人类的专业能力,只会加强人类的认知能力,因此称之为"增强智能"。而人工智能未来的趋势也可以用三个 A 和 I 打头的英文单词组合去解读:第一个单词组合是"Agglomerative Intelligence",即聚合的智慧,也就是通过机器学习和数据挖掘将人类的智慧成果聚合起来;第二个单词组合是"A Adaptive Intelligence",叫自适应智能,也就是人工智能能够在某些特定场景提供更加普适性的服务;第三个单词组合是

信息时代的思想
第九章

"A Ambient Intelligence",叫隐形智能,也就是通过数据的自我学习达到更加深入的智能理解。

毫无疑问,人工智能作为智能时代最重要的基本技术支撑,对社会生产方式、生活方式乃至休闲娱乐的方式都会产生巨大而深远的影响,为人类个体和文明的发展提供了重要的契机。我们总结一下人工智能带来的积极效应,主要体现在三个方面,第一,人工智能的大规模使用,使得智能化、信息化的社会正在被不断构建,基于智能网络和智能架构技术,在全球范围内更有效率的配置和共享资源成为可能。毫无疑问,智能时代将是人类历史上第一个由知识和智慧占主导地位的时代,而智能社会也将成为前无古人的技术社会形态。因此,无论中国还是欧美发达国家,都纷纷发布了人工智能的发展规划,智能化水平也将成为某个国家或者地区最重要的发展标志之一。第二,人工智能通过自动化的方式替代了人们的劳动,使得人们可以通过与人工智能的结合来增强人类自身的能力。人工智能也可以通过理性的方式帮助人们做更多价值判断,如法律和交通事故问题的处理。第三,人工智能使得传统工业革命的生产效率大大提高,并逐渐让人类从规模化、标准化的机械化生产中解放出来。因此,人类获得了更多的自由时间,从而在某种程度上延长了生命及能够更加自由的发展。

然而人工智能也会带来负面问题,尤其是关于人工智能的伦理问题,主要包括以下三个方面。

第一个方面是关于人工智能的行为准则问题,也就是机器人的决策行为规范。上文提及的现象是自动驾驶的安全问题带来的争议和隐患。还有更难以得出的结论的例子是,当无人驾驶汽车不得不在某些紧急情况下进行道德选择的时候，例如，是撞向横穿马路的三个行人还是路边遵守交通规则的一个路人的道德问题。人工智能的发展使得人们不得不将某些道德伦理问题写进规则之中进行规范，从而导致了一系列原有的技术生态中无法预期的问题。

第二个方面是关于人工智能的权力边界问题，随着人工智能对特定领域的知识掌握，决策分析能力开始超越普通人类。人们对它们越来越多地产生依赖，那么它们的权力边界在哪里？是否可以代替专业人类进行决策？例如，在医疗界，人工智能是否有资格代替医生做出疾病诊断甚至终止治疗的决策。

第三个方面是关于机器的自我学习和文化倾向问题，人工智能在不同数据的学习环境下，会形成不同的文化倾向和个性。例如，聊天机器人可能会受学习环境影响学习到一些负面的表达，甚至会有种族主义和歧视倾向。这引发的就是人工智能的道德责任和社会责任问题，可能会给社会文明带来负面影响。

最后我们来讨论人工智能对"什么是人"和人的本质问题的挑战，当然这个问题的前提是未来我们将采用不同的技术路径和技术思想实现人工智能的创造。一方面，在过去四十亿年中，所有生命都是按照进化论实现适者生存。然而，人工智能正在改变这个现实，人机互动甚至人机一体成了可能。正如库兹韦尔所说，"生物智能必将与我们正在创造的非生物智能紧密结合"，当人的自然有机体与智能机器共生时，如何认识人的本质就是一个问题。另一方面，智能生命的创造不仅带来了便利，也带来了一些基本问题：如果智能机器人在某个程度上被认为是"人"，那么它们的基本权利应该如何受到保护？智能机器人与自然人之间是否能够交往？智能机器人是否负有法律意义上的主体责任？很显然，这些问题都是我们需要重新认识和思考的。

总结一下，我们讨论了人工智能的实质及它带来的正面效应和负面效应，毫无疑问，人工智能的到来不仅是福音，还是全方位的挑战。我们已经到了智能时代的关键节点，需要做到理性地决策和辩证地思考，才能帮助我们更好地面对人工智能带来的挑战。

计算机的伦理学

在讨论了人工智能的伦理问题以后，我们在更广义的范畴讨论计算机伦理学的内容，因为人工智能的发展基础就是计算机技术，而信息文明社会的基本技术也是计算机技术。著名美国科幻小说家艾萨克·阿西莫夫的银河帝国系列和机器人系列科幻小说中，所提到的关于人类和机器人相处的问题就是典型的计算机伦理学问题。前文提到的曼纽尔·卡斯特尔的三本关于网络社会学的著作中，也涉及了计算机伦理学的问题。本节我们就讨论什么是计算机伦理，以及计算机伦理问题的分类和解决方案，了解在这个课题上我们的研究所涉及的范畴。

首先来看美国计算机伦理学的兴起历史和基本问题。从 20 世纪 80 年代起，随着计算机信息与网络技术在美国等西方发达国家的率先发展与应用，这一新技术导致的伦理道德问题引起了西方哲学界的重视。1985 年，美国著名哲学杂志《形而上学》10 月号同时发表了泰雷尔·贝奈姆的《计算机与伦理学》和杰姆斯·摩尔的《什么是计算机伦理学》两篇论文，这成了美国计算机伦理学兴起的重要理论标志。此后，随着计算机信息技术的进一步发展，特别是20世纪90年代国际互联网的出现，计算机技术在应用中引起的社会伦理问题日渐成为西方哲学界、科技界和全社会关注的一个热点。在"什么是计算机伦理学"的文章中，摩尔提出了计算机伦理学的基本研究范畴：由于计算机技术的创新，存在着传统伦理学不能回答的道德问题，即"存在一个道德政策的真空"，因此，我们要重新思考计算机技术对公共政策和道德标准的影响，考虑道德政策如何制定。

然后我们来看计算机伦理问题的分类。首先要厘清解决问题的逻辑和方法论，即搞清楚技术对我们道德的影响的真正内涵。计算机对人类行为最大的改变在于把非常简单的动作变得强有力，只要通过简单的敲击键盘人们就能改变成千上万人的生活方式。

因此，我们要认识到两点：第一，承认计算机技术和人类行为之间的紧密连接；第二，将人类行为和伦理行为联系起来。虽然计算机伦理拥有某些独一无二的特质，但是大多数学者认为计算机伦理研究的还是老问题，如隐私权、财产权、犯罪问题等。穆尔对信息社会中的计算机伦理问题的关注如下：第一，计算机职业伦理问题，即计算机专家的社会责任问题，更广义地说，就是计算机职业者的职业与伦理的行为规范。第二，隐私权问题，上文已经讨论过，就是通过计算机技术收集信息时对个人隐私的侵犯，以及由于过度使用计算机技术，大量的个人信息被收集和交换，带来公众的忧虑和警觉。第三，赛博犯罪与滥用，即随着个人和企业的资产越来越多地电子化，大量黑客通过电子技术在一个更加开放的信息自由流动的计算机体系里进行犯罪，引发了诸如知识产权问题、货币安全问题。

信息时代的思想
第九章

最后我们来看计算机伦理学的解决方案。大多数计算机领域的学者认为,在以上计算机伦理研究的方法论基础上,解决计算机伦理问题需要借助传统的伦理学理论和原则,并把它们作为指导方针和确立规范性判断的依据,这样才能使人们区分出什么是正当的行为、什么是错误的行为。戴博拉·约翰逊和斯平内洛在他们的著作中,分别把以边沁和密尔为代表的功利主义,以康德和罗斯为代表的义务论,以霍布斯、洛克和罗尔斯为代表的权利论,这三大目前在西方社会中影响最大的经典道德理论作为构建计算机伦理学的理论基础。

下面我们简单介绍一下这三种经典道德理论的应用。边沁和密尔的功利主义把许多道德问题用自然的、常识性的方法进行处理,并尽可能考虑到各方面的利益,有利于人们在计算机应用的道德冲突中做出合理的道德选择。而康德道德义务论中的道德"普适性"原则和"永远把人当作目的,永远不把人仅仅看作手段"的原则,为计算机道德提供了重要的参考。罗斯提出的守信、补偿、公正、仁慈、自律、感恩、无害这七个道德义务,在调节信息与网络技术条件下人与人之间的关系方面,具有十分重要的价值。

总结一下,随着计算机信息技术将人类文明的发展推进到了信息社会,人们不得不开始关注技术带来的伦理难题,并尝试建立与之相对应的伦理和行为的规范。我们不仅要关注计算机所引发的新的伦理问题的范畴,还要研究计算机伦理和人类行为之间的共通性,在技术收益和人类道德价值观的协同性上取得更多的进步,这为未来人类与人工智能生命的相处奠定了道德伦理层面的基础。

技术伦理的逻辑

我们讨论了关于计算机伦理的问题以后,来探讨信息技术对人类道德伦理建构的作用,以及这种伦理背后反映的人类文明演化过程中的内在逻辑。只有弄清楚了人类文明正在被技术所改变,而且技术也受到了人类伦理和社会观念的影响,才能明白这种相生关系对文明进程的影响。

首先来看信息技术对社会的碎片化和多元化的推动。随着互联网技术的发展,尤其是移动网络和社交网络的发展,使得社会呈现了碎片化和多元化的趋势。这种碎片化和多元化不仅是时间和族群上的特质,还带来了相互冲突的处事准则和价值观。信息技术最重要的属性就是其媒介属性,通过多媒体和网络化的方式能够大大增强其对社会和文化的影响力。可以看到,经济的全球化和移动的全球化是在现实中产生多元文化交流的基础,而技术则在此基础上大大加快了这一演化速度。这种多元化的趋势使得人类文明中的伦理框架并不能再是人人共享的,单一文化社会的愿望几乎已经破产,所谓普适性的准则和价值观也在被重塑。可以看到,近些年在美国掀起的黑人运动的新浪潮中,一部分人开始宣扬极端的民粹主义,另一部分人则开始反思过度自由化带来的社会分裂。虽然价值和准则的多元化并不是技术的初衷,但是它确实削弱了共识并使得道德规范相对化。

然后我们来讨论信息技术带来的人类道德自律行为的减弱,也就是当软件代理和专家系统被用于加强道德行为或者做出道德决定时,也就破坏了人们自律的根基。主要表现为三个方面,第一个方面,信

信息时代的思想
第九章

息技术所提供的匿名性增加了人们的道德距离,甚至无意中导致了人们对道德问题的轻视。这个方面从网络社区中没有底线的相互谩骂和攻击,以及人们呈现出和平常生活中完全不一样的人格特质就能看出来。人们在使用技术时的心态和自己亲身参与的心态完全不一样,不需为网络的道德问题负责使得人们似乎释放了某种天性。第二个方面,信息技术帮助人们做出判断和决策,限制了人类的道德自律行为。可以看到,以人工智能为代表的技术在很大程度上可以帮助人们做出更加理性的决策,然而它带来的风险就是,理性行为不一定是最优解。无论在自动驾驶领域还是金融技术领域,技术的过度使用导致的就是偶发性的故障发生以后,人们很难做出补救。由于人们将程序优先于人的决策,那么当突发情况发生时人们也会显得束手无策。第三个方面,就是随着神经网络系统和遗传基因相关的算法技术的使用,人们面临着巨大的黑盒。虽然人们规定好了信息技术应该达成什么样的目标,但是技术本身决定了如何实现这些目标并且没有把实现的逻辑和过程向人们透露。例如,你设定了想在某个不可能的时间点到达机场,那么为了达成这个目标,机器可能会选择让你无法接受的资源消耗。

最后我们来讨论技术对伦理影响的实质,就是当技术是人类的衍生时,并不只是作为向外延伸的媒介,而且会在相当程度上改变人类自身的行为,包括道德伦理的观念。哲学人类学家曾经说过人类是"天生的人工制品",实际上揭示的就是人类是由单个主体的需求、渴望、内驱和冲动构成的生物。而在这个前提下,人们只能通过技术和文化的方式才能改变环境来满足内在的需求。换句话说,人类实现自我的前提就是通过哲学工具达成"本体的必要性"。简单来说,就是技术的出现是必然的,因为只有技术才能达成人类内心的欲望和追求,但是凡事都有代价,在技术发展过程中人们会发现技术有独立的意识,而不是完全按照人们的意愿去演进(这也是技术发生爆炸的内在动力)。

总结一下,我们讨论了技术对道德的影响的实质,以及技术和人类相互之间的关系。一方面,技术对道德和伦理有着不可逆转的影响,正在不断改变人们的伦理和道德的框架。另一方面,技术对于人类的内在需求来说又是必要的,它不仅是人类的生存工具,也是满足其内在自我的必然选择。因此,人们不得不面临技术在演变过程中的自我意识的崛起,及其带给人类文明演化路径上的选择风险。因为文明的实质就是多种要素的博弈,人类并不能完全主导前进的路径。最后一部分,我们将讨论在技术主导文明的基础上,我们可能面临的未来。

第四部分

通往未来的新智识

第十章 智能时代的新史观

世界体系的新史观

时间的运动带着生活不停地前进，同时又偷走生活。它熄灭又重新点燃生活的火焰。历史学是时段的辩证法，通过时段，也因为有了时段，历史学才能研究社会，研究社会整体，从而研究过去，也研究现在。

——布罗代尔

前面两个部分我们重点讨论了人类在进入信息文明以后在思想和文明层面所面临的种种转型，最后一个部分我们就来探讨未来世界的文明形态的可能性。在展望未来之前，我们需要先回顾历史，正如历史学者经常提到的，历史是一门未来学。因此，理解未来的基础是理解历史，通过历史演变的基本逻辑和方法来对未来发展的可能性进行预测，从而获得对未来的洞察。

说到学习历史，我们经常会遇到一个基本问题，就是历史学到底是干什么的。通常有两种看法，一种看法是中国传统的观点，认为"文史不分家"，正如钱钟书在《管锥编》中所指出来的："史家追叙真人实事，每须遥体人情，悬想事势，设身局中，潜心腔内，忖之度之，以揣以摩，庶几入情合理。盖与小说、院本之臆造人物、虚构境地，不尽同而可相通；记言特其一端。"也就是说，古代历史与文学有着相同的地方，历史著作中不仅有着文学的成分，而且通常还用文学的修辞方式表达史学观点，这是一种文史相通的表现。

还有一种看法是我们在学校接受的理解教育的观点，认为历史就是记录人类过往生活的学问，而历史学家要做的事情，就是收集和考据历史事实，然后通过事实告诉我们人类历史的原貌。正如历史学家傅斯年所说，史料就是史学。事实积累得足够多，考证得足够清楚，我们就知道过去的历史是什么样子的了。但是，大部分历史实际上都不可能被记录下来，真正被记录下来的只有一小部分，那么历史学和历史事实的意义和价值是什么呢？

这里不得不提到两位学者的看法，一位是 20 世纪英国史学家爱德华·卡尔，他在著作《历史是什么？》中提出了关于历史的反思，他认为历史总是一个社会进程，而这个社会进程超越了单个人的意图，也就是说关注历史不应该是关注历史上的个人英雄事迹，而要关注社会整体结构性的变化。而历史学是历史学家和历史事实之间的对话，是过去的社会与现代社会之间的对话。因此，以当下为重心的历史取代了以过去为中心的历史，不同时代的价值判断也影响了历史事实的解读。另一位学者是布罗代尔，他在著作《论历史》中提出了学习历史的目的，他认为一个人能否成功，取决于我们对历史的认知。正是由于我们在学习历史的同时也身处历史，因此，对待历史的态度也就影响了每个人的价值观和选择，从而决定了个人的命运。正如汤因比所说：人类最大的历史教训，就是无法从历史中学到教训。

基于以上原因，在讨论未来文明的演变之前，我们需要做的是建立新的历史观。这里我们并不会给出一个统一的答案，而是会给出历史研究的框架和思想。我们首先整理一下关于历史研究的主流思想，然后来看一些有别于上述两种传统观念的历史研究所采用的方法，最后再梳理出看待未来的历史学的方法。这里我们主要讨论的是各种历史学的宏大叙事框架，以及目前最有影响力的历史学者们关于历史叙事的观点，因为这些观点与我们在学校所学到的历史价值观有很大的差异，所以能带给我们更加深刻的思考。

世界史观的启蒙

我们来梳理以往的历史学习中的观点，在过去的历史课本中，我们所学到的基本是以断代历史为核心的进步历史观，主要的过程就是记忆各种历史事实，然而并没有建立真正的关于历史的明确观念。事实上，在人类历史长河中最重要的历史观就是宏大历史观，不同的民族都在早期以自己的民族，国家或者共同体来编写自己的历史诗篇，如欧洲的《伊利亚特》《奥德赛》《尼伯龙根之歌》及印度的《吉尔伽美什》《罗摩衍那》等都属于这样的著作。宏大历史叙事在人类漫长的历史中有着惊人的一致性，在这里我们先讨论人类历史上主流的宏大叙事的几次关键时间点。当然，限于篇幅和具体的研究范畴，我们主要还是关注西方史学传统的发展进程中的几次演变。

第一次基于世界历史的宏大叙事出现在古希腊时期，古希腊的斯多葛学派撰写的历史被称为世界史。虽然前期实际研究的还是以欧洲尤其是地中海附近的文明为核心的历史,但是后来就慢慢扩展到了其他文明。这个时期最重要的研究成果就是奥古斯都统治时期的狄奥多罗斯的世界史《历史丛书》四十卷,主要记录了古埃及、美索不达米亚、印度、塞西亚、阿拉伯、北非、希腊及欧洲的历史,包括特洛伊战争和亚历山大大帝战争,以及后来恺撒大帝发动的高卢战争(关于是否写到这个部分历史上有所争议)。这是有记载以来第一次基于世界史的系统性研究,也是西方文明中的世界史观的重要萌芽。

接下来两次重要的世界史观集中出现在中世纪和启蒙运动时期,古希腊出现的世界史经过时间的演变,在中世纪成了基督教世界史。这个时期的历史论述的主要特点就是将各国人民(或者是全人类)都当作上帝的子民去看待,因此,有明显的宗教色彩。到了启蒙运动时期这一以文艺复兴和宗教改革为代表性事件的历史节点,启蒙运动的代表人物伏尔泰在《论各民族的风俗与精神》中将中国、印度和伊斯兰文明都包括在纲要中,世界史的范围得到了扩大。

著名学者汤普森是这样评价伏尔泰的:"伏尔泰在历史写作上有两大贡献。首先,他是第一位把历史作为一个整体进行观察的学者,把全世界各个文化中心的大事联系了起来,其中还包括人类生活的各个重要方面。其次,他把历史理解为人类的一切活动表现,诸如艺术、学术、科学、风俗、习惯、食物、技术、娱乐和日常生活等方面的记录。"作为第一个提出了"历史哲学"这一概念的思想家,伏尔泰在一系列史学著作中,试图从整体上来研究人类社会的全部历史。值得注意的是,伏尔泰从来不满足于干巴巴地罗列历史事实,而是试图揭示历史事件之间的内在联系,以寻找出某种规律。在伏尔泰看来,在

第十章
智能时代的新史观

历史的各种因素中,精神、理性的发展对历史具有决定性的意义。

我们再来补充一下启蒙时代的历史学特点,这个时期的历史研究进一步拓宽了人们的历史视野。在时间上,启蒙思想家们不仅以记载和研究当代史为己任,而且对古代史和中世纪史也进行了深入的探索。在空间上,他们也开始打破传统的欧洲中心论,把亚洲史和美洲史也纳入了世界史的范畴,初步探讨了东西方文化是如何交流和相互影响的,试图写出包罗整个世界的普遍史。更重要的是,在内容上,他们第一次尖锐地抨击了那种以王朝更迭、将军征战为中心的政治史、军事史,并且把目光对准了整个文化和人类的全部活动,把政治经济、文学艺术、科学技术、民俗风情等都被纳入了历史研究的范围。启蒙思想家们试图寻求它们之间的内在联系,以揭示一个时代、一个民族的精神实质。历史概念和内涵的这种变化,是启蒙时代历史哲学在更高的层次上探讨历史内在规律的前提和成果。

总结一下,我们讨论了从古代到 20 世纪的世界史,看到了过去的文明中人们是如何描述历史的,也初步理解了宏大叙事历史观的轮廓。但准确地说,这些都不是现代意义上的世界史,因为限于当时人们知识的格局,人们主要描述的还是自己所处的国家、地区及相邻的国度,同时民族平等的概念也较为模糊,将民族中心论放在历史描述的框架中的现象比比皆是。这个阶段的世界史实际上是萌芽状态的宏大叙事的全球历史观。

宏大叙事历史观

我们来讨论现代意义上的宏大叙事历史观,它是在经历了两次世界大战,还有一次工业革命后的 20 世纪出现的。这个时期历史观的最重要的变化在于,西方的学者开始真正尝试打破西方中心论,以世界史的方式去做历史研究。例如,20 世纪初的著名哲学家奥斯瓦尔德·斯宾格勒就在其撰写的著作《西方的没落》中,批判了当时西方流行的轻视非西方文化的观点,并将西方人只看重自己文化的观念称为"历史的托勒密体系"。后来的代表学者如英国著名历史学家阿诺尔德·汤因比,在他的十二卷著作《历史研究》中一反国家至上的理念,主张文明才是历史的单位,并以文明为研究对象研究了世界的 26 种文明,被誉为"现代学者最伟大的成就"。这里我们就来大致讨论一下当时的历史哲学和历史观,看看宏大叙事是如何在历史研究中体现的。关于历史观主要有以下几种不同的类型。

第一种可以称为"文化形态史观"或者"文明形态史观",代表人物就是刚才提到的斯宾格勒和汤因比。这是一种具有代表性的宏大叙事框架,都是基于承认世界上不同的文化或者文明的平等性来进行研究的,一反以往的西方文明为中心的论调。无论是《西方的没落》还是《历史研究》,都涉及了大量关于其他文明的知识,不过我们也可以看到,他们也或多或少认为西方文化是最有生命的文化,以及由于对其他文明的了解不够,导致了对文明的生命力估计不足。

第二种可以称为"整体史观",这里不得不提到的是法国著名的历史学派——年鉴学派。年鉴学派得名于法国学术刊物《经济社会年鉴》，并基于这个刊物发表的关于历史的观点。他们结合了地理学、历史学和社会学的观点，反对传统史学只重视政治、军事、外交和大人物的倾向，转而着重对经济史和社会史的研究，并提出要打破史学研究的专业局限和学术局限。年鉴学派引发了西方史学研究的一场革命，通过对历史的全景观的叙述和跨学科的研究方法来探索历史的真相。

这里我们重点介绍一下费尔南·布罗代尔的研究，他是第二代年鉴学派的领导人物，正如美国史学家金瑟就布罗代尔的贡献写道："如果授予历史学家诺贝尔奖的话，那么获奖者一定是布罗代尔。"他的史学理论与历史理论不仅推动了法国年鉴学派史学的发展，使年鉴学派史学的发展在布罗代尔时期达到了高峰，而且波及了世界史学及其他社会学科，为世界文化的发展也做出了很大的贡献。他的代表作是三部史学巨著：《地中海与菲利普二世时期的地中海世界》《15至18世纪的物质文明、经济和资本主义》和《法兰西的特性》。除此之外，布罗代尔还写过另外两部关于地中海的著作，即《地中海：空间和历史》《地中海：人类与遗产》，以及与拉布鲁斯合著了《法国经济与社会史》。

这里我们来简单介绍一下《地中海与菲利普二世时期的地中海世界》，因为这本书采用了独特的撰写历史的方法，重新定义了如何完整精细地论述一个地区、一个时代的历史。他从时间的角度来分析历史结构，这是在西方传统史学中所不曾见到的。作为年鉴学派的集大成者，布罗代尔发明了观察和理解历史的三时段理论。具体来说，布罗代尔认为有三种不同的历史时间，即地理时间、社会时间和个体时间。地理时间是就那些在历史进程中演变缓慢的历史事物而言的，如

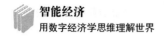

自然地理环境等；社会时间是就那些变化较地理时间明显又相对稳定的历史事物而言的，如经济制度、政治事态等；而个体时间是针对变化频繁的历史事物而言的，如政治或军事事件等。其中最重要的就是长时段理论，也就是地理环境是决定历史演进的根本因素，而通过这种不同时段的理论，布罗代尔构建了完全不同的新的历史观，布罗代尔把这种方法称为"历史的结构"的研究。

最后我们来介绍全球史观，也被称为"新世界史观"。如果说整体史观关注的首先是社会总体，然后是世界总体，那么全球史观则刚好相反，是先关注世界总体，再关注社会总体。这个学派的代表学者是在加拿大出生的希腊裔美国历史学家 L.S.斯塔夫里阿诺斯，他在 1971 年出版的《全球通史》一书是这个学派的代表性著作，至今已经出版到了第七版，是很多学校的历史教材。这种历史观主要是从新角度来看待世界史，即将全球化历史化，将历史化全球化的过程。通过追溯全球化的发展历程，基于全球史的学术历程，从不同民族国家之间的对应和关联转化为全球不同民族国家互动的过程，建立一个"全球普适的历史话语系统"。

总结一下，本节我们讨论了三种基本的宏大叙事历史观，包括"文明形态史观""整体史观"及"全球史观"，我们了解了目前最主流的宏大叙事的世界史观，这是我们理解文明进程的最主要的历史哲学。接下来要讨论的就是，为了洞察未来和过去，我们需要建立一个新的历史观，而只有通过这样的历史观，我们才有可能拥有更加宏观维度的历史哲学。

智能时代的新史观
第十章

世界体系新史观

在讨论了过去几种主流的历史研究的方法论以后，下面我们来看世界体系的新史观。之前介绍的历史观的局限性在于：第一，历史研究的主体以人类文明为主体，不涉及其他的文明形态；第二，历史研究的主要方法论都是来自历史学和社会学，并不涉及太多其他学科。人类中心主义的历史观有其局限性，尤其是当我们去预测文明的未来演变的时候，这种局限性尤为明显。因此，需要有一种完全不同的历史研究的视角，能够与世界史进行关联，也能通过跨学科的方式对人类文明之外的历史进行阐述。我们要介绍的，就是美国著名历史学者大卫·克里斯蒂安创造的"大历史观"。接下来我们就来了解大历史观的理念及相应的学者实践，最重要的是通过学习大历史观可以帮助我们洞察信息技术对人类未来文明演变产生影响的过程。

大历史观的代表人物大卫·克里斯蒂安的代表作是《极简人类史》，他的历史主张是从宏观的角度去探究过去，即从长时段——人类的时段，生命的时段，地球的时段及宇宙的时段来研究历史。这种历史研究的方法有一个特点，就是通过跨学科的研究来探究所有事物的历史，而不局限于人类的历史。大历史观的跨度通常是 100 亿年到 200 亿年，如果说以往的历史观是努力破除西方中心论，那么大历史观的目标则是颠覆人类中心论的历史观。按照克里斯蒂安在《为"大历史"辩护》一文中的说法，他认为历史研究的适当范围是整个世界，合适的时间段是所有时间。而另一位学者亚历山大·莫德荣格则对大历史进行了更准确的定义，即大历史就是从最大可能的时段（通常指的是宇宙时段）对整个过去做出系统性的、连贯的研究，这个研究一般按照年代顺序进行叙述，并使用宇宙学、地质学、生物学、人类学、社会学、经济学及政治学等多个学科的成果来解释历史的进程。

大历史观相对于其他历史研究方法论有着独特的优势。一方面，大历史作为新兴的研究领域，能够将人类历史置于宇宙历史的框架中进行考察。大历史观中很经典的研究方式就是通过探讨宇宙起源、星系演化和地球生命形成等进程，建立起人们对历史的宏观认知。另一方面，大历史观通过跨学科的方式，让人们可以在统一的课题内知晓不同跨学科的知识体系，真正理解历史发展中的偶然性和必然性的逻辑。大历史产生的背景有如下这些特点：20世纪科技的突破为大历史的出现奠定了科学基础，而全球化、环境保护和世俗主义的扩张则让历史学家从狭隘的民族主义及人类中心主义中跳脱出来，开始关注非人类中心的历史进程。因此，很多学者开始用大历史观进行历史研究，包括我们所熟知的赫拉利的《人类简史》显然受到了这种历史观念的影响。

大历史观对我们研究信息文明的价值主要体现在两个方面，一方面，帮助我们从更大时间尺度上去看待人类文明的进程，后文将探讨的人类和人工智能共存的文明形态，显然不是可预见的未来能发生的事情。只有通过大历史观，才能具备这样的洞察力。另一方面，接受大历史观就能脱离单纯人类的视角来看待历史。在大历史观中，人类只不过是一种很渺小的、具有破坏性的、出现得非常偶然的物种。一直以来，人类中心论让我们对未来的想象都是以人类为核心的，事实上如果我们从宇宙演化的历史去看，人类并非世界的主角，更不能被确定是未来文明的主宰。我们要探讨的不是人类文明如何发展，而是要询问人类在更为宏大的历史进程中处于什么样的位置及何以自处。而在信息文明的未来中,如果人类无法认识到这一点,可能就无法避免物竞天择的规律。

总结一下,我们讨论了大历史观,树立了一种不是以人类为中心的、跨学科的、以宇宙时间为尺度的历史观念。在这样的历史观念下,我们建立起对世界新的认知,建立起对文明和未来的新观念。只有这样,我们才能更加客观、更加平和地面对一切可能的历史和未来进程。正如布罗代尔所说:"现实不可能是昔日悲剧层出不穷的时代所视为障碍的边界,而是从自由人存在起人类的希望所不断跨过的障碍。"在这句话中,我们看到的是布罗代尔传递的一种积极的姿态:尽管现实不尽如人意,但是人类没有理由因为历史上演过同样的悲剧,而放弃今天跨过它们的努力,这就是我们学习历史的原因。

超级智能的新时代

世界上有两件东西能震撼人们的心灵:一件是我们心中崇高的道德标准,另一件是我们头顶上灿烂的星空。

——康德

在理解了世界历史的宏大叙事以后,我们来讨论一个相对热门的问题,就是近几年在学术界和产业界被热议的认知升级或者叫认知革命的趋势。这个现象的出现有着双重背景:一方面,各种与互联网相

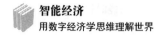

关的技术或者模式的出现，如分享经济、区块链及人工智能等，使人们对知识的焦虑达到了一个前所未有的程度；另一方面，知识经济或者叫知识服务出现了新的产业生态，即付费的知识经济时代。随着人们对各种知识付费产品的购买意愿的提高，更多的知识分子和知识精英从传统的知识象牙塔中走了出来，为大众提供更加系统化的知识产品。无论是人们对知识的需求的提升，还是知识经济的重新崛起，都需要我们从两个角度去发问：第一个是我们应该如何学习知识，即知识论的问题；第二个是我们的认知革命主要发生在哪些方面，即认知革命的范畴。前者解决方法论和世界观的问题，后者解决信息和预测的问题。

本节我们首先以哲学中的知识论的方法为基础，来为大家建立一个较为系统的知识的逻辑，并对未来认知革命进行分析，让读者能够理解未来社会的认知革命的范畴。然后再来讨论法兰克福学派对现代性的批判及其局限性，从另一个角度来思考技术发展的积极影响。最后来讨论超级智能的未来可能性。正是因为人类认知的局限性，超级智能能够为人类的智能增强及社会的智能架构提供更好的解决方案，这也是人工智能发展的底层逻辑，也是目前很多未来学家对智能时代发展趋势的终极预测。人工智能是对人类智能的拓展和补充，而未来学家们在对于超级智能的思考中，往往认为其具备主体意识，这是一个需要谨慎对待的问题。

知识论的深思考

下面我们来梳理知识论的问题。所谓认知升级的前提，就是确定

第十章
智能时代的新史观

我们能学习到可用的知识，而这个问题就是哲学研究中的知识论问题。知识论是一个哲学历史上长久讨论的课题，所解决的就是如何恰当地证实某个内容为知识的问题。我们曾经提到过的唯理主义和经验主义的争辩核心之一，就是知识的先验和后验的问题，前者认为知识能够通过推理得到，且不受到经验的影响，后者认为只有通过经验才能获得准确的知识。下面我们来介绍知识论的一些哲学理念，这样有利于我们梳理认识世界的方法，以及我们认识世界的局限性。

首先我们来讨论知识论的兴起历史，毫无疑问知识论最早还是出现在古希腊时期。苏格拉底强调概念知识的可靠性，柏拉图系统地构造了知识论，通过三元知识理论构建了知识的等级，并将现象世界与理念世界对立起来，这是近现代以知识论为中心的哲学的奠基思想。怀特海所说的"整个西方哲学史都是柏拉图的注脚"，就是从这个角度讨论的。而到了近代，知识论成了哲学的中心问题，这是从哲学家笛卡儿开始的，他关于哲学的思考核心是如何才能获得确定性的知识，这是近代哲学的开端。笛卡儿认为绝对可靠的、唯一真实的确定性知识是数学物理学意义上的认识，基于这个认识，笛卡儿将传统存在论的努力方向转向了数学物理学，而传统哲学的本体论问题就转变为了认知论问题，从而实现了哲学的转向。这次哲学转向的意义在于，它告诉了人们必须关注主体理解力和心智获得，以便理解我们能够知道什么，以及更好地知道什么，也就是所谓"认知边界"的问题。

知识论在康德那里达到了集大成的水平，他认为要保持理性的正当性，就需要考察人类知识的界限和认识能力。他认为传统哲学中的形而上学问题必须建立在知识论基础上。康德将知识论的中心问题确认为"概念"和"直观"的关系，将哲学史转变为"知识论史"。康德将知识论转变为具备特殊地位的学科，本体论从此被知识论所支配并从属于知识论。而当黑格尔将历史哲学引入知识论，并引入了辩证逻辑为知识论提供辩证逻辑基础时，知识论也就达到了其在整个哲学历史上的巅峰。

从此整个哲学就走向了另一个方向，即以批判和反思为主，并引来了以解构为主的哲学浪潮。后来的哲学如存在主义、后现代主义及分析哲学，都是基于对知识论的批判所建立起来的。因为知识论相信人类通过知识可以认识世界并能改造世界，人类只要找到认识的方法并将知识掌握在一定范围内，就可以为自然和生活立法。现在关于世界的观念，很大程度上受到知识论的影响。简单来说，知识论之所以对世界产生根本影响，原因就在于它提供了一个最基本的世界观：知识论认为每个世界知识体背后都存在着一整套社会组织方法。因此，对知识的掌握除了要获得纯粹的知识，还需要获得价值认同，知识论并不止于知识本身，而是通过知识获得意义。因此，知识就成了整个人类社会评判一个人的道德和水平的标准，也是知识分子能够获得独特地位和生活品质的前提。

然后我们来讨论西方哲学的特质。总体来说，西方哲学的知识论主要有三个特质。第一，西方知识论的基础就是对知识和真理可能性的质问，也就是怀疑和思辨的思想。从柏拉图到休谟及康德，怀疑论都是知识论的核心内容，为了理解不同知识论的差异，哲学家们通过考察和分析它们对怀疑论的态度来分辨其获取知识的方式。因此，西方的知识论基本上都包括了对怀疑论挑战的回应，而其中也包含怀疑和思辨的精神。第二，西方知识论往往通过严密的逻辑和推理来进行研究，逻各斯中心主义和理性主义思想是整个西方知识论研究的基本

第十章　智能时代的新史观

原则。正因为注重逻辑的严密性，西方哲学才发展出一整套以理性主义为核心的知识论，随后才发展出分析哲学这样极度注重逻辑的分支学科。第三，西方知识论的起点就是对外在世界的知识和认知主体之间关系的认知，而西方哲学关注的就是对外部世界和自我的认识，前者涉及的是本体论问题，后者涉及的是心灵哲学的问题，二者之间的关系也就是知识论的主题。因此，西方哲学关注的是知识的边界而很少涉及道德哲学的问题。

最后我们来讨论中国哲学中的知识论的特质，正是知识论和文化基因的差异，才导致了中西方思想的内在气质的差异，这里主要可以总结为三个方面。第一，中国哲学关注的不是外在世界的知识，而是关于人的生命及价值的知识，也就是关于生命价值的追问。道德伦理的思辨是中国知识论的核心，其讲究真善一体、知行合一，构成了中国哲学的基本特质。因此，知识论和价值论就难以区分，讲究价值判断成为中国知识论的特质，一个人是否有知识并不取决于他对世界的理解，而取决于是否具备很好的道德修养和高尚品格。第二，中国哲学中的知识论和形而上学是一体化的，因此，中国哲学的知识论转化为了对人生哲学的追求。简单来说，就是中国哲学中的知识是对不同人生境界的追求，以及对人格修养的提升的追求。但是这意味着哲学中所包含的逻辑和思辨的成分就非常稀缺了，也成为中国无法拥有真正意义上的知识论和科学思维的本质原因。第三，中西方的知识论起点的根本差异就体现在起源差异及思维方式的差异。西方哲学起源于对自然本质的追求和对人的认知边界的思考，而中国哲学则是以人的生命和价值作为出发点。中国哲学的思维方式更多是整体的、感性的、直觉的，因此，导致的是物我不分及主客一体的哲学思维。而西方哲学则通过不断思辨和探究来建立知识论，这也是近代科学精神的起源。

总结一下，我们讨论了西方知识论的历史，以及中西方知识论的差异。我们理解了哲学问题从本体论向知识论转变的原因，以及知识论成为近代科学的思想起源的原因。西方哲学不仅提出了完整的认识世界的方式，也为人类的认知划定了边界，这也是我们需要通过技术延伸人的能力的原因。

技术批判的局限

在讨论了如何学习知识以后，我们理解到的不仅是学习知识的方法，而且能理解真正意义上让某个信念成为知识不是一件容易的事情。因此，我们需要明白当世界发生诸多变化的时候，人们的知识焦虑自然就会产生。新的知识不断产生，不断颠覆我们已有的观念，也就产生了认知革命。所有产生新知识的领域中，最主要的就是技术领域（更确切地说是科学领域的技术），我们看到库恩的范式革命理论中，科技就是引发人们认知革命的关键要素，也是现代性形成的关键要素。本节我们讨论的就是人们对现代技术的批判的局限性。我们在之前的内容中也讨论了法兰克福学派的学者哈贝马斯等人对技术的批判，但是单纯批判并不能解决问题，而且还会让人们忽视这些批判中所带有的不切实际的幻想和逻辑错误。因此，我们需要从另一个角度来讨论这些关于现代性的批判，梳理技术带给我们的认知上的变革，以便对未来文明做出更准确的判断。

首先我们要说明的是现代性主要被批判的原因，并介绍一下法兰

智能时代的新史观
第十章

克福学派对现代性的批判。现代性确实存在很多问题，主要就在于其理论建构和社会实践都带来了很多问题。例如，海德格尔和鲍德里亚从技术入手对现代性的批判，认为技术对人的宰制是现代性问题的根源，并主张现代性的救赎的根本方法就是回到过去"诗意的栖居"。然而，我们可以看到这种对于现代性的批判具有非常明显的局限性，如充满了虚幻的怀旧主义，即要求回归前现代性（无论是回到中国古代的田园生活或者英国的维多利亚时代），所论证的就是回到一个可能比现实世界更坏的世界。而事实上我们知道在那个时代无论是人们的生存状况还是社会制度，都比现在要不公平得多。接下来我们要专门介绍法兰克福学派对现代性的批判。法兰克福学派是以德国法兰克福大学的社会研究中心为中心的社会科学学者、哲学家和文化评论家所组成的学术社群，被认为是新马克思主义学派中的分支。其中包括鲍德里亚、瓦尔特·本雅明、哈贝马斯等著名学者，这里我们主要讨论的是他们对于现代性所产生的消费社会及文化工业的批判。

首先来看他们对工业时代消费和需求的批判，主要理论是科技革命极大地提高了生产效率，社会财富物质大大增加，西方世界进入了消费社会。而消费社会是一个堕落的坏社会，消费社会带来的物质需求导致人们似乎仅仅为了商品而生活，为了房子和车子而生活，为了满足个人的物质欲望而生活。按照鲍德里亚的说法，消费社会的消费不仅仅是满足人们的基本需要，而且还具备很多社会意义，如身份认同、自我价值确认等，不纯洁的消费带来的就是感官放纵和物欲横流。

这种批判的基本问题在于，消费和需求本来就不只是为了满足生存，而人们生存追求的理念也并不只是生存。如果生存只是肉体的生活，那么文明应该在石器时代甚至更早就结束了，而现代文明就是通过商品来满足生存之上的需求。过度的消费并不完全是丧失自我的表现，反而是人们自由选择能力增强的表现。除了少量的追求神秘精神生活或者禁欲主义的人，现代人追求商品是很自然的选择，而追逐的统一性无非是生产力发展带来的附属品。

然后我们来看法兰克福学派对建立在科技理性基础上的大众文化及其生存方式的批判，即"文化工业论"。在霍克海默和阿多诺等学者看来，"文化的功能原本在于培育和提升人性，前技术时代的文化生存具有个性化和不可复制的特点。但是，借助于现代技术的文化工业不仅使文化产品生产的标准化和大规模复制成为可能"，而且"它通过诉诸感官，轻松娱乐的方式把人们的心灵世界引向消费领域，从而使人们沉醉于消费主义的异化生存方式中而忘却了对生活本质的追求"。

这类批判在很大程度上得到了精英们的追捧，因为工业文化消解了传统的文化等级制，瓦解了高雅文化与精英文化。工业文化用其大众消费的无批判性质，实现了对人们生活的全面控制。这类批判的局限性在于，对大众文化提出不切实际的过高要求是不现实的。在现实生活中，任何势力也不能要求每个人都成为老子或庄子，要不然也就不存在肤浅和深刻文化生活的差异。文化工业本来也不包办人们全部的精神生活，人们可以在看娱乐节目之余去阅读哲学和享受古典乐。与其说大众文化工业消解了精英文化，还不如说为无法理解精英文化的人群创造了需求，将多姿多彩的生活方式展现出来让大众进行选择。

总结一下，我们初步探讨了法兰克福学派对现代性的批判，在反思现代性的同时也要关注这种批判的局限性所在。一方面，不可能通过回到前现代社会去抵抗现代性，不仅是因为人们不会做这样的选择，也是因为前现代社会的美好很多时候都是出于我们的幻想。另一方面，人们对大众消费文化提出了过高的要求，精英文化的被消解并不完全是现代性的问题，而且要求大众工业文化去承担这样的责任似乎也毫无必要。那么，在这样的情况下，现代技术带给我们的知识和认知的革命对于大众到底意味着什么呢？人类文明的轨迹在技术的推动下，到底会向哪个方向发展？这就是接下来要讨论的问题。

超级智能的时代

本节将要开始讨论一些关于未来趋势的问题，我们先从即将到来的未来讨论。从时间段来看，这个未来中的技术基础已经几乎都出现了，我们讨论的未来在接下来的100年间就能得到一一验证。前文中我们讨论知识及讨论对现代技术批判的质疑实际上就为了说明两个基本事实：人类认知世界的能力是有局限性的，对现代性技术的批判存在很大的历史局限性。人类个体不可能逃离认知世界的局限性，而人类对技术的依赖也无法彻底根除。因此，与其去寻找单个个体智能突破的方法，以及逃避技术对人类文明的变革，不如正视技术正在塑造的未来文明。我们来讨论关于超级智能的基本技术：人工智能和物联网，这两个技术构成了超级智能的两个核心。当然我们也会讨论牛津大学人类未来研究所教授尼克·波斯特洛姆所撰写的《超级智能：路线图，危险性与应对策略》中关于超级智能的内容，帮助大家梳理对超级智能的理解。

首先我们来讨论人工智能与物联网,这两个技术构成了未来超级智能的两个核心。超级智能有两个核心,一是机器智能,相当于人类的大脑,为未来的城市提供思考的基础,我们将未来世界想象成一个具有超级智慧的巨大机器,而人工智能就是这个机器的大脑。二是 IOT——万物互联,相当于人类的五官,它收集所有信号,这些信号就是关于外部世界的所有数据,IOT 将感知到的所有数据进行处理以后传输到大脑。当机器智能的计算水平足够高,当 IOT 的触角触及城市的每个角落,就形成了超级智能。未来我们的世界,就是一个大的超级机器人。如何定义这两种技术形成的超级智能呢?简单来说,就是在几乎所有领域都能远远超过人类的认知能力。我们来看《超级智能:路线图,危险性与应对策略》一书中提到的六种核心超级能力,包括智能升级、战略策划、社会操纵、黑客技术、技术研发及经济生产,在这几个方面超级智能将获得巨大的能力并因此获得巨大的权力,从而获得对整个社会的治理权限。

然后我们来探讨一些超级智能未来将涉及的其他的技术演进,在人工智能的范畴中,还包括其他的技术路径,如全脑仿真、生物认知及大脑和计算机的交互界面等。第一个路径是全脑仿真,所谓全脑仿真,就是通过扫描和对生物大脑建模的方法制造智能机器,全脑仿真的技术路径不要求我们掌握人类认知的原理或者构建复杂的人工智能程序,就能让大脑的基本功能和特征得到复制,概念和理论上都不需要技术范式的变革就能实现。第二个路径是生物认知,就是运用比人类更伟大的智能提高生物大脑的功能,即通过基因培养的方式对胚胎或者生殖细胞进行优化和选择,从而达到超级智能的初始状态,当

第十章
智能时代的新史观

然，这样的路径面临严重的科学伦理和道德压力。第三个路径是大脑和计算机的交互，也就是通过集体智慧的方式逐渐提高人类的有效能力，从而解决超级智能的问题。目前这三种路径都有着不同的研究方向和进展，我们期待着人类在未来真正能够实现超级智能。

最后，我们来讨论这样的超级智能所指向的几个未来趋势：第一，单一的人类个体智能将永远无法挑战超级智能，大部分人的生活将被超级智能所优化。社会的智能化程度将成为某个国家、以及整个地球发展水平的标志。信息技术和智能技术正在深刻地改变世界，智能时代将成为人类历史上前所未有的以知识和智慧占据文明主导的时代。第二，超级智能将在很大程度上改变社会经济运行的效率和规则，现有的经济形态将出现巨大的变革。生产方式将会越来越人性化，工业化和规模化的机械化生产所占据的比例会越来越少，人类可以摆脱异化人的社会分工方式。更进一步，人类可以通过人工智能的技术，实现"赛博格"化，也就是人机一体化和人机共生结合的未来。第三，超级智能技术将会增加每个个体可自由支配的时间，从而促进人与社会的自由和全面的发展。正如前面讨论的，时间是人的"积极的存在"，而智能时代的到来，提高了劳动生产率和生产力水平，将人从辛苦的劳动中解放出来，从而让人们获得更大的自由。

总结一下，我们讨论了超级智能时代的基本技术基础和演化路径，提出了超级智能时代的文明与现有文明范式的巨大差异。这样的未来几乎可以预见，因此，我们要讨论的就是在奇点到来之前，我们应该对这样的社会有着怎样的洞察力，以及如何制定好规则，为文明的演化奠定基本的底线。

第十一章 人类历史的终结

人工生命本体论

一个生命有机体在不断地产生熵——或者可以说是在增加正熵——并逐渐趋向于最大熵的危险状态，即死亡。要摆脱死亡，就是说要活着，唯一的办法就是从环境中不断地吸取负熵。我们马上就会明白，负熵是十分积极的东西。有机体就是靠负熵为生的。或者更确切地说，新陈代谢的本质是使有机体成功消除了当活着时不得不产生的全部的熵。

——埃尔温·薛定谔

在讨论了诸如超级智能和数字时代新宗教等话题以后，我们来探讨可能到来的未来。早在 20 世纪 60 年代早期，人们就对技术带来的智能革命有着非常有洞见的判断，尤其是在机器对人类文明的影响上，人们开始预见大量具备创造性心智的机器将会产生。当然，历史的进程让我们看到这一判断过于乐观了，但是不得不提到的是，我们在可预见的未来将毫无疑问地和人工生命共同生存。正如布鲁金斯研

人类历史的终结
第十一章

究所的研究员唐纳德·迈克尔在其发表的报告《赛博化：沉默的征服》中提到的，计算机控制系统"对人类的解放和奴役产生了巨大的影响"，而报告中也表达了对人机关系的担忧，"社会中将有一小部分几乎与世隔绝的人与高级计算机保持和谐关系"，但是其他人则无所适从。本节我们要讨论的就是人工生命的本体论问题，因为要研究未来的人工智能生命，就要从人工生命角度入手，这样不仅有助于我们从更宏观的角度去理解人工生命，也帮助我们拓宽了生物的界限及对未来的认知。

之前我们讨论过人工生命的课题，不过是基于学科研究的角度，而本章的内容都是基于对赛博格及人工生命等理念的技术哲学的理解的讨论，注重的是其中关于未来趋势和哲学思辨的部分。更具体地说，本章的主题在于从大众对人工智能的相关讨论中，梳理出这样的带有科幻色彩的未来的技术思辨，来帮助大家理解这些思想背后的逻辑，而不是去对未来进行预测和规划。人们关于人工智能及人工生命的讨论，实际上在20世纪中叶就已经开始了，而我们今天所担忧的问题与其说是技术发展带来的人类物种的问题，不如说是当我们面临未知恐惧时的道德伦理的选择问题。笔者曾经撰写过一篇从人文主义和理性主义角度讨论计算带来的伦理问题和未来趋势的文章，该文章就是基于这个观点：所有的未来，都取决于人类的选择，以及其对生命和文明的看法。

赛博文化的兴起

人工生命发展的重要背景，是20世纪70年代开始的关于自动化的机器全面代替人类的生产活动的赛博文化运动（也可以理解为"控制文化"）。这场运动是由数学家爱丽丝·玛丽·希尔顿于 1963 年提出来的，其背景则是伟大的控制论的提出者诺伯特·维纳发表的《控制论》受到了学界和产业界的重视。这里我们回顾一下这段关于自动化机器的赛博文化运动的历史，并介绍一下诺伯特·维纳的贡献。

第二次世界大战结束之后，美军的胜利成果之一就是将德国最优秀的工程师和技术带到了美国，包括当时德国最伟大的导弹工程师沃纳·冯·布莱恩。他帮助美军研究了制导导弹。美国军方随后又邀请了维纳参与该领域的研究，但是受到了维纳的拒绝，他还发表了一篇公开信来表达对这种武器的反对，认为美国五角大楼传递的是"军事思想悲剧性的傲慢"。这一事件不仅为维纳赢得了包括爱因斯坦在内的科学界的学者的支持和广泛的声誉，而且也促使维纳开始研究自动化机器与人类之间的关系。此后维纳写出了《控制论》，在书中他提及大量军事案例来论证自己的思想理念，认为任何媒介，无论是生命的还是人工的，都包含着信号，拥有信号（信息）似乎是生命的一种本质特征。

从 1948 年春天开始，维纳开始举行每周一次的跨学科聚会来讨论关于控制论的思想，他邀请了哲学家、工程师、心理学家和数学家们共进晚餐，来讨论他关于通信、控制及机器人的思想，这是计算机理论包括人工智能历史发展的重要事件之一。

在这里我们简单了解一下控制论思想中关于人与机器关系的讨论，维纳认为一方面机器正在拟人化，开关对应神经突触，线路对应神经，网络对应神经系统，传感器对应眼睛和耳朵，执行器对应肌肉。

人类历史的终结
第十一章

另一方面,人类也处于机械化过程中,例如,人工假肢其实就是人类机械化的一种方式。而随着计算机的发展,控制论逐渐拓展到研究系统与环境、大脑及身体与人工关系的问题。正如维纳所说:"如果机器变得越来越有效率并且在一个越来越高的心理层面上运作,那么,机器占据统治地位这一灾难将距离我们越来越近。"这一思想影响到了学界及大众,著名的诺贝尔文学奖的获得者罗素发表了《人类有必要存在吗?》一文来表达对机器替代人类的担忧,认为机器也会给民主带来危机。而控制论更大的影响在于,维纳认为它改变了人们对生命和宗教的定义,他写道:"机器可以学习,可以自我复制,还可以阐明魔法和传说。"也就是说,人类能够用机器根据自己的形象来创造其他机器,那么,人工生命就诞生了。如果说自动化技术和大型机器是人类的代理,那么强人工智能的机器就是能够和人类进行平等对话的智能生命。

我们来看一下赛博文化的历史。1963年希尔顿率先提出了这个运动,实际上这个运动的基础就是对自动化技术及控制论思想的乐观主义期待。她认为自动化的赛博系统将在20世纪以后获得真正的进展,会将人类从重复性工作中解放出来,创造性的思维将真正用于自由时空,"仅通过机器而不需要任何人类介入劳动"。而她撰写的《进化的社会》一书则致敬了维纳,认为"他的智慧与人性是赛博文化时代得以建立的基础"。这个运动受到了诸如马歇尔·麦克卢汉、约翰·迪博尔德等学者和作家的关注,悲观论者认为自动化与机器的发展将带来大量的机器人工厂和大量工人失业,甚至会带来人类尊严的消失和由机器人来决定个人生死的时代。乐观论者认为,机器会带来体力劳动的消失,将有更多的个人得以选择自由及美好生活的愿景。我们可以看到，这个讨论与当下流行的关于人工智能的讨论并无二致，都是关于机器对人类未来的影响的不同探讨。

最后我们来讨论一个基于赛博文化的研究衍生出来的学科：赛博人类学。这是建立在传统人类学研究方法上，结合现代的信息计算技术，对人类学的研究进行的创新。事实上，从20世纪60年代开始，人类学的一个分支——体质或生物人类学就已经采用了自然科学的叙述，将科技作为文化研究的一个合法领域。而在70年代出现了一批以现代科学技术为研究对象的人类学家，他们基于建构主义的思想，对科学、科学活动和科学家本人进行研究，广泛关注科学技术的文化意义，探索科技内部和外部的社会关系。到了20世纪90年代，随着网络社会的崛起，人类学研究的领域从科学家的民族志、实验室研究、性别与科学、道德与价值转向了计算机和生物技术、虚拟现实、虚拟社区和赛博空间。关于这个学科的研究领域的界定目前还没有一致性的意见，不过支持它的学者表示人类学家应该从新的角度研究人类学，具体包括以下领域：科学家民族志、性别与科学、虚拟现实、虚拟社区、网络社会等。简单来说，赛博人类学就是通过人类学的方法研究赛博文化或研究处于虚拟社区和网络环境中的人。

总结一下，我们回顾了诺伯特·维纳的杰出贡献及赛博文化运动的兴起，了解到自动化与控制论的思想中关于人与机器关系的讨论。我们理解了这种讨论其实也就是赛博文化领域的课题，而这个领域从20世纪70年代左右就已经兴起。我们还论述了赛博人类学的研究范畴，理解了随着科学技术的发展，人类学研究的方法和对象所发生的演变。这也给了我们一个新的思考，即关于人类如何在未来的赛博世界中进行生存及自我认知。关于赛博文化和赛博空间,我们之前也深入讨论过,这里主要讨论维纳作为控制论的发起者对这个领域的贡献,以及从另一个角度理解科技哲学和社会文化之间的内在联系。

人工生命的思想

本节我们来讨论传统的生物学、哲学对生命本质的理解,以及人工生命学科对这些思想的影响。生命的本质及源头涉及哲学、生物学和社会学等学科,而对生命的解读则是关于人和世界本质的整体理解。人工生命学科研究是基于计算机和生物学的跨学科理论,这个学科关注生命的角度与传统生命学科存在非常大的差异。这里我们就要通过跨学科的方式对人工生命的类型和思想进行研究,为我们理解未来可能的人类与人工生命共处的文明预先拓宽认知边界。

首先我们要从传统生物学角度去理解生命,主要从两个方面去探讨。第一个方面是生命构成,例如,细胞学说以细胞作为生命体的结构和基本单位,后来随着 DNA 双螺旋结构被发现,人们对生命的构成有了进一步的理解。现有的生物学中对生命的研究,大部分是以碳基生命作为基础去分析的,生物进化理论也是基于有机的生物系统进行研究的。第二个方面是生命特质,现有生物学认为生命存在的特质是新陈代谢,而与生命代谢过程相伴随的是生命体的成长,以及自我复制、繁衍、变异等行为。当然,生物学中也有不同的子学科的研究,它们对生命的观点有明显差异。例如,进化论认为生命的特质在于不断演化;生理学则认为生命的特质在于生长和运动;基因研究的学者则认为基因的存续是生命的主要驱动力。不过究其本质,生物学的研究认为地球生命的物质构成基础一致且活动和生命特质也是一致的。

然后我们来看西方哲学界对生命的观点,其普遍集中于对生命功能和生命属性的研究,主要有三个不同的理解视角。第一种观点认为生命是一组具有松散联系的属性,尽管不是一切生命实体都必然有某些属性,但是对所有生命而言,这些属性相当具有代表性,正如维特根斯坦所说,"具备家族相似的联系"。第二种观点认为生命只是由一些特定属性集合而成的,德国著名的演化生物学家恩斯特·迈尔认为,物理世界中的实体(如原子和分子)具有不变的特性。而生物实体却以可变性为特征,理解生物要从群体的角度理解,群体思想认为,世界上真正重要的东西是个体而不是本质。许多生命现象,特别是种群现象,是以高度的变化为特征的,进化的速率或物种形成的速率之间的差别可以有 3～5 个数量级,这种变化程度在物理现象中是很少有的。第三种观点强调生命本质是新陈代谢,例如,著名物理学家薛定谔在《生命是什么》中提到的"负熵说",认为让生命得以维系的是"负熵",生命体处于一种开放状态下,不断地从环境中汲取"负熵",这种"新陈代谢"使得有机体成功消除了当它自身活着的时候产生的熵。

无论是生物学还是哲学,都以大自然中存在的生命体为主要的关注对象,即哲学上所说的"如吾所识的生命"范围之内。而人工生命学科则更专注于讨论"如其所能的生命",即摆脱原有研究框架的束缚,探讨更深层次的生命的本质。只有脱离了原有的生命研究范畴的诉求,才能理解一切可能的生命形式的内涵。一方面,众多具有现实生命特质的人工生命越来越多地影响到现实世界,不仅是以人工智能

人类历史的终结
第十一章

为代表的机器人，以及未来可能存在的有独立意识和智能的超级人工智能，包括虚拟的人工生命如网络虚拟身份的存在，也影响了人们对生命的认识。正如人工生命的开创者兰顿所言，"人工生命是以具有生命自然系统行为特征的人造系统为研究对象的学科"。这个学科主要基于动力学原理来理解生命，并在以计算机为代表的物理媒介上重现这些现象，使之成为新的实验操作和测试对象。无论从研究对象还是研究方法论来看，人工生命学都是理解生命的重要维度。

最后我们来讨论人工生命学中提出的关于生命来源的三种方式，即构建人工生命的方式。只有弄清楚这三种方式，才能理解人工生命的研究对象和思想。第一种是"软"的方式，即通过计算机模拟或者数字虚拟的方式得到人工生命，这一类型主要是通过编程创造具有现实生命特质的人工生命形式，主要具备的生命特质是自我繁殖和自我复制，电影《终结者》中的超级人工智能就是一种"软"的人工生命形式。第二种是"硬"的方式，主要是通过通信、计算机和神经网络等技术制造出来的人工生命，即我们通常理解的机器人，这类生命除了在物质构成和能量转换上与自然生命有差异，其他诸如信息处理、系统结构等与人类并无差异，这类人工生命是我们通常认为的最有可能与人类共存的生命形态。第三种是"湿"的方式，即通过生化材料创造的类生命系统，通过传统的生物学研究方式，采用基因控制、人工合成及无性繁殖等方式，对现有生命进行改变。当然，这种方式更多的存在于类似《弗兰肯斯坦》这样的小说或者电影中，在现有的研究范畴内我们先不做讨论。

总结一下，我们讨论了传统生物学和哲学的生命观问题，以及人工生命学的研究为传统生命观带来的认知上的拓展。我们在这里实际上是重新定义生命的概念和范畴，只有在这个范畴内才能去思考未来超级智能出现的时代、人类文明的存在方式和存在价值，也只有基于这个理念，才能理解未来文明的风险之所在。

人工机体哲学观

在讨论了有关人工生命的哲学以后，我们不得不再次回到现实中去看未来的人工生命的另一条演化路径，即机器与有机体以新型方式进行交互。一方面，是因为早在20世纪60年代这个课题就是当时的科学家们关注的重要领域，也是对未来人与机器关系探讨的最主要的解决方案（我们在书中最开头也提及过人机交互的技术路径）。另一方面，我们需要基于人机交互的未来文明，来理解现在的人工机体哲学观理念，即关注人类在不断创造人工生命来改造世界的同时，也不断增强了这些人工生命对人类社会和生活的影响，我们怎么看待人工物的机体哲学也是我们研究未来赛博格世界的重要命题。

首先我们来回溯一下历史，了解一下人机交互的赛博格世界的理念是如何形成的。在冷战与技术进展的驱动下，关于人机交互的思想在20世纪60年代得到了极大的发展，当时有两种完全不同的理念，一种是通过融合人造物品与自然产物来提高有机体的技能，即通过机器来改造人类以产生更加适应自然环境的生物。经过这样的改造以后，人类就能适应诸如太空和深海这样的恶劣生存环境，生命的生存和延续将打破原有的自然法则，从而产生了赛博格（Cyborg，即人和人造物的统一功能体）。另一种理念是创造完全没有自然生物组织的

人类历史的终结
第十一章

机器，也就是前文所提到的人工生命体，这样的机器可能基于硅元素并获得诸如复制、变异、进化和思考等生命特征。当时的技术环境决定了人类对进化的理解还不足以先进到赋予机器进化的能力，而当时得到巨大发展的就是关于人机交互的技术。

1965 年，D.S. 哈里斯的著作《赛博格》作为第一本关于赛博格主体的著作问世了，书中还讨论了如何通过技术使得普通人完成向超人的进化，即通过技术脱离常规的生物进化路径的方式，使得人类能够通过自己生产而拥有"优于自然人"的躯体，没有天生的弱点，以及不受疾病和衰老的影响。后来，同属于维纳学派的技术思想家约瑟夫·卡尔·罗·利克莱德则关注了通过人机交互来改善人类智能的方向，他试图通过当时世界上最有影响力的自动化项目（SAGE）来说明自动化的局限性。他在这个美国军方的世界第一套防空半自动化指挥系统的工程中，提出了如果将科学家和工程师的脑部信息与机器设备组合起来，将比单纯的人类或者机械设备更加高效的观点。

虽然当时他的建议并没有得到接纳，但是现在看来，随着人工智能相关技术的发展，很显然人类与机器之间通过共生关系会获得更大的收益。举个简单的例子，在国际象棋领域，虽然人工智能早就战胜了人类，但是后来的研究指出，人类与人工智能相互协作能够发挥最大的能力。因此，利克莱德提出了"人机共生"理念并在 1960 年发表了论文，提出将人类大脑和机器大脑紧密结合来实现人类智能的提升，而这就是现在众所周知的脑机接口技术的思想渊源。

最后我们来讨论赛博格的世界对我们的世界观的影响，我们已经理解了机器或者人工生命的世界就是赛博格的世界。赛博格这一术语可以追溯到 1960 年。当时的两位美国科学家克莱恩斯和克莱恩提出了一个设想,即通过机械的和医学的手段来增强人类的身体机能,以便让他们能够在太空环境中生存。他们取控制论(Cybernetics)和有机体(Organism)的前三个字母,将这种增强人类首次命名为赛博格(Cyborg)。

赛博格的观念在传播过程中,逐渐被赋予了更广泛的文化或哲学含义:从单纯的机械人,延展到一切模糊了技术与自然边界的事物。在这个过程中,女性主义哲学家哈拉维发挥了关键的作用。她在成名作《赛博格宣言》中,试图将赛博格改造为一个批判工具。在她看来,近几十年来各种科幻作品中的赛博格的形象已经破坏了维持现代性的三个关键性边界:人和动物、有机体与机器、物理的和非物理的界限。在这些界限之上,半生物半机器、半物理半信息的赛博格,代表了越界、危险和革命,对传统的各种二元论构成了严峻的挑战。诸如自我/他者、文明/原始、文化/自然、男性/女性之类的二元论,往往为统治女性、有色人种、自然、工人、动物的逻辑和实践开辟了道路,而赛博格却代表了一种走出二元论的希望,它让一切二元论中的界限不再稳固不变。

从赛博格文化中可以看到,原来人类认为工具是人类的"器官投影"或者"器官延长",但现实是当技术发展得越来越快,人类制造的并不再是简单的工具,而是拥有生命内涵的"机体",它们不仅有寿命的长短和一定的生物"活性",而且也能够通过特定程序来使自己的特质和结构得到延续。因此,人类制造的物体逐渐向"人共机体"演化。无论是物联网、人工智能、纳米技术还是生物技术,都在逐步影响人类的生存和生活方式,未来人类制造的赛博格也是基于这些技

人类历史的终结
第十一章

术的"新物种"。

关注这些新技术的同时,我们要考虑到这种思想的源头所在,人工机体的哲学就是讨论当人类和机器逐渐融合以后,我们应该如何看待世界和实现自我身份认同的哲学,也是我们如何看待赛博格世界的未来文明发展的哲学。

总结一下,我们回顾了赛博格的思想,尤其是人机交互思想的历史渊源,理解了维纳的《控制论》对这个领域的影响。现有的人类科技,如脑机接口、物联网及纳米技术等,实际上都是这个思想渊源在今日技术下的重建,未来的人类文明很有可能就是这样的赛博格的世界,对于人类来说,我们也正处在向这个未来文明迈进的新阶段。

生物哲学新范式

生命及其蕴含之力能,最初由造物主注入寥寥几个或单个类型之中,当这一行星按照固定的引力法则持续运行之时,无数最美丽与最奇异的类型,即是从如此简单的开端演化而来并依然在演化之中。生命如是之观,何其气势恢宏。

——查尔斯·罗伯特·达尔文

在讨论了人工生命哲学命题以后,我们不仅意识到关于生命观点的认知论革命,还要关注的一个演变就是生物学本身的哲学转向,我们发现了未来生物学的三个基本转向:第一,人造物越来越表现得像生命体，即前文提到的机体哲学的部分，生物与非生物的边界正在模糊；第二，生命变得越来越工程化，用计算或者信息的概念理解生物非常有价值，实际就是我们提到过的计算主义的思想；第三，理解生物学不能仅基于还原论，而要基于系统论思想。我们看到凯文·凯利这样的前沿技术研究者在《失控》这本书当中深入探讨了他看到的一系列支持这两个结论的自然现象和技术趋势，但是并未对生物学哲学转向进行更加系统的描述。本节我们就来描述这种生物学哲学的转向现象，并探讨这些现象背后的本质，这里不仅会介绍传统进化论的哲学思考，也会介绍基于信息论和系统论的生物学哲学范式的思考，这对我们理解生物学及应用之前学到的方法论有很大的裨益。

生物学哲学思考

我们来梳理现代生物学哲学的历史发展路径，以及一些传统哲学课题。生物学哲学中的主要哲学课题大概分为三个方面。一是进化论哲学，这是生物学哲学研究的重点与核心，主要包括以下问题：一、生物进化的机制与动力问题；二、生物进化的偶然性与必然性问题；三、中性学说与达尔文进化论的关系问题；四、突变在生物进化中的地位与作用问题。应该说，在生物学哲学研究中，进化论哲学问题研究是最重要的部分，也是我们讨论的核心。二是生命哲学，这个课题我们之前在讨论人工生命学说的时候论述过，这里不再赘述。三是生物过程与伦理行为，主要谈论的是生物学是否能够为伦理准则提供基础的问题，这个领域曾经引起过很大的争论，例如，赫胥黎等人试图用遗传的差别解释人类伦理行为的差别，从遗传学角度寻找人类利己主义

人类历史的终结
第十一章

的基础。当下也有很多生物学的研究证明很多人类的犯罪行为几乎是遗传性的,由于基因层面的一些差异导致了个体在行为上的偏差,这将引起巨大的关于道德伦理问题的讨论和冲突。接下来我们要讨论的是第一个问题,也就是关于进化的生物学哲学问题。

从生物学哲学的发展历史来看,达尔文的物种起源学说是现代生物学哲学研究的基础,之后孟德尔的遗传学与进化理论的融合则构建了现代生物学研究的起点。进化论的历史也就是现代生物学哲学的演变历史,从达尔文的革命和群体遗传研究引发的新达尔文主义革命,到后来生物学的现代综合运动,是整个生物学哲学中最重要的一段历史。

我们可以从三个角度来分析进化论的哲学观。第一,进化论并不是传统意义上的科学观点,而是对达尔文观察到的生命总体规律的描述,是达尔文通过自然选择机制、遗传机制等方式来描述生命起源和进化过程的学说,这个角度本身已经带有哲学意味。第二,从进化论的普适角度来看,凡是依附于生命而形成的事物都可以采用进化的角度来说明,如社会的进化、经济的进化及道德的进化等。后来的学者如马特·里德利撰写的《自下而上》中,应用进化论讨论了从宇宙演变到文化、技术、思想的演变等一系列课题,采用的都是进化论的观点。第三,从进化论的方法研究来看,更多的是对其中的概念性问题,如生物的功能、分类及变异等现象的描述,而不是像其他科学学科那样进行实验。因此,进化论在各个维度都具有其哲学思想的特质。下面来看进化论中最重要的几个哲学课题:自然选择、进化及遗传。

自然选择机制是一个真正意义上符合自然规律的生命观,其讨论的课题涉及生命演化的动力、如何理解生命实体等多个哲学基本命题。而自然选择与遗传变异现象则构成了稳固的因果机制，能够解释大部分生物在长时间的物种进化周期中的不同现象。最重要的是，达尔文理论的扩展使得这一理念不仅用于解释生命的起源和演化，同样也可以论证人类社会、道德及其他行为的由来。这样的功能性和可解释性的统一使得其不仅包含实用主义的观点，而且具备形而上学的思想。以进化伦理学为例，进化理论解释了道德和伦理规范的形成原因，通过分析人们利他行为的发生、遗传与选择，为我们的道德行为提供了生物学依据，以及解释了人类行为的有效性问题，如《社会动物》《自私的基因》这一类书籍探讨的人类行为的核心就是进化论的思想。

最后我们来讨论遗传问题这一课题。《爱思唯尔科学哲学手册：生物学哲学》一卷中提出，有多个因素影响了遗传学的发展，也使得生物学哲学获得了进一步的解放。第一，遗传学是通过实验手段得到发现和论证的，从孟德尔提出到乔纳森再发现的遗传学的这段历史，使得遗传因子的讨论涉及了延续至今的本质——现象二元遗传学。接下来关于颗粒的遗传因子构想，到染色体位点模型及后来的编码构造的分子基因的发现，推动了遗传学的还原论式哲学的革命。简单来说，过去100多年的遗传学历史的核心，就是研究基因学说的发展，其中蕴含了大量的形而上学问题的哲学思考，这是过去生物学哲学演化的本质。第二，遗传学的研究保留着大量数学研究的理论，即通过对种群的统计学研究来洞察进化的规律。众所周知，数学与哲学之间的关系是非常紧密的，数学使得生物学能够实现逻辑自洽和自我论证。第三，生物学最重要的课题之一，就是实证主义所倡导的还原论思想在遗传学领域是否能够得到验证，即是否能够通过基因编码调控机制改变生物演化的规律问题，包括我们看到的转基因食品及试管婴儿等课题都属于这个命题的研究范围。

总结一下，我们回顾了生物学哲学发展的历史，并着重讨论了进化和遗传等生物学研究领域的哲学思辨。我们关注到，一方面，生物学具备科学研究的实证主义的特质，能够帮助我们理解自然生命的形成规律和逻辑；另一方面，进化论所体现的哲学思想能够帮助我们理解从宇宙演变到道德伦理及社会现象等很多领域的思辨，这就是传统的生物学哲学所涉猎的主要课题范畴。

失控的生物未来

在讨论了生物学哲学的发展历史，以及进化和遗传等领域的思辨以后，我们来讨论关于生命概念的问题。之前已经从人工生命学的角度讨论了这个概念，不过现在我们还需要从更为丰富的角度对和生命有关的概念和哲学进行解读。一方面，这有助于我们重新看待生命的本质和整个世界的基本运动的逻辑；另一方面，局限于现有的传统自然生物学的概念对我们理解未来并无益处。下面我们将从两个角度来看这个问题：第一，如何从更宏观的角度理解生命的理念，尤其是从系统的角度理解关于生物的生命观；第二，如何理解生命的进化路径由控制走向失控，由中心化走向去中心化的机制。

首先我们要从之前提到的大历史观来理解生命，这里要提到宇宙大爆炸以后的两个看似矛盾的趋势：第一个趋势是所有物质的运动规律都符合热力学第二定律，所有的能量都在不断地释放和耗散，所有的秩序都在归于混沌；第二个趋势是生物的存在，即在热量完全耗散之前，所有的生命都在从无序中构建有序，变得越来越复杂。可以从两个基本的事实来看待这两种趋势，第一个事实是宇宙的历史，宇宙大爆炸后，最基本的粒子（质子和原子）开始形成，4种基本形式的能量开始构建。宇宙从最简单的粒子开始生成和演化，历经上百亿年时间形成了恒星和各种越来越复杂的元素。这些复杂的元素通过复杂的方式形成化合物，从而形成了我们所在的地球。第二个事实是生命的历史，最简单的化合物形成了最简单的生命，这些非常微小的单细胞生物被称为原核生物。原核生物能够通过新陈代谢汲取能量，以及通过DNA进行繁殖和遗传，并在这个过程中产生变异来适应自然环境。通过这个过程，生物开始逐步演变和进化，演化出千百万个不同的物种，这种机制带来了我们看到的万物生长的大千世界。现在问题来了，我们原来主张的人类是生物演化的最高点这一观点是不是正确的呢？也就是说我们原来以为的一个单核细胞生物在不断进化过程中形成了更加复杂的生物，通过类似金字塔的阶梯成为人类这一过程是不是我们人类过于自信的想法？

然后我们从进化的目的的角度来回答这个问题。无论是怎样的进化，都有一个基本目的，就是求得物种的延续和生存。物种演化是一个累进变化的漫长过程，为了生存与繁殖，物种只得被动做出调整，以适应不断变化的生存环境，这是进化的基本目的。如果我们暂时忘却现有的物种演化的路径去思考进化的一些特征，进化的工作就是通过创造所有可能的可能性借以栖身的空间来创造所有可能的可能性。因此，可以将我们看到的所有符合生命特征的系统变化都称为"生命的进化"。这里要提到的就是"超生命"的概念，正如凯文·凯利所定义的，超生命是一种特殊形式的活系统，它完整、强健、富有凝聚力，是一种强有力的系统，一片热带雨林和一枝长春花，一个电子网

人类历史的终结
第十一章

络和一个自动驾驶装置,模拟城市游戏和纽约城,都是某种意义上的超生命。如果从这个角度理解生命,就可以把宇宙间所有的物质都当作简单粒子的不同形式的聚合,而这种聚合的目标就是让物质以不同复杂形式生存下来,进化则是这些复杂形式生存的唯一有效的方式。正如兰顿所说"生命是从不同的材料形式中提取生命逻辑的尝试",对生命来说,组成的元素是什么并不重要(毕竟所有元素都是简单的粒子的复杂聚合),重要的是它在做什么或者目的是什么。

基于以上讨论,目前主流生物学定义的生命是超生命中的一个子集,而之前讨论的人工生命的概念也需要得到新的解释,也就是说这个生命形态的物质材料是"人工制造"的,而不是生命本身是"人工的"。虽然它们看起来与自然生长的生命有一些明显的差异,但是它们的进化目标及所体现的生命特质确实与普遍意义上的生命毫无区别。我们所面临的挑战,并不是如何创造人工生命,而是通过人工生命的方式来为物种的延续探索新的逻辑。自然法则并不会因为这种生命体来自人工或者自然进化就会有所差异,而会一视同仁地根据演化路径上的可能性对物种进行挑选。简单来说,人工生命的存在实际上是人类在探索"其他可能存在的生命"这个领域的努力,我们通过人工生命的方式来观察其是否能生存,尤其是能否为我们自己的生存探索一个新的路径。

最后,我们来思考一个问题,就是人工生命的伦理问题和目标。有的人担心通过非自然的方式创造人工生命是否符合伦理,实际上这个想法太过自大和局限。原因是,我们看到自然在过去漫长的历史中创造了有机的碳基生命体,这只是自然演化的初步路径而已。而我们所做的工作,无非是将超生命体从碳基生命延伸到其他形式,我们也只不过是自然演化的工具而已。因为从更长的时间段看,人类作为单一物种是非常脆弱的(如我们不可能面对太阳在 50 亿年以后的毁灭),所以创造新的物种来保持自然演化的延续也是我们不得已的选择。换个角度来说,其他形式的生命体(人工生命)正在利用技术来到这个世界,而我们也是在自然演化的规律下做出了这个选择,这就是所谓技术元素和生命演化的必然过程。

总结一下,本节讨论了大历史观角度的生命概念,将生命当作一个活系统,它是由不同元素组成的具备一系列特质的复杂系统。接着讨论了超生命概念,突破了我们在生命问题上的认知局限,意识到了我们现有的碳基生命的概念实际上只是现有的生命形式的一部分,而我们所创造的人工生命也只是自然演化路径上的一种结果而已。因此,与其纠结其对人类伦理及自然伦理的挑战,还不如正视我们并未真正逃离自然规律的现实,而人工生命也是为了未来人类物种延续的一种不得已的选择而已。

生物哲学新范式

在讨论了生命的新概念以后,下面我们来介绍一下随着生物学的发展,生物学哲学的一些新的范式,这有助于我们重新理解生命的概念,以及基于新的技术发现建立新的认知升级。对于理论生物学来说,基于自然选择的进化假设无疑具有基础性的地位,而现代综合进化论则是进化论的集大成者。在这里我们要介绍两种新的生物学哲学的理论图景:基于信息的进化进程和基于发育的系统进化观。

人类历史的终结
第十一章

首先我们来介绍现代综合进化论,现代综合进化论的基本观点如下:第一,基因突变、染色体畸变和通过有性杂交实现的基因重组是生物进化的原材料;第二,进化的基本单位是群体而不是个体,进化是由于群体中的基因频率发生了重大的变化;第三,自然选择决定进化的方向,生物对环境的适应性是长期自然选择的结果;第四,隔离导致新物种的形成,长期的地理隔离会使一个种群分成许多亚种,亚种在各自不同的环境条件下进一步发生变异,就可能出现生殖隔离,形成新种。迈尔在概括现代综合进化论的特点时指出,它彻底否定了获得性的遗传,强调进化的渐进性,认为进化现象是群体现象并重新肯定了自然选择压倒一切的论述。由于现代综合进化论继承和发展了达尔文学说,能较好地解释各种进化现象,所以,近半个世纪以来,它在进化论方面一直处于主导地位。

然后我们再来介绍第一种新的生物学哲学范式:基于信息的进化进程。这个理论的基本假设是生物体是一个由信息携带者组成的系统。这与我们在书中提到的香农的信息论的概念是一致的,也重新定义了我们对生物的理解。具体来说,有两种不同的学术观点,一种学术观点认为,基因是信息的携带者,因此,生物就是信息的系统,这种观点延续了英国生物学家理查德·道金斯在《自私的基因》中所提到的基因传播的理论。他运用分子的概念重建了进化的因果性,即"自私的基因"所推动的进化。

他在这本书中通过很多丰富的案例来证明进化的主角是包含了遗传信息的 DNA,而生物体不过是它们用于复制和传播自身的载体和媒介。这个观点很大程度上颠覆了生物学家迈尔所奠定的种群选择观。在这个新的因果关系概念中,物种或者个体不是作为原因而是作为目的和手段，而进化的定义也从种群演变转化为基因的变化。当然，这个观念并没有打破从孟德尔时期开始的"复制子"遗传学的模式，更多的是观念而非结构上的变化。这种观点是比较容易被接受的，毕竟 DNA 复制机制很好地符合了信息论中关于信息系统的发送者、信道、接受者、信息终点的模型。

另一种学术观点认为，除了分子遗传机制，还存在一种更多元的生物信息的概念。在这个观念中，信息传递不仅表现于遗传信息的复制和传播，最重要的是它是被置于生物体范畴之外进行研究的，更多地将多重环境因素和行为模式纳入信息概念的机构中。也就是说，将基因认为是一种广义上的信息的载体，即从语义学上理解进化论的机制，如将多重环境因素及行为模式纳入其信息概念的结构中，文化因子中的"米姆（meme）"的概念就是这一思想的体现。

下面我们来介绍另一种生物学哲学范式：发育的系统进化观。这个观点和之前讨论的复杂性科学理论有着紧密的联系，实际上系统的观念应用在生物学上的探索已经由来已久。不过直到最近二十年，才通过和进化理论的结合改变了我们对生物系统起源的认知。我们可以从三个角度理解现代发育学研究的成果进入生物进化领域后，系统概念的变化：第一，系统不再是一个通过功能定义的具有特定标靶的自组织体系，而是一个可以自主发生演化的系统，这个系统具备自我调控和进化的功能；第二，通过系统思想的引入，基于复杂性科学的理论，可以很好地解决传统生物学无法解决的还原论的问题，并且将发育学和遗传学进行统一；第三，系统进化的观念颠覆了以往分子进化的模式，将外部因素和内部因素纳入统一的理论框架中。系统进化不仅依赖传统的适合度概念，同时引入了发育的可塑性概念，从而突破了新的表现型必须依赖于基因突变和重组这一认知,这是系统进化理论的核心和关键。

最后,我们来对比一下两种新的生物学哲学范式的差别。从本质来说,前者的核心概念是信息,因此,在表述因果联系上具备很大的优势,但是在解释生命演化的过程方面则存在缺陷。后者的核心概念是系统,因此,在表述因果关系层面上比较乏力,但是解释演化过程时则更为合理。具体来说,有三个方面的差异。第一,信息的生物哲学更符合传统进化论的解释逻辑,信息在其中作为一个核心概念和连接角色,因此,更关注信息传递的载体和功能。而系统的思想则是对关系演化过程的理解,因此更容易被理解为一种思考方法。第二,信息传递机制的进化解释是建立在概念可以被还原的基础上,因此,对长期演化的过程解释性较强。而系统的观念在解释进化时关注的是信息的"负熵"的输入,发育个体的不同演化阶段受到外部影响不同,因此,对长期演化的过程解释性较弱。第三,信息的理论在生物学哲学中通常是通过语义学的逻辑进行表达的,遗传信息的传递和表达被隐喻为一种意义和数据传递的过程。系统发育的理论主要被认为是一个关系实体演化的理论,任何关系或者结构的变化都有可能导致生物体的演化。

总结一下,我们介绍了生物学哲学的两种新的范式:基于信息的进化理论和基于发育的系统进化理论。我们将信息的概念和系统的概念用于生物学哲学范式的解释,前者继承了进化论的思考,后者继承了复杂性科学的思考。前者提供了一种计算主义思想架构,认为生物体的表达服从于编码的遗传信息,而后者认为生物作为一种系统进行演化，而信息则是系统中的继承者。换句话说，两种不同的技术范式只是在本体论的重要性上有差异，而事实上都没有背离基于复制子的遗传概念基础，这也是我们所说的，新的技术范式基于新的理论发现和科技进步，是在原有的成果上加入新的认知方法，而非彻底颠覆。

赛博空间的文明与哲学

现实通常是坚固的，人们与它相碰撞，粉身碎骨，犹未止步。然而不久之前，现实之刚已经变成绕指之柔，不再能够攥住不放，并且呼之不应。当今的现实正在化为泡沫，蓬蓬然胀大的泡沫，一触即破。

——维纶·弗鲁塞

技术元素推动着人类文明向两个方向同时演化，第一个方向是我们讨论的人工生命的方向，人们或者通过创造独立的人工智能，或者通过选择和机器进行融合的方式，为未来的人类物种寻求新的生存空间，创造新的进化路径。第二个方向是我们今天要讨论的，通过创造虚拟世界来为文明获得新的空间，在现实之外获得完全独立的自由。如果说第一个方向是人类在纯粹技术路径上获得自由的方式，那么虚拟现实可以称为人类在艺术方向获得物种自由的方式。虚拟现实并不只是通过技术来创造一个提供娱乐、交流或者逃避现实的空间，而是能改变和补救我们生存的现实感——这也是所有的艺术追求的最高目标。本节我们就来讨论虚拟现实是如何将技术和艺术融合的，以及虚拟现实在哲学层面的本体论问题，最后要讨论的是虚拟现实创建的赛博空间对我们意味着什么，以及基于信息世界观的思想我们如何理解虚拟现实对人的主体观念的影响。

赛博空间的文明

2018 年 3 月 30 日，好莱坞著名导演斯皮尔伯格的新电影《头号玩家》在全球上映，讨论的是 2045 年的近未来世界的故事，主要讲述了男主角韦德·沃兹在虚拟世界"绿洲"中的冒险经历，而"绿洲"所创造的世界就是一个由 VR 技术创造的完全符合流行文化和科幻极客们的描述的赛博空间。在"绿洲"中，不仅有赛博朋克感极强的酒吧"错乱星球"，也有能上演科幻史诗般战场的哥斯拉大战高达的"死星"。这让大多数去观看电影的观众既敬佩导演对流行文化的了解，也对赛博空间所能到达的美丽世界推崇备至。虽然故事的主题表达的是无论虚拟世界多么精彩，现实生活仍然需要继续，但是，当看到电影中的现实世界是充满着失业、贫穷和绝望的时候，大多数人也认同通过虚拟世界逃离真实生活是一个更加适合的选择。实际上，关于赛博空间的讨论，从 20 世纪 80 年代就已经开始了，我们在这个部分就来讨论关于赛博空间历史的一些故事，以及赛博空间和信息社会之间的关系。

首先回到 1984 年，那一年发生了两件关于赛博空间（虚拟现实世界）的代表性的事情。第一件事情是 NASA（美国宇航局）Ames 研究中心开发了用于火星探测的虚拟现实环境的视觉显示器，这个机器通过将活性探测器的数据输入计算机，来为地球上的工作人员构造与火星表面高度一致的三维虚拟环境，接着 NASA 又公布了一系列关于虚拟现实的研究成果，引起了人们对这个领域的广泛关注。第二件事情是美国的 CBS 新闻报道了美国空军研发的一种革命性的现实技术（其实就是虚拟现实技术），飞行员通过该技术在虚拟空间中练习飞行技巧。

这两件事情发生的起源地和时间都值得我们深思，首先可以看到这个技术来自军方和国家支持的高级研究组织，这使得这个技术带来了两种完全不同的矛盾思想。一种是来自军事和政治领域的控制论理念，通过独立、虚拟的，与现实物理空间不同的空间的创造来实现更高的控制。另一种是来自科学的乌托邦主义，通过虚拟的世界来帮助大众逃离现实，帮助大众来到更遥远、美好的未来。而其产生的时间是 1984 年，这让我们想起之前提到的乔治·奥威尔的小说《1984》，这个惊人的巧合给予我们的暗示是，人类在这个时间点实际上已经开始获得了一种通往未来的路径选择，而赛博空间的概念所延伸出来的文化、经济及政治层面的影响也验证了这个判断。

赛博空间的概念第一次出现在威廉·吉布森的代表性小说《神经漫游者》中，这本书创造了赛博空间（Cyberspace）这一词汇，并讨论了很多现在流行的大众文化中关于未来的讨论课题。其中包含很多现在众所周知的技术课题，如人工智能、虚拟现实、基因工程及跨国企业对世界的控制等，以一种强烈的反乌托邦的方式对赛博空间进行了描述。这个故事与上文提及的《头号玩家》有两个共同暗含的隐喻：第一，赛博空间并不是完美无缺的，现实生活是更重要的；第二，跨国公司尝试通过技术来获得更大的权力，赛博空间的政治结构会受到

人类历史的终结
第十一章

技术的影响。

很显然,关于第一个问题,我们现在带有了更强烈的乐观主义的倾向,认为赛博空间会带给人们更新、更好的体验。人们能够通过高科技挣脱现实世界的束缚,为个人的生活创造无限的自由领域(考虑到现实世界很大程度上将会被人工智能所接管,这种倾向就显得更加合理)。关于第二个问题,它涉及的是虚拟世界的权力博弈问题,赛博空间里的不同虚拟社会在政治、技术和文化等领域都会产生竞争,而这种竞争实际上会产生两方面的结果:第一,精英阶层会获得赛博空间更大的支配权,毫无疑问在现实和虚拟的世界中,都会有这样的精英阶层的存在,而他们掌控着的赛博空间的技术是这个世界存在的前提,也决定了虚拟世界发展的高度;第二,草根阶层获得了更多的权限和自由,因为精英的掌控受到个人需求和权力的影响,没有草根阶层存在的赛博空间也没有价值。

吉布森所描绘的赛博空间里,不仅居住着人类,还居住着利用高科技拓展身体功能的后人类,以及渴望彻底摆脱物质束缚的超人类。所谓超人类,就是"通过发展以及利用现有技术提高人类心智、身体和心理能力",这种超人类"在未来的基本能力远远超过目前人类的能力",能够"抵抗疾病以及永葆青春活力,在智力上能够远超当今人类",并且能够通过上传自身的意识到网络中来脱离物质的控制。在这样的赛博空间中,人类被重新定义,后人类的模式以随机性的方式进行叙事,而信息技术则成为人类能力扩展和超越的基础。简单来说,人类通过信息技术形成了后人类、超人类等物种,这与赫拉利在《未来简史》中描述的"神人"有着异曲同工之妙。

最后，我们来探讨赛博空间的理论研究范畴和赛博空间的定义。学术界主要讨论的是两个方面：第一，对新技术或者所谓黑科技的信仰，如对超级计算机、纳米技术和基因技术的潜力的探索；第二，对赛博空间的哲学思考，主要是讨论哲学意义上赛博空间对身份的界定、模糊思想的垄断等话题。正因为赛博空间的存在，使得我们能够跨越"男性—笛卡儿—自由—身份"的主体，而进入分布式空间中的"女性—后人类—自由—多重身份"的世界，从生物性身体转向不断变化着的多重身份，这是我们重点研究的领域。对于赛博空间的特点，可以总结为以下几点：第一，赛博空间可以突破物理世界的限制而创造新的时空观念；第二，赛博空间的主体是由信息组成的，因此，信息权力会在赛博空间进行重新分配；第三，人机耦合是赛博空间未来的归宿，而超人类是其中最重要的概念。

总结一下，我们讨论了赛博空间的历史与文化来源，以及赛博空间所具备的两种完全不同的精神特质：控制论的精神特质及乌托邦的精神特质。指出赛博空间在 1984 年这个时间点被人们所关注拥有非常重要的隐喻意义。然后讨论了赛博空间与信息社会的异同，指出信息社会是对未来文明的全部生态的想象，而赛博空间是对其网络社会部分的深度构建。

赛博文化与艺术

在讨论了太多关于赛博文化技术的课题以后，我们从艺术人文的角度去看待赛博空间。一方面，要讨论信息技术如何推动了文学和电

人类历史的终结
第十一章

影等文化艺术产品的转型,也就是讨论技术带给我们的文化体验与以往的文明的差异;另一方面,要讨论赛博空间本身的艺术性,正如美国网络空间哲学家迈克尔·海姆教授所言,虚拟现实技术归根结底是一种艺术形式,它的本质不在于技术而在于艺术,甚至可以称之为最高级的艺术。我们需要从艺术性来讨论赛博空间,才能理解为什么大众对它心驰神往,才能理解它与其他技术样式的本质差异。

首先,我们来讨论赛博空间的艺术性问题。按照哲学家的观点,我们生活在三种世界里:第一种世界是由物质客体构成的物理属性的世界,这个世界构成了我们生活的客观环境;第二种世界是人类意识的世界,这个世界是由人们的思想、动机、欲望、情感构成的,我们通过这个世界产生了对客观世界的体验和内心的主观感受;第三种世界是文化的世界,是由人类创造的精神和文明的产物构成的,如宗教、哲学、科学和艺术等,虽然它们起源于第二种世界,但是他们具备某种独立性和永恒性,能够在相当长的时间维度内保持不变(至少对我们短暂的一生而言或者人类文明而言)。

因此,当我们研究赛博文化时,就能看到它拥有的属性是第三种世界的属性,传统的文学艺术主要讨论的是我们对客观世界的理解,以及对生活客观环境的描述。而赛博空间则致力于创造虚拟空间,为人们的未来铺路。这里可以从两个角度来理解:第一个角度是赛博空间所讨论的课题范畴,是构建一种完全不同于现实世界的虚拟空间;第二个角度是文学或者艺术的数字化,也就是信息媒介的变化也导致了赛博空间信息的重新构建。

然后,我们来看目前文化世界的两个主流产品:电影和游戏。它们开始涉及越来越多的赛博空间的要素。先来看由斯坦福大学虚拟人机交互实验室创始人吉姆·布拉斯科维奇及加州大学圣巴拉拉分校虚拟环境研究中心主管杰米里·拜伦森所撰写的《虚拟现实：从阿凡达到永生》这本书。书中讨论了两部电影的内容，一部是代表了传统赛德朋克电影中的经典世界的《黑客帝国》，另一部是由詹姆斯·卡梅隆导演创作的保持了全球票房纪录的电影《阿凡达》。这两部电影的共同之处就是涉及了虚拟现实的情节，并将其作为故事中最主要的技术元素。

这两部电影传达了共同的艺术愿景：第一，大脑不在乎某种体验是真实的还是虚拟的，和真实世界相比可能虚拟世界更加美好；第二，我们正在新世界的转折点上，未来的虚拟世界有可能更加美好，也有可能是反乌托邦的存在。然后来看游戏，越来越多的青年人甚至中年人开始参与游戏（在美国，游戏玩家的平均年龄是 26 岁），在网络游戏和虚拟世界内的数字形象成了他们真实人生中很重要的身份认同，而不是现实中的世界提供这种重要的身份认同。电脑游戏不仅提供比电影更加多的叙事维度和空间，更重要的是它的参与性和互动性是电影无法比拟的。如果说电影通过蒙太奇手法创造了一个让人们向往的虚拟世界，那么游戏就通过互动和参与让人们进入了这样的虚拟世界，很显然，赛博空间就是这种艺术形式的终极目标。

最后，我们来讨论赛博文化与之前讨论的自动化的人工智能之间的一些联系。可以看到，赛博文化中最重要的基础技术就是三维建模技术，即通过动态的建模方式来实现虚拟形象的构建。其中最重要的一类电影就是对自动化机器人的想象，如《变形金刚》《机器人总动员》等电影中关于机器人的建模和想象，这也是赛博空间中自发的创造性力量的一个代表。电影符号中关于赛博文化的讨论，机器人是其中最重要的课题。正如弗里德里克·迪特勒所言，"我们正处于机器的控制之下，随着机器的日趋网络化，控制机制日益严格，安全性也随之下降"。电影中对于机器人的想象很多，而将其作为赛博空间中的主要参与者也是通行的做法，如果说人工智能代表了我们在信息文明中对未来的另一种智能生物的预期，那么在赛博空间中它们已经成为不可缺少的另一种生物。

总结一下，我们讨论了赛博空间与艺术的关联，理解了虚拟现实技术实际上是基于艺术的发展而逐步演化的。无论是电影还是游戏都具备赛博文化的属性，而人们也在更大程度上将参与感视作了艺术性的重要尺度。如果说传统艺术史以讲述故事和帮助人们理解世界为主题，而后现代艺术和技术是以帮助人们理解意识和思想为主题，那么赛博空间的艺术就是以帮助人们通过参与艺术来实现未来为主题。

赛博空间的哲学

在本节最后，我们从更加一般性意义上来讨论赛博空间的哲学问题，尤其是关于虚拟现实技术创造的虚拟空间及虚拟身体的哲学问题。一方面，赛博空间正在逐步走进人们的生活，尤其是以虚拟现实为代表的技术，如 Facebook 的 Oculus Rift 及微软的 HoloLens 等产品正在逐渐普及中；另一方面，虚拟现实引发了我们关于虚拟现实的本体论，以及人类自身社会的身心问题的思考，在这个部分我们从哲学意义上去分析虚拟现实这一技术带给我们的深入思考。

首先，思考什么是虚拟现实。这个表达来源于 1938 年法国戏剧理论家阿尔托的论文集《戏剧及其两重性》。事实上一直到了 1987 年被称为"虚拟现实之父"的计算机科学家及艺术家拉尼尔研发了世界第一套虚拟现实护目镜后，这个概念才第一次作为科学术语被大众所熟知。现在所称的虚拟现实就是以 VR 技术为基础构建的对现实的仿真，之前提到的迈克尔·海姆教授将虚拟现实的特质总结为"模拟性、人工性、沉浸性、强化的实在"等。当然，我们之前已经提到了，所谓虚拟现实实际上可以看作人们通过新技术对艺术世界的一种表达。

如果把摄影、电影、游戏当作艺术家通过技术工具创造艺术的方式，那么虚拟现实可以被认为是一种用 VR 设备及计算机创造的新艺术，甚至可以被称为艺术和技术的重合。因为任何艺术家用作品表达的都是自己内心的世界，而虚拟现实技术毫无疑问可以以更宏观和具体的方式来表达艺术家对世界的理解，这也就是为什么当我们看到《头号玩家》中的世界时能够被深深震撼的原因。因为它里面构建的不同星球实际上就代表了不同流行艺术理念的融合。简单总结一下，就是从艺术和技术结合的本体论角度来理解，虚拟现实技术是在用一种特殊方式给我们展现一个独立世界的艺术。

然后我们从信息的角度去分析虚拟现实技术带给我们的思考。这里我们先思考虚拟现实体验的三种基本要素，然后从信息世界观来思考这些要素对我们的影响。按照穆尔在《赛博空间的奥德赛》中提到的，构成虚拟现实体验的三种要素如下：第一，在电脑生成的数据中的沉迷，也就是说用户打破了屏幕界限以后，能够通过虚拟现实的方式进入新的世界，因此，带来了更深入的沉浸感，体验过上海迪士尼

人类历史的终结
第十一章

"飞跃地平线"项目的读者应该能感受到这样的经历；第二，在电脑计算的虚拟现实中进行穿梭航行的能力，即人们能够几乎不受任何限制地在虚拟环境和世界里进行观察和体验，因为没有身体的限制，人们能够通过意识和大脑对虚拟现实中的自我进行控制，因而能获得更加丰富的体验；第三，用户通过与虚拟环境的互动获得更加真实的体验，互动性使得在虚拟世界的人们能够像在现实中一样交流，以及参与不同的活动，甚至能够与现实中不存在的生物和物体进行沟通。这也是在"电子游戏"中能够获得的极致体验，而虚拟现实把这个体验升华了。正如在本书开头所说的，以计算机为代表的信息革命让人们以一种新的世界观看待世界，即我们的世界是由信息构成的。而虚拟现实技术，毫无疑问在这个世界观的基础上创造了一个新的世界。

事实上，在赛博空间或者说在以与虚拟现实相关的技术所创造的世界里，正如上文所说，最重要的哲学问题在于同时具有具身性和离身性的超人类形象的存在。美国哲学家唐·伊德是这个领域的专家，他在其专著《技术的身体》中创造了身体理论，这是理解其科学哲学和技术哲学思想的重要视角。他在"身体一"（感知的身体，体验的身体）和"身体二"（文化建构的身体）的基础上，提出了身体的第三个维度，即"技术的身体"。"技术的身体"是对"身体一"和"身体二"的综合，主要特征是工具的涉身性，而这正是科学哲学与技术哲学的层面。伊德的身体理论对涉身、知觉和行动的内在联系进行了挖掘，对"情境化知识"、人与技术的关系进行了全新解读。

这个理论的核心可以阐述如下：我们理解身体可以通过三种不同的路径，首先是物质的、现世的身体，这是一种现象学意义上的身体，也是我们肉体存在的证据；其次是一种社会和政治建构的后现代话语的身体,这种身体的物质性有时被"强加于身体之上的心理的、政治的、文化的铭写和重构"所遮蔽;最后是一种与技术产生相互作用的第三类身体,这种身体通过技术得以具体化。基于这个理论,虚拟身体就具备了两种哲学上的意义。第一,我们可以将虚拟身体视为赛博空间里人类心灵的离身性本质,也就是一种心灵创造出来的实质。这种实质在信息的基础上形成,而信息主要通过影响心灵和虚拟身体产生作用,不会影响物质身体。第二,虚拟身体是一种对边界的跨越,这种跨越造成的后果就是超人类的存在。

最后我们从现象学角度来思考虚拟现实技术,可以把虚拟现实理解为对现实世界的虚拟及对虚拟世界的构建。从海德格尔的本体论的角度来看,自然科学构象的客观实践与空间实际上来自"在世界中存在的"失控结构,那么就可以把虚拟现实理解为"在世界中存在的"一种特殊身体模式。这种模式具有特定的时间和空间结构,和我们日常生活的身体体验是不同的。将虚拟现实看作一种基于不断发展的信息技术的消解时空距离的方式,正如海德格尔将技术作为自然显现的要求,那么虚拟现实技术就是这类自然显现技术的最终表达。某些对技术持有极大乐观态度的学者认为,这样的技术能帮助我们从单一的主体性擢升为一种投射性,我们正在面临着人类的第二次诞生,第一次是智人的诞生,第二次是赛博空间的虚拟人的诞生。

然而我们并不能如此简单乐观地看待这个现象,正如这个词汇的发明人安托南·阿尔托所说:"所有真正的炼金术师都知道炼金符号是一种幻境,一如戏剧是一种幻境,它是一种针对物质制造的永恒幻境。"艺术是虚拟现实的本质,而艺术也是现实的符号化表达,因此,虚拟现实归根结底也是由接近形式化的计算机语言构成的世界,是一

人类历史的终结
第十一章

种科学主义和自然主义的基础。而相应的,理解虚拟现实的前提是我们要接受艺术和生活的同一性,以及我们要接受人是一台受普遍语法规则支配的机器这样的论述。

总结一下,本节从哲学的角度讨论了赛博空间和虚拟现实技术的价值和意义,其中包括虚拟身体的理论。一方面,虚拟现实可以理解为技术和艺术结合的最终形式,带给人类重生的机会。另一方面,基于信息角度去理解虚拟现实,实际上涉及了我们是否存在自由意志的问题,需要更加谨慎地去判断。选择艺术还是科学,选择机器还是自由意志,这是人类在通往未来之路上不得不面对的问题。

第十二章　智能时代的哲学

💡 人与自然的契约

  每种生活方式之所以令人瞩目，都不是因为它对环境的适应，而是因为对环境的反抗。人类既是生物，又是造物者；既是命运的受害者，又是命运的主人；他在生活中既要统治别的生物，又要接受统治。到了人类，这种反抗达到极致。表现得最彻底的也许是在艺术上。梦想和现实，梦想和限制条件，理想和手段，在艺术中混为一体，在表达的动态过程和最后的表达物中混为一体。作为拥有社会遗产的生物，人类属于这样的世界，其中既包括过去也包括未来，其中他能通过有选择的努力超脱当时的境遇而创造自己的目标和未来，并改变周围非生命力量的盲目发展的方向。

——刘易斯·芒福德

  自工业革命以来，人类通过现代科学获得了与自然进行竞争的能力，然而技术对人类的异化在很大程度上导致了现代性走向的变化。一方面，技术范式的更替是文明演进的主要脉络和基本动力，现代文明的形成有赖于技术的支持。另一方面，技术也带来了现代性的禁锢和死亡，技术异化使得现代性正在走向终结。这个问题的核心在于人类在拥有技术以后，无法适当地处理人与自然之间的关系，即人与自然在文明演进过程中无法达成新的平衡。区块链技术的出现，为这种技术异化现象提供了新的解决契机，要达成人类与自然的和解，前提是达成人类共同体之间的相互信任，这种信任在以往的体系中主要通过法律、伦理及政治达成。而随着区块链技术的出现，这种相互信任可以通过技术的方式达成，这就是笔者认为的区块链最核心的价值：提供了人与自然的技术契约，从而使得人类获得了从技术上解决信任问题的能力，从而有可能达成人与自然的再次和解，提供一种符合人文主义和自然主义哲学的技术解决方案。

接下来我们将从三个方面介绍关于这个观点的理论：技术人文主义思想、人与自然的价值关系、人与自然的技术契约。通过这三个维度的介绍，我们来讨论技术对文明演变的作用，以及自然与人的关系演化等课题。笔者尝试为各位读者梳理出人与自然之间的契约是如何形成的，从而能够理解区块链技术的重要性。本文并不是对区块链技术的专门论述，而是试图建立一种新的看待区块链技术的理论体系，因此，请读者耐心读完前面关于技术、人类与自然之间关系演变的内容，这将有助于理解整个思想的内在逻辑。

技术人文主义思想

自人类文明出现以来，技术与人类社会如影随形，因此，关于技术的思考是不同时代的思想家们最关心的话题之一。我们将在这个部分讨论人们关于技术思想历史，尤其是技术决定论的思想，并进一步梳理出人文主义的技术思想。笔者所秉持的是一种技术人文主义思想，认为唯有以人类为中心，才能真正解决技术带来的问题，所谓"解铃还须系铃人"，放弃人类对技术未来的责任，既是一种不负责的表现，也是一种不理智的行为。因此，我们在这个部分为大家梳理人文主义的技术思想的来源和基本理念，只有理解了这个观念，才能理解以人类为中心的技术解决方案才是达成人与自然之间关系契约的重要基础。

从历史进程中看技术的发展，最早可以追溯到第一次工业革命时代，从培根到马克思，思想家们对技术都抱有乐观主义的技术决定论的倾向。培根认为技术比政治上的关于政府和哲学上的论争更有价值，而霍布斯则认为"人类最大的利益，就是各种技术"。法国思想家圣西门与孔德提出了技术统治论的观点，认为通过工业社会的典型技术范式能够形成一个由学者和企业家统治的人类文明时代，这就是最理想的时代。从启蒙运动到工业革命早期，乐观的技术决定论是思想家们的共识。

从 19 世纪末开始到 20 世纪，随着技术的发展，技术不仅带来了经济上的巨大收益，也间接带来了现代化造成的巨大负担。尤其是两次世界大战的影响，以及之后技术导致的大量环境问题、生态问题的出现，使得技术悲观主义成了主流思潮。除了之前提到的海德格尔，影响力最大的就是法兰克福学派的学者。法兰克福学派的主要代表人物是马尔库塞和哈马贝斯，他们的思想是非常明显的技术决定论思想。前者认为当代工业社会由于科学技术的发展，变成了一个病态社会，现代技术已经取代了传统的政治恐怖手段而成了一种新的控制形式。尤其是自动化技术的实现，使得技术成了社会精英的统治工具。

考虑到以自动化和机器智能技术为代表的科学技术的发展对当下社会的影响，马尔库塞的思想仍然很有价值。而哈贝马斯认为，技术拥有意识形态的功能，即作为生产力实现了人类对自然的统治，而作为意识形态则实现了对人类的统治，很显然，这样的思想带有技术实体论的内涵，即技术拥有独立的意识和目标。今天主流的技术思想家如凯文·凯利、尼克·波斯特洛姆都受到了这种思想的影响，他们都认为技术已经成为塑造世界的方式，人类被裹挟其中，能够由人类自由意志决定的部分非常少，即技术的"失控理论"。

通过简单梳理技术观点的思想史，可以看到人们对技术的三种观点：技术工具论、技术实体论及技术批判论。技术工具论秉持着乐观主义心态，认为人类可以控制技术，而技术实体论者则认为技术无法控制，人类文明陷入了技术的失控中，而批判论者则介于二者之间。这里，我们不得不提到的是技术人文主义的思想，尤其是学者刘易斯·芒福德的思想。正是基于这种技术人文主义观念，才形成了对未来技术的展望。下面我们从三个角度来梳理他的思想：技术的起源、人与技术的关系及技术的未来。

从技术起源的角度来说，芒福德认为技术并不是工具，而是某些生命形式的表达。他说："技术文明是种种思想、习惯、生活模式的汇聚体。"比如，他认为早期原始时代的文身、仪式和工具一样都属于技术的范畴，而技术的目标是让人类更好地生活和组织，而不仅仅是满足生存的需求。从这个角度来说，技术的范畴被扩大了，不仅包括简单的工具，也包括舞蹈、唱歌、绘画及语言，因此，"技术起源于生活"的结论就能够成立。芒福德认为人与技术的关系是一种动态的关系：在技术的原始时代，因为人类能力有限，所以技术大部分时间是顺从人类本性，为人类的生产生活造福的。在工业革命以后，由于技术的大规模使用，人类在利益驱使下需要更多的劳动力和能源，技术的异化现象就出现了。当人类在不断追求生产效率的提升及消费欲望的满足时，人类生活的丰富多彩及人性中的道德温暖就会受到巨大的冲击，人与自然的关系就变得不和谐，甚至技术会成为人类生活的主人。

关于技术和人类的未来，芒福德认为人类在世界上生活的原动力来源于心灵。正因为这种起源于心灵的强烈的情感和动力，才使得技术能够产生。正因为心灵是非常复杂的，才使得其阴暗面影响了人类技术的发展，人们对现代技术尤其是机器智能技术的热衷来源于人类内心对征服自然的渴望，而人们对金钱利益的崇拜也使得技术的异化现象越来越难以控制。技术失控的核心不在于技术本身能力的大小，而在于人类心灵的选择使得技术所包含的感性因素的减少，因此，要处理好技术与自然的关系，以及人与自然之间的关系，核心就在于要通过制度与文化来转变技术的发展路径，从而实现技术的人文主义转向。

总结一下，我们讨论了历史上思想家们的技术观点的变化和内涵，看到了技术乐观主义和悲观主义倾向的存在，工具论者往往是乐观的，而实体论者往往是悲观的。我们特别关注了人文主义的技术哲学思想，这种哲学思想带给我们的启示如下：第一，可以从更加广义的范围来看待技术，而不只是从工具的思维来看待；第二，可以从人类心灵与技术产生之间的关系来看待技术，这样就不会沉溺于技术的前瞻性而忘却了技术的起源；第三，可以从更加本质的角度看待技术，这样就可以从根本上解决问题，即从人类自身与自然关系之间的互动来思考，而不是舍本求末地去限制技术的发展或者去构建所谓的无技术主义的乌托邦。

人与自然的价值关系

在讨论了人与技术的关系以后，我们要讨论另一个主体：自然。正如前文所提，人类文明的发展历史就是技术范式不断更替的历史，而工业资本同技术范式的集合产生的工业文明则是现代文明的主要内容。在这个部分我们需要梳理的就是，人与自然契约的关系，尤其是自然的价值的内涵。正因为人类对自然的价值观的变化，才导致了技术使用的变化，从而使得现代社会的异化现象出现。这里我们讨论三个方面：自然概念的本质、自然价值观及人对自然的控制。

首先我们来讨论自然概念的演化，清晰定义自然的范畴有助于我们理解人类与自然的关系。古希腊时期，在苏格拉底之前的哲学家几乎都是自然哲学家，研究的对象包括自然、天体、宇宙，即主要关注"宇宙的生成和自然的本原等问题"的研究。而正如柯林伍德所说："希腊自然科学是建立在自然界渗透或充满着心灵这个基础之上的，希腊思想家把自然界中心灵的存在当作自然界规则和秩序的源泉，而正是后者的存在才使自然科学成为可能，他们把自然界看作一个运动的世界。"简单来说，古希腊将自然界看作有内在灵魂和自我意识的生命有机体。而到了中世纪基督教哲学时期，神学家们则认为自然本身没有灵魂，是完全依赖于上帝存在的，而人类是上帝创造的世界的主人，能够控制和支配世间万物。

因此，人与自然的关系就被割裂甚至对立了，而自然则沦为人类改造的对象。到了现代工业文明，自然就彻底成为技术改造的对象，人们基于机械论的哲学开始彻底对自然进行改造，自然丧失了其内在神性而沦为"物理的对象"。可以看到，自然概念的变化，实际上是人类与自然关系的变化，或者是人类的自然价值观演变的体现。

人类在其自然价值观的演变中显然忽略了自然的价值内涵，现代社会对自然的破坏就是源于对自然作为工具或者实用质料以外的价值的忽略，忘却了其神圣性的存在这一维度。而事实上，我们认为自然至少拥有两重价值：内在价值和外在价值。英国分析伦理学的创始人乔治·摩尔在《伦理学原理》中，将事物所具有的善的性质分成两类：一类是整体本身就具有善的性质的事物，这类事物是善事物本身，其善的性质即内在价值；另一类是本身不具有善的性质，但和善事物有因果联系的事物，它们与善事物的关系即外在价值。也就是说，自然的内在价值就是自然所拥有的无须依赖他者（包括人类）而存在的价值，而自然的外在价值则是自然所具有的，用以满足主体事物之需求的有用价值。显然，我们只认可了其外在价值，而忽略了其内在价值。正如很多环保主义者或者生态主义者所说，实际上当外在价值失去以后（人类消失），自然的内在价值并不会大打折扣。而现实就是，人类在不断"征服"自然的过程当中培养了虚妄的权力的思想，认为控制自然就是人类进步的标志，这就需要进一步讨论人对自然的控制行为。

最后我们来讨论人对自然控制的底层逻辑。我们看到控制自然几乎成了一种意识形态，而事实上这个观念可能会危及人类文明的前景。尼采将"控制自然的冲动"看作理性的疾病，并把理性探求感官世界背后的"真实的世界"看作传统哲学最大的谬误。尼采认为，人类按照自然的理性本性去构造一个合乎理性的世界，然后依赖这个认知去改造自然。这就使得理性由工具被抬升为信仰，这样的后果就是对自然和人类的双重伤害：对人类来说，生命的价值被忽视，而生命的乐趣也在理性过程中丧失；对自然来说，依赖理性构建的世界的前提就是不顾及人与自然之间的共生关系而盲目改造自然，从而导致了自然内在价值的急速丧失。另一位哲学家霍克海默则认为，理性成为人类在启蒙运动中最主要的控制自然的工具，人们借助技术的力量来张扬理性，从而实现对自然的控制。实际上，对自然的控制的动力来自对物质利益的追求，而技术的过度使用则使得这种追求上升到了非常不合理的程度。因此，可以理解人类对自然控制的底层逻辑来自私欲和过度相信理性主义的意识形态，而这毫无疑问将带给人类自身巨大的伤害。

总结一下，这部分我们讨论了人与自然的价值关系，通过对自然概念的演化及自然价值内涵的探讨，我们看到了人类在思想流变过程当中，逐渐忽视了自然的内在价值，而将自身理性及理性思考出来的世界作为"真实的世界"。基于这样的观念去控制自然，实际上彰显的是人类的私欲和过度理性的妄念。这个过程中，技术所起的作用就是彰显了人类理性的能力，以及控制自然的欲望，但毫无疑问这是不可持续的。当今社会对自然主义及生态主义思想的重视，说明了人类开始意识到自然的重要性，而技术也从以人类对自然的改造为目标，转变为寻找人类和自然和谐相处的方式的工具，区块链技术很有可能成为其中最重要的一部分。

人与自然的技术契约

在讨论了人类文明、技术与自然等课题以后，我们为大家介绍区块链与自然契约论之间的关系。正如前文所说，笔者认为区块链最核心的价值在于提供了人与自然的技术契约，使人类获得了从技术上解决信任问题的能力，从而有可能达成人与自然的再次和解，提供一种符合人文主义和自然主义哲学的技术解决方案。简单来说，当人们开始认可自然的内部价值后，就能通过区块链技术来实现人与自然之间契约的达成。现在从三个角度来讨论这个自然契约是如何达成的：控制人与控制自然的关系、区块链技术的支持、区块链价值理念。

首先来讨论控制人与控制自然的关系，我们看到人类控制自然的能力随着技术的发展而不断提升，而在这个过程中人类控制人的能力也在不断增强。如果说控制自然是为了占有资源，那么控制人的目的则是为了提升效率和组织性。霍克海默把对自然的控制、对人的控制和社会冲突看作相互联系的三个特质。社会冲突的出现提升了技术，从而提升了人类对自然和对人的控制能力。而这些能力在非社会冲突的年代，则体现为工厂、城市等的存在。因此技术越是发展，对自然的控制程度就越高，对人的剥削程度也越强，越容易引起社会冲突。而到了自然主义哲学理念逐渐被认可的今天，技术反倒成了自然与人和解的必要工具，通过技术可以控制人的行为及人的组织形态，从而形成自然与人之间的正向循环，通过奖励人类对自然的贡献行为而促使人类对自然的内在价值的提升做出贡献。

关于区块链对达成人与自然契约关系的技术支持，我们主要讨论三个方面。第一，DAO，也就是社区、区块链世界中分布式、去中心化的自动运行的互助组织。DAO 解决的问题就是组织和共同体的重构，即取代了现代社会的传统企业等组织形态，而以共识作为唯一的组织形态。DAO 发挥的作用就是建立起更加灵活的组织形态来构建共同体，来奖励人类对自然的正向行为，并约束其中的负面行为，从而推动了人类与自然的价值体系的重塑。第二，智能合约，也就是交易双方依赖区块链的分布式记账和广播功能自动执行的契约。智能合约是通过技术方式形成的契约，这样的契约在长期看来可以彻底解决信用问题，使得 DAO 能够完全按照价值观体系匹配资源。智能合约使得人与人之间的信任关系能够超越熟人关系，也使 DAO 能够不受到地域和时间的限制，从而避免了参与 DAO 的个体做出违背 DAO 价值体系的行为，有效地解决了信任问题。第三，Token，也就是加密数字货币，是基于 DAO 社群共识的以数字化表示的权益。Token 解决的问题是价值衡量体系，也就是基于 DAO 的社区，能够通过共识机制建立基于 Token 的新的经济秩序。毫无疑问人类相互信任的行为需要用类似货币的机制进行奖励或惩罚，这符合人类社会的基本心理机制，而 Token 很大程度上解决了这个问题。通过基于 Token 的价值体系能够对人们的行为进行量化，从而实现了人与自然之间技术契约的最终达成。

最后我们来讨论区块链的价值理念和人与自然之间契约的内在联系，这是区块链的最有价值之处。区块链的价值理念核心就是通过技术构建的共识机制建立了陌生人群体之间的信任，也就是说区块链就是信任的机器，这个机器有助于重建人类与自然的关系。正如前文所说，现代技术带来的不仅是人类对自然的改造，也带来了社会的异化。究其本质，原因在于过度依赖理性思想使得人类忽略了自然的价值，也割裂了与自然的联系。时至今日我们意识到了这个问题的严重性，因此，自然哲学和生态哲学正在复兴，而区块链技术适逢其会地产生，使得技术能够在人类与自然之间重塑一个共生、和谐的契约关系。虽然目前区块链技术尚处于早期阶段，应用成熟的技术场景也并不多，但是只要能看到其核心价值，就足以令我们对其中蕴含的可能性感到欢欣鼓舞。

总结一下，我们在这部分讨论了区块链技术有利于人与自然间契约达成的原因，梳理了区块链价值的核心。人类现代工业文明以来所塑造的不断控制自然以获取更大的资源占有的局面难以为继，而实现逆转的过程则需要建立陌生人之间的信任，区块链作为建立信任和共识的技术，必然能对解决这个问题提供巨大的帮助。如果说以往技术的主要目标都是提升人类改造自然的效率，那么区块链技术则首次使得人类与自然之间关系的重新构建成为可能，这也是从长期来看区块链技术最重要的价值。它不仅将重塑人与自然之间的技术契约，也将通过建立更广泛的共识和信任来解决其他领域的问题。

智能与技术哲学

当事物状况最佳时，最不易被其他事物改变或影响。例如，强壮

智能时代的哲学
第十二章

的身体不易受饮食或劳累的影响而发生改变；健康的植物不易受阳光、风、雨等的影响而发生改变。人的心灵不也是一样的吗？最勇敢、最智慧的心灵是最不容易受到外界的干扰和影响而改变的。

——柏拉图

在之前我们讨论了很多关于未来技术发展的可能性的主题，尤其是讨论赛博技术对人类未来的影响。本书中贯穿前文的主线有两条：第一，讨论现代性的问题和技术的异化，工业文明的到来导致了人性的异化，因此，我们在找寻这种异化的根源，梳理对技术的批判问题；第二，讨论与未来的技术发展相关的种种哲学命题，无论是人工智能，还是虚拟现实，都造成了人们对未来人的概念和理念的重塑。未来文明发展过程中最大的疑问就在于人与自然之间关系的发展，我们试图在书中讨论人、技术和自然之间和谐相处的问题。

本节我们来讨论智能时代的技术哲学思想。一方面人类由于技术的发展失去了本身的自由，因为技术对人的异化使人的本真受到遮蔽。另一方面，技术的发展又是不可阻挡的趋势，我们需要重塑人类与自然在新的技术环境下的物我关系。因此，我们需要用哲学的思维来理解技术，从而获得理解现实和预测未来的能力。这和传统哲学探讨的人类如何认知自我和自然有着一定渊源，但又更加专注于对技术本质和未来的分析，希望能够给予大家更多的启示。

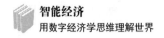

存在主义与技术

人工智能的发展可能是未来数年之间影响最大的技术趋势,因此,我们先基于人工智能的范畴来探讨对技术的批判问题。我们将为读者梳理人们对智能时代最核心技术的担忧是否可靠,以及这种担忧内在的逻辑。正如马克思所说:"自然科学通过工业日益在实践中进入了人的生活,改造人的生活,并为人的解放做准备。"如果信息时代过去的技术浪潮分别为网络化和数字化,那么信息技术第三次浪潮的核心就是"智能化"。因此,我们先讨论以人工智能为代表的智能技术带来的技术和人关系的重构,正如赫拉利所说:"人工智能不仅仅是21世纪最重要的科学进化,也不只是我们人类历史上最重要的科学进化,而是整个生命创始以来最重要的原则。"

首先,我们来讨论技术哲学中最基本的课题——人类和技术关系的命题。之前,我们已经讨论过三种技术哲学中的人与技术的关系,现在将从技术与人相互依存这一角度来探讨人与技术间的关系。恩格斯曾经指出"全部哲学特别是近代哲学的重大基本问题,是思维与存在的关系问题"。所谓思维与存在的关系问题,就是人与世界的关系问题,而在技术与人的关系这个领域,海德格尔无疑是影响最大的哲学家。因此,我们先从他的思想脉络来理解技术与人的关系。他将技术视为哲学的中心问题,强调从存在主义的意义上探寻技术的本质,并基于这一角度对技术和人的关系进行研究。

人与技术作为相互联系的一组对象,处于复杂的关系网络中,技术与人彼此适应、相互重构。一方面,技术无法回到简单的客观对象或者使用对象中，而生活也不会回到没有技术存在的本真模样。海德格尔认为，技术的本质是"座驾"，存在只是"座驾"上的持存物，"技术的座驾"是人存在的前提。所谓"技术的座驾"实际上指的就是技术和围绕技术形成的制度和文化，海德格尔的意思就是技术很大程度上成为我们生存的文明土壤的一部分，将技术与人分割是不可能的，在讨论技术这个对象时，实际上也在讨论人本身。简单理解就是，我们生活的世界，实际上就是由人类和技术共同构建的世界，值得注意的是，技术的概念是一种广义的范畴（我们之前讨论过的语言、文化等都可以抽象为技术）。

接下来，我们来总结海德格尔关于技术本质的观点，以及这些观点与我们所处智能时代的未来之间的关系。海德格尔认为技术的本质是"技术解蔽真理，从而使得真理得以显示"，并且，他通过锤子和手之间的比喻来帮助人们理解技术的本质。他认为无论是将技术单纯理解为工具，还是理解为人类的行为方式，都较为简单，而将其理解为一种解蔽方式会更加清晰地体现其本质。怎么理解这句话呢？首先，以存在主义哲学的角度来看，存在是无法自明的，因此，需要通过技术去除遮蔽，使得真理得到开显，从而使存在者得以存在。简单来说，就是人类无法证明自己存在于这个世界，只有通过技术的方式与世界发生交流和互动，才能证明自己的存在。

例如，人工智能的出现，实际上从某个角度验证了人类对所谓"硅基生命"的一种探索，而正因为这种探索逐步成为现实，才打破了人类对生命观念的局限，从而获得了关于存在的智慧。人工智能及人工生命技术逐渐成熟的过程，也就是人类逐步打破智人作为万物灵长的一种固有认知局限的过程，从某个角度来说也开启了人类认知自我的

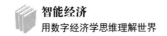

新篇章。因此,技术的每次革新,带来的是对人类存在的解弊,而科学革命对世界观的影响就在于,人们通过科学的方式不断接近世界的真相,也不断审视自我与世界的关系。

最后,我们来讨论技术的另一种作用,技术将人类与客观世界联系起来,成为了人类与客观世界联系的桥梁。正如海德格尔所说:"通过工具,人得以同客观世界发生关联,从而肯定客观世界的存在。"例如,我们从小进行的各种科学实验就是一种与客观世界产生联系的方式。只有观察到物理或者化学实验中的反应和现象,我们才能更加深刻地认识到我们与世界之间的联系。随着智能时代的来临,我们可以看到,无论是智能语音、图像识别还是商用机器人的大规模使用,技术都在通过不断发展来帮助我们建立与客观世界的联系。如果说在以往的时代,我们对技术的认知更多是以工具的角度去思考,那么到了智能时代,无所不在的技术让我们认知世界和认知自我的方式得到了巨大的改变。例如,我们提出了计算主义思想,认为人类和机器之间有很大的共性;我们建立了大数据思维,认为通过收集大量数据有助于预测和判断未来的趋势。当这些量化思维、计算思维等进入了我们的世界观以后,关于技术的讨论也就不再仅限于工具的角度,它在世界观的角度中也会成为不可分割的一部分。

总结一下,本节我们讨论了海德格尔关于技术哲学的理论,以及这些理论与我们所处智能时代的关系。只有充分认识到技术逐渐成为我们认知世界和理解世界最重要的桥梁,以及我们正在面临着的技术与人之间关系的巨大变革,才能对未来进行更精准的判断。从这个角度来说,学习技术哲学相关的思维方式,是每个现代人不得不补的功课。

智能时代乌托邦

我们探讨了技术和人之间的关系以后,下面来谈一谈人工智能对我们未来生活的影响。当然,之前已经预测了种种技术的发现及对赛博空间未来的构建。因此,在这里通过讨论"乌托邦"的构想与人工智能之间的关系,来理解人工智能发展的哲学内涵,并通过马克思主义哲学中关于"实践"理论的思考,来完善人工智能对人类活动影响的未来思考。

首先我们来理解"乌托邦"概念的传统和历史渊源。从大历史角度看,乌托邦完成了从"空间化"到"时间化"的转向。古典时期的乌托邦往往是从空间角度去思考人类文明的可能性,规划了一种理想主义的未来。例如,柏拉图构想的乌托邦,是一个"静态,秩序,安宁,平静,梦幻"的理想社会群,而培根在《新大西洋大陆》中则构建了一个虚无的、静态的乌有之乡。近代时期的乌托邦,则从时间角度关注人类的未来,如赫茨勒《乌托邦思想史》从乌托邦的视角来考察希伯来"乌托邦"式的时间化转向,而托马斯·莫尔在《乌托邦》一书中启迪了共产主义理想。与古典时期的静态化想象不同,这个时期的哲学家们认为改造现实才是我们唯一可以依托的方式。马克思和恩格斯关于乌托邦的观点有着强烈的社会批判色彩,他们以辩证的方式去看待社会和现实中的人,来探讨如何构建一个更加符合现实及逻辑的未来。经济的基础和技术的进步是现实乌托邦构建的重要基础,而人工智能的发展,则使人类乌托邦理想的实现更进一步。

然后我们从马克思哲学和"实践"的角度理解人工智能的发展。

正如马克思在《关于费尔巴哈的提纲》中所说:"哲学家们只是用不同的方式解释世界,问题在于改变世界。"因此,从实践角度理解技术会更加具有现实意义。之前讨论的技术工具主义思想,就是一种基于实践角度理解技术的方式。如何在技术的实践中面对新工具和认识新工具,是我们在"人—物"关系中首先要考虑的问题。这里可以从两个角度理解人工智能的现实意义。第一,人工智能作为人类技术的重要突破,实际上也验证了人类作为实践主体的地位。人工智能产业的发展,展示了人类改造世界的能力和决心,人们突破了简单的机械唯物论,摆脱了人类从单纯的课题或者直观的方面对自然的了解。在人工智能时代,人类看待生命体的实践获得是非常复杂的,无论是哪种人工智能,都被赋予了一定的生命意义,这也很好地验证了人类的主体地位。第二,人工智能技术在更广义的层面上将人与自然联系在了一起,虽然我们畏惧技术的进步会带来来自自然的风险和报复,但不能忘记的一点是,我们也是自然的一部分,因此人工智能的发展过程,实际上是人类运用实践工具对自然探索的过程。

最后,基于刚才的以人工智能作为实践的一部分的观点,我们来理解人工智能领域的研究对人类实践的影响,这里我们可以从三个方面去思考。第一,智能时代的技术发展,尤其是人工智能,以及相关的生物技术、脑科学技术、认知技术发展,给出了人类在短期内不可能被机器所代替的结论。因为人类认知世界的方式与我们构建智能机器的方式完全不一样,人工智能是人的智力的物化和延伸,它能够帮助人类打破认知的局限性,以及构建人们探索未知世界的能力。第二,智能时代的技术发展,让我们更加深刻地思考在后人类学意义上的人性问题。对人工智能担忧的本质是人们对自己主体地位的担忧,体现的是人对人类主义去中心化的焦虑，是一种对"他者"即将到来的未知的恐惧。一方面，人类要使用人工智能尽可能地为人类服务；另一方面，人类又担心被人工智能所控制，而事实上我们更应该关注的是我们过度利用自然带来的问题，以及过度以人类为中心的思考方式带来的弊端。第三，我们需要建立人与自然统一的"智能主义价值观"，需要对"智能人类特有论"祛魅，在更加普遍的意义上理解智能。一方面，我们应通过生物技术和智能技术来改造自然为人类服务；另一方面，我们应通过对自然智能和人工智能的整合，来赋予外部世界更高的智能价值。

总结一下，我们讨论了乌托邦概念的演化，以及基于马克思哲学思想来理解人工智能时代对未来乌托邦的构建。一方面，我们要理解的是乌托邦不是处于理想的空间中，而是要处于现实的实践中。我们要通过自身的实践来完成对未来美好生活的希望，将关注点放在对人类生活本身的关注上，而不是在想象中构建一个乌托邦。另一方面，我们需要回到人性本身来看待人与技术、人工智能与人类的关系，热衷于对人工智能未来的判断，不只是因为技术带来的焦虑和对人类中心地位被替代的担心，更重要的是对未来的担忧与期许，以及对现实的不满足性。正如马克思所说："人的本质并不是单个人所固有的抽象物，在其现实性上，它是一切社会关系的综合。"因此，我们需要更加积极地看待技术发展带来的忧虑和负面影响，通过改变"物的依赖性"，通过实践来构建更自由的人类未来。

重新思考人的本质

本节用大量篇幅讨论了技术对人的影响,以及人与自然的和谐共处问题,归根结底是为了回答一个最基本的哲学问题:人是什么?讨论技术对现代人的异化,是看到了技术对人性的遮蔽。讨论技术对赛博人及赛博空间的塑造,是重构人类的定义。所以,在本节末尾,我们直截了当地思考这个所有哲学家都不得不面对的问题。这里,我们就要提到在第六章中曾讨论的哲学人类学的研究,以及其发起者德国哲学家舍勒和西方哲学人类学的代表人物奥特加·加塞特。我们需要基于哲学人类学的学术角度来思考这个问题,才能更加深刻地认识人性的本质,以及理解我们的核心是面向人类现实生活而建构的技术哲学。

首先讨论哲学人类学构建及技术对人的定义的影响,19世纪以来,以斯宾塞、舍勒和奥特加为代表的哲学人类学思潮兴起了。这门学科在近代生物学、心理学和人类学研究基础上,吸收了实证主义、历史主义、现象学和生命哲学等学科的思想,以人、技术与自然的现代关系为核心,围绕人的本质到底是"工具制作的动物"还是"精神、理性的动物"这两种基本的论点形成了两大阵营,这就是对哲学人类学背景的基本介绍。根据舍勒的思考,存在"一个自然科学的,一个哲学的和一个神学的人类学",舍勒把超越生物学意义上的文化概念称为"人的本质概念"。而这个人的本质概念,就是哲学人类学中最具特殊地位的课题。

我们先从历史角度理解技术对人的概念的影响。在远古时代人和动物都处于自然生存的几乎同样恶劣的处境中,而技术帮助人类在竞争中获得更大的收益,因此,技术将人从自然的"入神"状态解脱出来,将注意力转向"自身之中"。而随着近代科技革命、工业革命的兴起,人在技术的促进下不断解脱,人类开始了一场不断向自我发问及观照人类生活的运动,而整个人类文明也发生了巨大的变化:近代哲学、艺术和文学领域开始主体性转向。人们从热衷于描述自然转变为描述人类的内心活动及研究人的本质。之前提到的技术对人类本质的影响,实际上就是在这个阶段所形成的,哲学人类学中有关于人性的"工具论"和"理性论"两种假设,前者认为人类是工具制作的动物,后者认为人类是精神与理性构建的动物。

然后我们来讨论奥特加的技术建构理论,他认为"人并没有被给予任何本质的东西,人的本质要依靠自己建构"。也就是说,并不存在一个一次性全部给予我们的先天性的人类本质,而是要依赖我们自己的行为去建构人的本质。很显然这是一种存在主义哲学的态度,避而不谈人类的先天本质,而是去讨论人的现实存在,以及基于现实存在所构建的人类生活。

我们可以从三个角度去理解这种技术与人类本质的关系。第一,技术虽然是人为的,体现了人性中超越了自然的部分,与人的本质密切相关,但是人类活动的本质是人类所独有的,人类拥有超越自然生存意志的"活得更好"的欲望,因此,技术可以看作与人类最根本的现实存在相伴而生的增添物。第二,正因为人类有活得更好的动力和欲望,才拥有了区别于其他动物的想象力(虚构的能力),才产生了对这个世界的不满足,以及想要创造一个新世界的渴望,技术就是在这个基础上出现的。技术对于人类生活的重要性就是服务于人类这种天生的欲望，为人类自由的真正实现提供工具和可能性。第三，人类与动物在心理机制上的差异导致了人类与动物存在方式的差异。因此，可以认为人是一种既在自然之中，又超越了自然之外的生存方式，而技术存在的基础不是人类具备某种技术智能的本质，而是人们对更美好生活的愿景。

在理解了奥特加的观点以后，我们可以基于面向人类生活的技术哲学建构来理解人类生活和技术的关系。正因为"人类生活优先于其他一切实在或者现实的存在，因为所有我们能称之为现实的，真的实在都要通过人类生活才能显现或存在"，因此，关注生活本身才是理解技术和人的本质的关键。人与技术是一种共生和共存的关系，人是通过技术来建构自身存在的，没有技术就没有现实的人或人的存在。比如，如果没有语言技术、绘画技术等，就很难判断某个生物是否具备"人性"，而如果没有对现代技术的应用和理解，我们也无法称之为"现代人"。我们经常看到媒体上所报道的所谓"原始部落"或者"狼孩"的故事，也正是因为缺少了现代技术的融入，我们认为其心理机制上与普通人也有着巨大的差异。

因此，我们可以认为，人是通过技术建构了自身的存在，这就是技术对我们最大的意义。一方面，人们通过技术行为（生活、耕种等）来与自然进行博弈，从而通过创造性的劳动满足自己的需求。另一方面，通过技术行为创造我们所生活的世界，也是人类区别于其他生物最重要的能力。广义上说，我们每个人的生活都是通过自己的行为来与技术发生交互所形成的，如每天玩手机的人所塑造的生活和每天面对电脑的人不一样，每天面对工厂机器的人和每天只读书的人也不一样，技术塑造了我们生活的基本要素。

总结一下，我们从哲学人类学角度讨论了人的本质及其和技术之间的关系，讨论了"工具论"和"理性论"二元对立的阵营，又从存在的角度去讨论人类的本质，也就是说我们如何生活决定了我们是什么样的人。因此，人与技术的关系就是人类通过技术改造世界，从而获得更大的生存能力，以及实现内心关于更加美好世界的需求，而关注人的生活本身才是我们面向技术最重要的思考。

信息哲学与区块链共识

如果我们选择了最能为人类福利而劳动的职业，那么，重担就不能把我们压倒，因为这是为大家而献身。那时我们所感到的就不是可怜的、有限的、自私的乐趣，我们的幸福将属于千百万人，我们的事业将默默地，但是永恒地存在下去，而面对我们的骨灰，高尚的人们将洒下热泪。

——卡尔·马克思

信息思想的革命

在讨论了智能时代的哲学及关于区块链的基本哲学理论以后，在本书最后一节我们要提出一个基本的问题：我们面临的这个时代，需要什么样的思想和哲学？正如已故物理学家斯蒂芬·霍金在《大设计》

一书中所说："人们仰望浩渺的星空，不断地提出一长串问题：我们怎么能理解我们处于其中的世界呢？宇宙如何运行呢？什么是实在的本性？所有这一切从何而来？宇宙需要一个造物主吗？我们中的多数人在大部分时间不为这些问题烦劳，但是我们几乎每个人有时都会为这些问题所困扰。"然后他宣称"哲学死了"，原因在于哲学跟不上科学尤其是现代物理学的步伐。我们不得不承认，传统哲学面临科学尤其是信息科学技术的发展已经无能为力，也无法进行解释和洞察，这是我们面临的困难。

在讨论具体的新的哲学问题之前，首先来回顾人类文明的历史进程。观察人类文明诞生以来的数千年历史，我们可以看到，从1840年工业革命到19世纪下半叶的信息革命，皆塑造了现代人的主要生活方式及思想方法。我们可以从中梳理出有关文明演变的三个基本逻辑：第一，文明的进程并不是沿着直线的进步，有时会停滞甚至倒退，但是大部分时间都在向着某个进步的方向前进，毫无疑问我们正在进步的快车道中。第二，任何一种革命都是一种基因突变，从1492年的哥伦布发现新大陆到文艺复兴和工业革命的爆发，以及冯·诺依曼和图灵奠定了信息革命技术的基础，人类文明在过去两百年间的技术爆发引发了文明进程的巨大变动；第三，在技术不断爆发的同时，思想也在不断演变。工业革命前后传统哲学思想经历了从本体论到认识论的演变，而信息革命到来之时，哲学和思辨的光芒却被大众媒体和娱乐精神所取代。精神世界的贫瘠和现实的物质丰富构成了信息时代最基本的矛盾，这一点是我们亟须解决的问题。

基于以上现实问题，笔者将自己的主要工作范畴定义为：建立一种信息时代的技术思想体系，根据我们所在信息时代的特点，这种思想体系必须具备以下几个特征。第一，需要与信息技术相结合，基于技术和文明之间的关系进行研究。由于技术元素已经成为人类文明最重要的底层元素，尤其是信息技术，因此，必须将信息技术作为研究的主要对象之一。第二，需要与其他跨学科领域相结合，传统的哲学往往是以形而上学作为主要的研究对象，而这完全不能满足当代社会人们的思想需求。一方面，传统哲学的艰涩难懂及脱离实际问题的思考方式让人望而却步，脱离了当下社会的实质需求。另一方面，世界越来越复杂和难以预测，因此，单一的哲学思考无法真正建立起统一的理解世界的框架。我们需要从其他学科，如物理学、生物学、历史学、社会学及数学等领域找到相关的方法论帮助我们去理解世界。第三，需要确定一个主要的研究领域，并以此领域作为思想研究的切入点和落脚点。在这里选择区块链作为优先的研究领域，不仅因为其代表了最具备变革性的信息技术范式，也因为区块链将信息、秩序和共识等多个关于文明的基本概念和要素纳入了技术范式之中，同时也与人工智能、互联网及物联网等技术概念相融合，这使得其具备了非常好的课题延展性。基于以上理由，笔者将相关的研究成果置于"区块链思想"这一课题下，这样就能使笔者所研究的这些跨领域的范畴集中在最前沿的技术基础上，以此在技术思想的研究上找到最合适的着力点。

最后说明一下笔者基于"区块链思想"所主要研究的内容，可分为三个部分。第一个部分为"信息思想的革命"，核心概念是"信息"。主要是通过信息概念梳理主要的现代科技的演化，对工业革命以来的主流技术范式和思想进行讨论。通过"信息"和"计算"两个主要概念将信息革命中产生的主要技术范式进行解读，并提出信息时代的哲学主要解决的问题范畴，以及区块链技术在其中所承担的角色。

第二个部分为"文明秩序的重塑"，核心概念是"秩序"，这也是区块链思想的重要内容。主要以大历史观的方式梳理文明与秩序的演化，讨论基于世界体系的新史观及通过隐喻的思想理解文明的本质。这个部分主要讨论的是文明和秩序是如何建立的，如何从历史的角度和思想的角度理解这个演化过程。

第三个部分为"数字时代的哲学"，核心概念是"共识"，这也是区块链思想的本质。我们将讨论数字时代的共识和以往时代的差异，包括虚拟空间的身份、数字时代的宗教及自然契约的终结等课题。这几个部分的内容在本书前文或多或少都有涉及，在未来的研究中将结合区块链、人工智能、物联网等最新技术进行讨论，建立更加系统的理论框架。

信息技术的遮蔽

下面我们来讨论区块链思想的一个核心问题：信息技术带来的遮蔽性。事实上这个问题我们在本书中一再提起，自从人类获得技术的那一刻，从自然界获取物质产品及对自然界进行干预就不可避免了。随着人类对自然界的认识水平和改造水平的不断提高和发展，人与自然的关系也在不断变化。工业革命之前，人类受到自然的制约，对自然的干预、控制的范围与影响都比较小。进入工业社会以后，人类掌握了现代科学和技术，开始大规模地对自然进行主动和全面的索取和控制，因此，人类和自然的关系也就转变了，原本的人对自然的依赖转变为人对生产劳动结果即物质产品的依赖，也就形成了遮蔽性。接下来，我们就来讨论技术的遮蔽性问题，尤其是遮蔽性的演化和存在，这是讨论整个区块链思想的基础。

首先我们来讨论现代技术的遮蔽的本质。近代工业社会的物质生产一方面实现了人类天性中的那种超越自然界的依赖性而独立自主的理想，也就是人文主义。另一方面，人类对自然的脱离导致了人类精神信仰的消失，而在独立之后人类又没有找到新的存在的意义，反倒是在不断的物质生产中获取意义，人类社会演变成一个为了不断满足人的物质需求而向自然进行索取的机器，从而造成了生态危机及人类的精神危机。从西方哲学发展脉络来看，正是由于其传统的主客二元的思想在历史实践中转化为人类主要的生存方式，以及科学技术带来的人类启蒙的必然性，使得人们不可避免地遭遇了这样的内生性矛盾。正如海德格尔所说，现代技术的遮蔽性的本质就是"座驾"，因此，现代技术在解蔽的同时也在遮蔽，在帮助人们认清自然的同时也在遮蔽人与自然之间原本的联系。

然后我们来讨论遮蔽的演化，也就是从历史角度讨论信息技术和哲学的关系。这里采用媒介理论家麦克卢汉的思想理论，他将广义的信息技术分为口传、印刷和电子三种形态，实际上也就对应了农业社会、工业社会和信息社会三种不同的文明。事实上，不同的信息技术不仅带来了不同的社会形态，也代表了不同形式的遮蔽。下面我们来具体介绍这三种不同的历史社会形态中的遮蔽性。

口语信息技术的时代，对应的就是以原始部落、城邦及农业社会为主的历史时期,这个时代最大的遮蔽性在于:语言的遮蔽性。一方面,语言帮助人们建立起了想象的共同体,也就是形成了超越简单社群所构建的组织形态(主要以游牧部落和农业封建国家为主);另一方面,语言的存在也让人们脱离自然,带来了与世界完全不同甚至相互冲突的"关于世界本源的解释"。因此,从历史角度来说,自从人类拥有语言之后,就开始获得超越自然的技术力量了,也就开始在解蔽和遮蔽的矛盾过程中前行了。

印刷信息技术的时代,对应的就是现代民族国家产生的时期,以及工业革命、启蒙运动和文艺复兴大行其道的时期。这个时期人们发展出了完全不同于口语时代的信息技术和认知世界的哲学,人们开始相信可以通过自己的力量改造自然和世界。因此,不仅是科学技术取得了前所未有的成就,连政治学、经济学、社会学等认识和改造人类的学科也得到了巨大发展。正如马克思所说,"哲学的根本任务不是认识世界,而是改造世界"。因此,人们将所有热情投入到改造世界的浪潮中,尤其是通过想象的共同体的方式进一步将简单的族群和部落改造为现代民族国家,而现代民族国家的基础也从血缘关系转变为民族之间的认同,这也彰显了尼采所说的个人的意志。

很显然,这个想象的共同体能够成立的前提就是以印刷术为代表的现代信息技术,它大大延伸了人们的视觉功能。它让信息能够超越时空进行更广泛的传播,从而营造了一个完全不同的时空范式,处于不同地域的、互不相识的人们可以借助不同的印刷品获得共识。因此,一方面,印刷技术帮助现代人实现了人类从自然的控制中自我解放的理想,成了自然和人类本身的"立法者";另一方面,人类也不再与自然面对面,而是通过"人造物"理解自然,这是第二重遮蔽性。

智能时代的哲学
第十二章

电子媒介技术时代，对应的就是以电报、电视、计算机及网络为代表的信息技术。这些技术不仅是人类各种器官的延伸，更是人类大脑和意识的延伸。通过现代信息技术，人们不仅获得了个体意义上的全面解放，而且建立起了更加全面和系统的陌生人的相互关系，族群的认同不再限于民族国家，而是取决于相互之间的共识——这就是区块链技术被称为新的革命技术范式的原因。如果说口语信息技术是个体和意会的，印刷信息技术是社会和书面的，那么电子信息技术就是以人为本的、交互式的。在这样的信息技术范式下，人们脱离了时空的限制，能够与任何个体进行共时生存。然而，我们要意识到，任何获得都是要付出代价的，电子信息媒介在带给我们新的权力的同时，也造就了类似虚拟现实和人工智能这样让人类越来越远离自然的技术和工具。也就是说，电子信息的媒介通过形式化的方式将世界数据化了，这就造就了第三重遮蔽：虚拟世界的遮蔽性。

在这个世界里，我们不仅感受不到自然，甚至连人造性都被遮蔽了。又由于虚拟世界的多重性，导致了不同身份认同的虚拟人格间的矛盾，从而造成了现代人在精神上越发孤独。拥有虚拟的身份不仅会带来多元的生命体验，也会带来人的内部精神的不稳定，以及对现实世界的"不在场"的心理现象。

最后我们来讨论区块链思想中最重要的主题：在场性。在场性是德语哲学中的一个重要概念，在康德那里，在场性被理解为"物自体"；在黑格尔那里，指"绝对理念"；在尼采思想中，指"强力意志"；在海德格尔哲学中，指"存在"。到了法语世界，被哲学家笛卡儿翻译为"对象的客观性"。"在场"即显现的存在，或存在意义的显现。更具体地说，"在场"就是直接呈现在面前的事物，就是"面向事物本身",就是经验的直接性、无遮蔽性和敞开性,而"澄明"是通往在场性的唯一可能之途,只有"澄明"才能使在场性本身的"在场"成为可能,而"无遮蔽状态",只有通过"去蔽"来实现。

简而言之,我们在现实世界中看到的更多的是隐喻和象征,而象征是对真实的本体的遮蔽,破除这种象征性的幻象得到被象征的本体,就是"去遮蔽"。这是我们通过思想来研究信息技术的最重要的目标,即认识每种技术的隐喻的本质,从而获得"去遮蔽"的能力,也就实现了人的在场性。人通过信息技术控制和改变了世界,却遮蔽了人与自然之间的本质联系,从而造成了现代性问题的发生,这就是我们需要解决的问题。区块链技术提供了一种新的人与自然的契约,因此,可以实现技术的"去遮蔽"及人的"在场"。也就是说,我们的区块链思想,需要重构人与自然的契约的同时,也要重构人的在场性,这是这个技术最核心的价值所在。

基于以上讨论,我们将具体的信息技术放在信息带来的遮蔽性中进行研究。信息技术的发展,尤其是与互联网和人工智能相关的技术发展,给我们带来的是虚拟的世界,以及通过技术进行智能增强的能力。前者带来的技术遮蔽性体现在构建了一个和真实世界完全不同的世界,从而重构和模糊了我们本体的在场性,后者带来的技术遮蔽性体现在通过技术对人的行为的增强和替代,更加清晰地梳理了人与自然之间的关系。因此,需要通过区块链技术来实现人的在场性的重构:一方面,通过建立起在虚拟世界的唯一标识和加密身份,来构建人在特定社群的唯一性,从而解决了虚拟世界和现实之间的分离问题;另一方面,通过建立人与自然的契约关系,建立不以效率为核心,而以自然与人的和谐相处为核心的新的契约,这使得我们能够重构人与自然的关系,从而达到"去遮蔽"的目标。这就是我们将区块链技术视为解决信息技术遮蔽性的内在逻辑的原因,也是从长远来看我们重构人与自然关系的技术路径。

总结一下,我们讨论了信息技术的遮蔽性概念的本质,理解了技术给人们带来了延伸和解放的同时,也遮蔽了人类与自然之间的关系。从口语时代的信息技术到电子媒介时代的信息技术,都导致了对人与自然之间关系的"遮蔽",技术一方面提供给人类以工具和延伸的能力,另一方面却让人类失去了前进的意义和目标。信息技术的发展尤其是互联网和人工智能的发展让这种遮蔽性达到了前所未有的高度,而区块链技术及思想的本质就是对这种遮蔽性的去除和重构,通过构建信息世界的唯一身份来建立人与人、人与自然之间的契约共识,从而从技术角度解决哲学的在场性问题。

区块链共识思想

本节我们来讨论区块链共识思想的内涵。共识机制不仅是区块链技术范式中最重要的概念之一,也是其能够突破技术影响社会和经济发展的基本机制的原因。如果说区块链技术的核心是解决了在不可信信道上传输可信信息、实现价值转移的问题,那么共识机制就是解决了区块链如何在分布式场景下达成一致性的问题。因此,区块链的伟大之处就是它的共识机制在去中心化的思想上解决了节点间互相信任的问题,这就是其被称为"信任的机器"的原因。区块链能在众多节点达到一种较为平衡的状态,也是因为共识机制,尽管密码学占据了区块链的半壁江山,但是共识机制是保障区块链系统不断运行下去的关键。不过，本节我们不讨论这些技术概念，而是讨论共识机制如何回应了我们在人性和文明上的需求，这是理解区块链技术的关键逻辑，也是跳出技术去理解技术本质的方法论。

首先我们来研究与共识相关的语义文本的概念，与共识相对应的语义文本词汇是"偏见"，我们先从偏见谈起。我们这个时代的文化很大程度上是被互联网所塑造的，然而，中国和美国所塑造的互联网文化有着非常大的差异。在美国，互联网文化的起源，可以用"嬉皮士"文化来概括，这是从"二战"结束到20世纪70年代都影响着美国的一种文化。20世纪50年代的美国沉醉于资本主义的极度繁华之中，趋于保守主义、拜金主义的群体意识随着中产阶级队伍的不断壮大开始掌控美国社会，随即越战爆发，生活富足又不甘循规蹈矩的年轻人决定解放自我，用激烈的方式冲击社会主流价值。

典型代表是"垮掉的一代"的代言人——艾伦·金斯堡。金斯堡在高等学府哥伦比亚大学求学期间，利用自己出众的诗歌才华，创作出了抨击美国当时社会阴暗、赤裸裸宣泄内心情感的作品。他以"叛逆者"的姿态，成功获得当时越来越多社会反叛青年的关注和推崇。1955年，作为献给怪才卡尔·所罗门的大作，金斯堡的经典之作《嚎叫》一反传统诗歌的技巧和价值导向，成功俘获当时被主流价值观所抛弃的美国"边缘人群"的认同。金斯堡在其后几年周游各国，宣扬个人思想，宣传反战等，持续其激烈、直白的自由告白。20世纪60年代，随着"嬉皮士"运动的逐渐开展，金斯堡当初推崇的"垮掉派"精神价值和生活作风得到了广泛传播，也成为"嬉皮士"运动的重要思想内核。

事实上，"嬉皮士"文化也是美国硅谷文化的一个重要精神内核，一方面，"嬉皮士"文化运动在很大程度上扭转了20世纪50年代兴起的西方享乐主义的社会思想，成了硅谷的极客们提倡的简约和环保主义生活的重要精神起源。另一方面，"嬉皮士"文化中所包含的平等和自由的价值观，以及提倡忠于自我和内心的文化是硅谷创新文化的基础。也就是说，这种反主流的、反物质享乐的、个人主义的文化，成为了硅谷独立、自由的精神文化的精神内核，从而形成了新的共识，这是美国互联网文化所塑造的创新精神。

在这一章的最后，我们讨论这本书的根本问题：这样一本看似讨论思想，讨论科技，讨论文明的书，它的本质和基本精神是什么呢？实际上我们讨论的是生活，是在技术和文明不断发展的过程当中，人应该选择拥有的生活。是否保持独立思考就好像选择是否吃下《黑客帝国》里的红色药丸，如果人知道世界的真相并保持对世界的好奇心，虽然会活得比较痛苦一些，但是会更加真实。而大多数人毫无疑问会选择蓝色药丸，因为那样毫不费力，而且更能受到所谓社会共识的认同。但是，正如最年轻的诺贝尔奖获得者、著名诗人约瑟夫·布罗茨基所说，人应该像文学一样生活，而不是让文学变得像生活一样，因为这样生活会让我们的思维、我们的情感更加精细，让我们的人生朝着更伟大的目标前进，而我们的精神也就与智慧更加接近，这是笔者认为的我们所探讨的区块链技术共识精神的本质，也是笔者对每个读者在读完本书以后最大的期许。

未经许可，不得以任何方式复制或抄袭本书之部分或全部内容。
版权所有，侵权必究。

图书在版编目（CIP）数据

智能经济：用数字经济学思维理解世界 / 刘志毅著. —北京：电子工业出版社，2019.7
ISBN 978-7-121-35567-7

Ⅰ. ①智… Ⅱ. ①刘… Ⅲ. ①人工智能—研究 Ⅳ. ①TP18

中国版本图书馆 CIP 数据核字（2018）第 253011 号

策划编辑：黄　菲
责任编辑：黄　菲　　文字编辑：王欣怡　　特约编辑：刘广钦
印　　刷：三河市华成印务有限公司
装　　订：三河市华成印务有限公司
出版发行：电子工业出版社
　　　　　北京市海淀区万寿路 173 信箱　邮编 100036
开　　本：720×1 000　1/16　印张：24.75　字数：370 千字
版　　次：2019 年 7 月第 1 版
印　　次：2019 年 7 月第 1 次印刷
定　　价：88.00 元

凡所购买电子工业出版社图书有缺损问题，请向购买书店调换。若书店售缺，请与本社发行部联系，联系及邮购电话：(010) 88254888，88258888。
质量投诉请发邮件至 zlts@phei.com.cn，盗版侵权举报请发邮件至 dbqq@phei.com.cn。
本书咨询联系方式：1024004410（QQ）。